海洋生物活性物质及制备技术

Marine Bioactive Substances and
Their Preparation Technologies

郭雷 编著

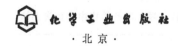

内容简介

本书在概述海洋生物活性物质特性、开发情况及海洋生态系统和海洋生物多样性的基础上，系统介绍了十一类海洋生物活性物质的化学结构、十二大生理功能及三大类制备技术。此外，通过详细介绍七个制备实例，力求让理论落地，切实指导读者的实际研究与开发工作。

本书既可以作为高等院校生物工程、生物制药、生物技术、制药工程、食品科学与工程、生物与医药等专业本科生及研究生的教材或参考书，也适合相关企业的科研技术人员参考。

图书在版编目（CIP）数据

海洋生物活性物质及制备技术 / 郭雷编著. -- 北京：化学工业出版社，2025.2. -- ISBN 978-7-122-46902-1

I. Q178.53

中国国家版本馆 CIP 数据核字第 20246JV616 号

责任编辑：孙高洁　刘　军　　　文字编辑：张春娥
责任校对：刘　一　　　　　　　装帧设计：王晓宇

出版发行：化学工业出版社
（北京市东城区青年湖南街 13 号　邮政编码 100011）
印　　装：北京科印技术咨询服务有限公司数码印刷分部
710mm×1000mm　1/16　印张 13¾　字数 266 千字
2025 年 3 月北京第 1 版第 1 次印刷

购书咨询：010-64518888　　　　售后服务：010-64518899
网　　址：http://www.cip.com.cn
凡购买本书，如有缺损质量问题，本社销售中心负责调换。

定　　价：80.00 元　　　　　　版权所有　违者必究

前言

习近平总书记提出：建设海洋强国是实现中华民族伟大复兴的重大战略任务；要顺应建设海洋强国的需要，加快培育海洋工程制造业这一战略性新兴产业，不断提高海洋开发能力，使海洋经济成为新的增长点。作为海洋资源的重要部分，海洋生物活性物质的开发与利用无疑具有重要意义。

编者在近二十年从事生物活性物质的研究和教学过程中，发现缺乏适合初步涉猎海洋生物活性物质研究领域的研究生和本科生等使用的，从海洋生物活性物质的生物来源、化学结构、生理功能直至提取纯化技术的全流程学习的图书。本书创作思路即是在上述背景与市场需求下形成的，旨在帮助我国海洋生物活性物质研究与开发人员了解、把握该领域的研究概况和最新进展，掌握海洋生物活性物质的制备技术，从而促进海洋生物活性物质研究领域的发展。

本书简明扼要地介绍了海洋生物活性物质的生物来源、化学结构、生理功能及制备技术，内容涵盖了国内外研究人员在海洋生物活性物质研究领域取得的最新进展，体现了该领域的研究水平与发展趋势。本书准确把握海洋生物活性物质制备技术的共性和关键科学问题，详细介绍了海洋生物原料预处理、活性物质提取和纯化等领域的研究成果和前沿技术。并结合具体的实例，为相关研究人员制备海洋生物活性物质提供借鉴。

本书是在江苏海洋大学研究生教材建设项目的支持下编写的，在出版过程中得到了各位同仁的大力支持，在此表示衷心感谢。

编写过程中，由于编者的水平和掌握的资料有限，不足之处敬请读者批评指正，谨致深切的谢意。

编著者

2024 年 9 月

目录 Contents

第一章 绪论 001~010

一、海洋生物活性物质的定义　001
二、海洋生物活性物质的分类　001
三、海洋生物活性物质的特性　002
四、海洋生物活性物质的研究简史　003
五、我国海洋生物活性物质开发存在的问题　007
六、海洋生物活性物质研究的前景方向　008

第二章 海洋生物 011~031

第一节　海洋生态系统的多样性　011
　一、渤海　011
　二、黄海　012
　三、东海　012
　四、南海　012
　五、黑潮流域　012
　六、河口生态区　013
　七、上升流生态系统　013
　八、沿海潮间带生态系统　014
　九、海岸带湿地生态系统　014
　十、红树林生态系统　014
第二节　海洋生物的多样性　015
　一、海洋微生物　015
　二、海洋植物　018
　三、海洋动物　024

第三章 海洋生物活性物质的化学结构 032~088

第一节　多糖类　032
　一、海洋生物多糖与糖苷　032
　二、代表性海洋生物多糖　033

第二节　氨基酸、肽和蛋白质类　　　　039
　　一、海洋生物氨基酸　　　　039
　　二、海洋生物肽　　　　040
　　三、海洋生物蛋白　　　　043
第三节　脂类及脂肪酸类　　　　048
　　一、海洋脂类及脂肪酸类概述　　　　048
　　二、EPA 和 DHA　　　　049
第四节　烃类及其衍生物　　　　050
　　一、海洋开链脂肪烃类　　　　050
　　二、海洋环烃类　　　　050
　　三、海洋芳香烃类　　　　051
　　四、海洋卤代烃类　　　　051
第五节　萜类　　　　052
　　一、海洋单萜　　　　052
　　二、海洋倍半萜　　　　053
　　三、海洋二萜　　　　053
　　四、海洋二倍半萜　　　　054
　　五、海洋三萜　　　　054
　　六、海洋四萜　　　　055
第六节　甾类　　　　056
　　一、海洋甾类概述　　　　056
　　二、代表性海洋甾类　　　　056
第七节　大环内酯类　　　　059
　　一、海洋大环内酯概述　　　　059
　　二、代表性海洋大环内酯　　　　059
第八节　聚醚类　　　　064
　　一、海洋线形聚醚　　　　064
　　二、海洋大环内酯聚醚　　　　066
　　三、海洋梯形聚醚　　　　069
第九节　生物碱类　　　　072
　　一、由氨基酸衍化而成的海洋生物碱　　　　073
　　二、萜类和甾类海洋生物碱　　　　075
　　三、肽类海洋生物碱　　　　075
　　四、海洋喹啉生物碱　　　　076
　　五、海洋异喹啉生物碱　　　　077
　　六、海洋生物碱苷类　　　　078
　　七、其他类型的海洋生物碱　　　　078

	第十节　皂苷类	079
	一、海参皂苷	080
	二、海星皂苷	082
	第十一节　酚类	083
	一、海洋酚类概述	083
	二、大型海藻来源的酚类	085

第四章
海洋生物活性物质的生理功能
089～129

第一节　抗肿瘤功能	089
一、阿糖胞苷	091
二、氟达拉滨磷酸酯	092
三、奈拉滨	092
四、曲贝替定	093
五、芦比替定	094
六、甲磺酸艾瑞布林	095
七、抗体-药物偶联物	096
八、普拉泰	099
九、普纳布林	100
十、Marizomib	101
第二节　抗菌、抗病毒功能	101
一、头孢菌素类	102
二、阿糖腺苷	105
三、卡拉胶	105
四、聚甘古酯	106
第三节　心脑血管疾病防治功能	106
一、藻酸双酯钠	107
二、甘糖酯	107
三、甘露醇烟酸酯	108
四、多烯鱼油类	108
五、几丁糖脂	109
六、角鲨烯	110
第四节　抗炎镇痛功能	110
一、假蕨素A	110
二、齐考诺肽	111
三、河豚毒素	112
第五节　抗阿尔茨海默病功能	113
一、甘露寡糖二酸	113

二、复方海蛇胶囊　　　　　　　　　　114
　　三、苔藓抑素 1　　　　　　　　　　　114
　　四、GTS-21（DMXB-A）　　　　　　　115
　　五、高牛磺酸　　　　　　　　　　　　115
　　六、利福霉素　　　　　　　　　　　　115
第六节　免疫调节功能　　　　　　　　　　116
　　一、血蓝蛋白　　　　　　　　　　　　116
　　二、珍珠　　　　　　　　　　　　　　117
　　三、海参　　　　　　　　　　　　　　117
　　四、鲍鱼　　　　　　　　　　　　　　118
　　五、牡蛎　　　　　　　　　　　　　　118
　　六、贻贝　　　　　　　　　　　　　　119
　　七、螺旋藻　　　　　　　　　　　　　120
　　八、海带　　　　　　　　　　　　　　120
　　九、海胆　　　　　　　　　　　　　　120
第七节　抗氧化功能　　　　　　　　　　　121
　　一、海胆色素 A　　　　　　　　　　 121
　　二、虾青素　　　　　　　　　　　　　122
第八节　其他生理功能　　　　　　　　　　126
　　一、肾病防治功能　　　　　　　　　　126
　　二、肝病防治功能　　　　　　　　　　126
　　三、胃病防治功能　　　　　　　　　　127
　　四、降血糖功能　　　　　　　　　　　128
　　五、温肾壮阳功能　　　　　　　　　　128

第五章　海洋生物活性物质的制备技术　130～180

第一节　海洋生物原料的破碎技术　　　　　130
　　一、细胞破碎的理论基础　　　　　　　131
　　二、机械破碎技术　　　　　　　　　　132
　　三、非机械破碎技术　　　　　　　　　133
第二节　海洋生物活性物质的提取技术　　　136
　　一、提取技术的分类　　　　　　　　　136
　　二、提取操作应注意的问题　　　　　　143
　　三、杂质处理的方法　　　　　　　　　144
第三节　海洋生物活性物质的分离纯化技术　146
　　一、液-液萃取法　　　　　　　　　　 146

二、沉淀法　147
三、吸附与离子交换　150
四、膜分离法　158
五、色谱分离法　162
六、结晶法　172
七、电泳法　174
八、蒸发与干燥　176

第六章 海洋生物活性物质的制备实例 181～207

实例一　青蛤多糖的提取纯化和结构鉴定　181
一、青蛤多糖的提取工艺优化　181
二、青蛤多糖的分离纯化、理化性质及结构分析　182

实例二　贻贝多糖的工业化制备工艺　188
一、贻贝多糖提取工艺优化　188
二、中试制备贻贝多糖及鉴定　190

实例三　海洋来源琼胶酶的分离纯化　192
一、琼胶酶分离纯化的方法　192
二、琼胶酶分离纯化的结果　193

实例四　龙须菜抗氧化肽的分离纯化　195
一、抗氧化肽分离纯化的方法　195
二、抗氧化肽分离纯化的结果　196

实例五　烟曲霉 HX-1 菌株抗菌化合物的分离与鉴定　197
一、抗菌化合物分离纯化的方法　198
二、抗菌化合物的结构鉴定　198

实例六　海洋链霉菌 IMB3-202 产生的吲哚咔唑生物碱的分离与鉴定　199
一、吲哚咔唑生物碱分离纯化的方法　199
二、吲哚咔唑生物碱的结构鉴定　200

实例七　大孔吸附树脂富集纯化海洋褐藻多酚　202
一、褐藻多酚分离纯化的方法　203
二、褐藻多酚分离纯化的结果　205

参考文献 208～211

第一章
绪论

一、海洋生物活性物质的定义

海洋生物活性物质是指来自海洋生物体内的对生命现象（或生理过程）具有调节作用的天然产物。这些物质与机体作用后能引起各种生物效应。海洋生物活性物质包括从海洋动物、海洋植物、海洋微生物等生物原料中直接制取的各种天然产物以及利用现代生物技术手段或化学方法获得的天然物质及其类似物。海洋生物活性物质种类繁多，包含某些初级代谢产物和多数次级代谢产物。

初级代谢产物是指生物从外界吸收营养物质，通过分解代谢与合成代谢，生成维持生命活动所必需的物质，如氨基酸、核酸、多糖、脂类等。次级代谢产物是指生物在一定的生长时期，以初级代谢产物为前体，合成一些对生物生命活动非必需的有机化合物，亦称天然产物。这些天然产物是生物在长期的自然竞争过程中发展起来的"生物武器"，能够起到传递信息、拒绝捕食、杀灭入侵生物等自卫作用，如抗生素、毒素、激素、生物碱等类型。它们中的大多数是分子结构比较复杂的化合物，其代谢途径和代谢产物因生物的不同而不同，即使同一种生物也会因为栖息环境的不同而产生不同的次级代谢产物。

二、海洋生物活性物质的分类

目前对于海洋生物活性物质的分类，学者们还没有一个统一的认识，常见的分类方法有：

1. 根据化学种类进行分类

根据活性物质的化学种类，可将其分为多糖类，氨基酸、肽及蛋白质类，脂类及脂肪酸类，烃类及其衍生物，萜类，甾类，大环内酯类，聚醚类，生物碱类，皂苷类及酚类等。每一类又可分为若干个小类，并且这种分类会随着更多生物活性物质的发现而不断地丰富其家系，种类越来越多。

2. 根据生物来源进行分类

根据活性物质的生物来源，可将其分为来自海洋动物的活性物质、来自海洋植物的活性物质和来自海洋微生物的活性物质等。来自海洋动物的活性物质又可分为来自多孔动物（海绵）的活性物质、来自刺胞动物的活性物质、来自软体动物的活性物质、来自棘皮动物的活性物质、来自节肢动物的活性物质和来自脊索动物的活性物质等。来自海洋植物的活性物质又可分为来自海洋微藻的活性物质、来自海洋红藻的活性物质、来自海洋褐藻的活性物质、来自海洋绿藻的活性物质和来自红树林植物的活性物质等。来自海洋微生物的活性物质又可分为来自海洋细菌的活性物质、来自海洋放线菌的活性物质和来自海洋真菌的活性物质等。这种分类方法是基于研究者对某一类目标生物的重视而产生的。

3. 根据生物活性进行分类

根据活性物质的功能，可将其分为抗肿瘤活性物质、抗菌活性物质、抗病毒活性物质、抗炎活性物质、作用于心脑血管系统的活性物质、调节免疫功能的活性物质、降血糖活性物质、抗氧化活性物质、抗辐射活性物质和具有镇痛作用的活性物质等。依照药物和保健食品的概念，这种分类方法会有一些不同，且随着研究的深入，活性范围在不断扩展。

三、海洋生物活性物质的特性

1. 含量低

海洋生物活性物质的含量在原料中通常都很低。除了海带中的褐藻多糖和碘、牡蛎中的牛磺酸等含量较高外，大多数海洋生物体内的活性物质含量很低。如西加毒素在鱼体内含量很低，1t西加鱼的肉中才能提取到 1~2mg 西加毒素，从 1t 冈田软海绵中仅可提取到 400mg 的软海绵素（Halichondrin）B（甲磺酸艾瑞布林的前体化合物），产率只有 0.0004%。而且海洋动植物资源非常有限，采集困难，直接利用海洋动植物作为原料来提取活性物质，很难满足社会的需求。

2. 活性强

海洋生物活性物质中活性强的典型代表是各种海洋生物毒素。如存在于河豚等动物中的河鲀毒素（河豚毒素），其毒性是氰化物的 1000 倍、局部麻醉作用是普鲁卡因的 4000 倍。岩沙海葵毒素是已知非蛋白毒素中毒性最强烈的毒素之一，是迄今为止发现的最强的动脉收缩剂，比以往发现的动脉收缩剂的活性高 100 倍。刺尾鱼毒素是目前发现的最复杂的聚醚类化合物和已知最大的天然产物之一，分子量为 3422，是非蛋白毒素中毒性最强的物质，毒性比河豚毒素强 200 倍，是岩沙海葵毒素的 9 倍。

3. 结构异

海洋生物活性物质种类繁多，特性各异，主要有氨基酸类、多肽及蛋白质类、多糖类、脂类、酸类、苷类、生物碱类、萜类、聚醚类、大环内酯类、烯类等共 300 多种化合物，而且每一类活性物质中又包含了许多结构特异的化合物。此外，由于海水中富含卤素，海洋生物中含有许多卤代化合物，最常见的是含溴化合物，其次是含氯和碘的化合物。多卤素是海洋天然产物所特有的。

四、海洋生物活性物质的研究简史

现代海洋生物活性物质的研究起始于 20 世纪中叶，是陆生生物天然产物研究的拓展和延伸。1945 年，意大利科学家 Brotzu 从撒丁岛沿岸污泥中分离得到一株顶头孢霉菌（*Cephalosporium acremonium*），并证明它的代谢产物具有广谱抗细菌作用。1956 年，Abraham 从这株霉菌的发酵液中分离得到头孢菌素 C。但这一原始化合物由于活性低，未能直接用于临床。1959 年头孢菌素 C 母核 7-氨基头孢菌酸（7-ACA）的发现，使头孢菌素的侧链改造成为可能。1964 年第一个头孢类抗生素头孢噻吩（Cephalothin）应用于临床并相继开发出一系列的头孢类抗生素。20 世纪 60 年代初，发现了河豚毒素并确定了其化学结构，后续又完成了河豚毒素的人工合成。此后，从地中海拟无枝酸菌中发现了抗结核的利福霉素，从海绵中发现了抗白血病的阿糖胞苷（Ara-C）和抗病毒的阿糖腺苷（Ara-A）。1969 年，来自鲑鱼的肝素中和剂硫酸鱼精蛋白开发成功。上述这些重要的发现极大地激发了科学家对海洋生物活性物质研究的兴趣，使海洋生物活性物质在药物方面的开发成为医药界的热点，海洋药物的研发引起了各国的关注。

1967 年，在美国召开了首次海洋药物国际学术研讨会。1988 年，日本设立了海洋生物技术研究所，并投资 10 亿日元建立了两个药物实验室。20 世纪 90 年代，许多沿海国家都把开发利用海洋作为基本国策。美国、日本、英国、法国、俄罗斯等国家分别推出包括开发海洋微生物药物在内的"海洋生物技术计划""海洋蓝宝石计划""海洋生物开发计划"等，投入巨资发展海洋药物及其海洋生物技术，世界上一些著名的大学也相继建立海洋药物研究机构。从 20 世纪 90 年代至 2022 年底，国外陆续批准上市的海洋药物如表 1-1 所示。

表 1-1　截至 2022 年底国外批准上市的海洋药物

通用名	商品名	来源	结构类型	治疗疾病及功效	上市时间/年
头孢菌素（Cephalosporin）	Cefalothin®	海洋真菌	β-内酰胺	抗菌	1964
利福霉素（Rifamycin）	Rifampin®	海洋放线菌	聚酮	抗菌（结核杆菌、麻风杆菌等）	1968
阿糖胞苷（Cytarabine/Ara-C）	Cytosar-U®	海绵	核苷	抗癌（白血病）	1969
硫酸鱼精蛋白（Protamine Sulfate）	Protamine Sulfate®	鲑鱼	碱性蛋白质硫酸盐	肝素中和剂	1969
阿糖腺苷（Vidarabine/Ara-A）	Vira-A®	海绵	核苷	抗病毒（单纯性疱疹病毒）	1976
氟达拉滨磷酸酯（Fludarabine Phosphate）	Fludara®	海绵	核苷	抗癌（白血病、淋巴瘤）	1991
Echinochrome A	Histochrome®	海胆	类醌	心肌梗死、眼科疾病	1999
ω-3-酸乙酯	Lovaza® Omacor® Omtryg®	海鱼	EPA 和 DHA 乙酯	脂类调节剂	2004
齐考诺肽（Ziconotide）	Prialt®	芋螺	芋螺毒素（多肽）	镇痛	2004
奈拉滨（Nelarabine/ara-GTP）	Arranon® Atriance®	海绵	核苷	抗癌（白血病）	2005
曲贝替定（Trabectedin/ET-743）	Yondelis®	海鞘	生物碱	抗癌（软组织肉瘤、卵巢癌）	2007
甲磺酸艾瑞布林（Eribulin Mesylate/E7389）	Halaven®	海绵	软海绵素衍生物（大环聚醚）	抗癌（转移性乳腺癌）	2010
维布妥昔单抗（Brentuximab Vedotin/SGN-35）	Adcetris®	海兔	海兔毒素单抗偶联物（ADC）	抗癌（淋巴瘤）	2011
二十碳五烯酸乙酯	Vascepa®	海鱼	EPA 乙酯	降血脂	2012
卡拉胶（Iota-Carrageenan）	Carragelose®	红藻	硫酸多糖	抗病毒	2013
ω-3-羧酸	Epanova®	海鱼	EPA 和 DHA 羧酸	降血脂	2014
鱼油甘油三酯	Omegaven®	海鱼	脂肪酸	肠外营养相关性胆汁淤积症（PNAC）	2018
普拉泰（Plitidepsin）	Aplidin®	海鞘	环状肽	抗癌（骨髓瘤）	2018
泊洛妥珠单抗（Polatuzumab Vedotin）	Polivy®	海兔	ADC	抗癌（淋巴瘤）	2019

续表

通用名	商品名	来源	结构类型	治疗疾病及功效	上市时间/年
恩诺单抗（Enfortumab Vedotin）	Padcev®	海兔	ADC	抗癌（膀胱癌）	2019
贝兰他单抗莫福汀（Belantamab Mafodotin）	Blenrep®	海兔	ADC	抗癌（骨髓瘤）	2020
芦比替定（Lurbinectedin）	Zepzelca™	海鞘	生物碱	抗癌（小细胞肺癌）	2020

注：EPA 即二十碳五烯酸；DHA 即二十二碳六烯酸。

我国海洋生物活性物质的研究要晚于欧、美大约 20 年，起始于 20 世纪 80 年代初。曾陇梅等对我国南海的珊瑚类动物进行了较系统的化学成分研究，1985 年发现了具有双十四元环的新型四萜。1985 年，经 CFDA 批准，分离自褐藻的具有抗凝血、降血脂活性的藻酸双酯钠上市。90 年代以后，我国海洋天然产物的研究获得了迅猛的发展，对我国海洋中的海绵、珊瑚、棘皮类动物、草苔虫、海藻及海洋微生物进行了广泛研究。截至 2022 年底，我国批准上市的海洋药物有：分离自虾蟹壳的促进伤口愈合的药物壳聚糖、分离自鲨鱼的免疫功能调节和抗肿瘤药物角鲨烯、分离自褐藻的肝病治疗药物褐藻硫酸多糖和心血管疾病治疗药物甘糖酯、从海带中提取的肾病治疗药物岩藻聚糖硫酸酯和降血脂药物甘露醇烟酸酯、降血糖的褐藻复方多糖、降血脂的螺旋藻复方制剂以及治疗阿尔茨海默病的甘露寡糖二酸（GC-971）（表 1-2）。截至 2022 年底国内外处于临床研究的海洋药物如表 1-3 所示。

表 1-2 截至 2022 年底我国批准上市的海洋药物

商品名	来源	结构类型	治疗疾病及功效	上市时间/年
藻酸双酯钠（PSS）	褐藻	肝素类低分子多糖	抗凝血、降低血黏度、降血脂	1985
甲壳胺	虾、蟹甲壳	聚糖	促进创伤愈合	2002
角鲨烯	鲨鱼	鱼肝油萜	增强免疫力、抗疲劳、抗衰老等	2010
海麒舒肝胶囊（海克力特）	昆布、麒麟菜	硫酸多糖	肝炎、肿瘤放化疗后的辅助治疗	2012
海昆肾喜胶囊（岩藻聚糖硫酸酯）	海带	聚糖硫酸酯	肾病：慢性肾衰竭	2015
甘糖酯	褐藻	肝素类低分子多糖	抗凝血、抗血栓、降血脂	2015
甘露醇烟酸酯	海带	甘露醇烟酸酯	舒张血管、降血脂	2015
健脾消渴散（降糖宁片）	褐藻	复方多糖	降血糖	2015
螺旋藻片	螺旋藻	脂肪酸、多糖、β-胡萝卜素	降血脂、增强免疫力	2015
GV-971	褐藻	甘露寡糖二酸	轻度至中度阿尔茨海默病	2019

表 1-3　截至 2022 年底国内外处于临床研究的海洋药物

名称	结构类型	来源	适应疾病	临床阶段
芦比替定（Lurbinectedin）	生物碱	海鞘	联合阿特珠单抗治疗晚期小细胞肺癌，拓扑替康或伊立替康联合治疗复发性小细胞肺癌	Ⅲ期
替曲朵辛（Tetrodotoxin）	生物碱	假单胞菌、弧菌、河豚	中度或重度癌症相关疼痛	Ⅲ期
普拉泰（Plitidepsin）	环状肽	海鞘	中度 COVID-19 住院患者	Ⅲ期
Marizomib（Salinosporamide A）	生物碱	放线菌	新诊断的胶质母细胞瘤	Ⅲ期
普那布林（Plinabulin）	生物碱	Phenylahistin（焦曲霉）	多发性骨髓瘤、非小细胞肺癌、脑肿瘤	Ⅲ期
ARX788（auristatin 类似物）	ADC	海兔毒素	HER2 阳性转移性乳腺癌	Ⅲ期
AGS-16C3F（MMAF）	ADC	海兔毒素	转移性肾细胞癌	Ⅱ期
Tisotumab Vedotin（MMAE）	ADC	海兔毒素	子宫颈癌	Ⅱ期
Ladiratuzumab Vedotin（MMAE）	ADC	海兔毒素	小细胞肺癌、非小细胞肺癌、胃腺癌、胃食管交界腺癌、前列腺癌、黑色素瘤	Ⅱ期
Telisotuzumab Vedotin（MMAE）	ADC	海兔毒素	非小细胞肺癌	Ⅱ期
Enapotamab Vedotin（MMAE）	ADC	海兔毒素	卵巢癌、宫颈癌、子宫内膜癌、非小细胞肺癌、甲状腺癌、黑色素瘤、肉瘤	Ⅱ期
Disitamab Vedotin（MMAE）	ADC	海兔毒素	尿路上皮癌、晚期癌症、胃癌、晚期乳腺癌、实体瘤	Ⅱ期
CX-2029（MMAE）	ADC	海兔毒素	实体瘤、头颈癌、非小细胞肺癌、弥漫性大 B 细胞淋巴瘤、食管癌	Ⅱ期
RC88（MMAE）	ADC	海兔毒素	实体肿瘤	Ⅱ期
W0101（auristatin 类似物）	ADC	海兔毒素	晚期或转移性实体瘤	Ⅱ期
Upifitamab Rilsodotin（XMT-1536）	ADC	海兔毒素	铂耐药卵巢癌	Ⅱ期
Farletuzumab Ecteribulin（MORAb-202）	ADC	Eribulin（海绵）	肿瘤	Ⅱ期
DMXB-A（GTS-21）	生物碱	Anabaseine（蠕虫）	阿尔茨海默病	Ⅱ期
Plocabulin（PM060184/PM184）	聚酮	海绵	实体瘤、晚期结直肠癌	Ⅱ期
Soblidotin（auristatin PE；TZT-1027）	寡肽	Dolastatin 10 合成衍生物	非小细胞肺癌、肉瘤	Ⅱ期

续表

名称	结构类型	来源	适应疾病	临床阶段
Synthadotin（Tasidotin；ILX-651）	寡肽	Dolastatin 15 合成衍生物	黑色素瘤、前列腺癌、非小细胞肺癌	Ⅱ期
苔藓抑素1（Bryostatin 1）	大环内酯	苔藓虫	阿尔茨海默病、肾癌、急性髓性白血病和骨髓增生异常综合征、结直肠癌等	Ⅱ期
MRG003（MMAE）	ADC	海兔毒素	晚期鼻咽癌	Ⅱ期
Ozuriftamab Vedotin（MMAE）	ADC	海兔毒素	头颈部复发或转移性鳞状细胞癌	Ⅰ期
FOR46（MMAE）	ADC	海兔毒素	转移性去势抵抗性前列腺癌	Ⅰ期
ALT-P7（MMAE）	ADC	海兔毒素	HER2阳性乳腺癌	Ⅰ期
SGN-CD228A（MMAE）	ADC	海兔毒素	皮肤黑色素瘤、胸膜间皮瘤、HER2阴性乳腺肿瘤、非小细胞肺癌、结直肠癌、胰腺导管腺癌	Ⅰ期
SGN-B6A（MMAE）	ADC	海兔毒素	肺癌、非小细胞肺癌、头颈部鳞状细胞癌、HER2阴性乳腺肿瘤等	Ⅰ期
Cofetuzumab Pelidotin（auristatin类似物）	ADC	海兔毒素	非小细胞肺癌（NSCLC）	Ⅰ期
PF-06804103（auristatin类似物）	ADC	海兔毒素	乳腺肿瘤	Ⅰ期
ZW-49（auristatin类似物）	ADC	海兔毒素	局部晚期（不可切除）或转移性表达HER2的癌症	Ⅰ期
A-166（duostatin 5）	ADC	海兔毒素	乳腺癌	Ⅰ期
STI-6129（duostatin 5）	ADC	海兔毒素	轻链（AL）淀粉样变性	Ⅰ期
Griffithsin	蛋白	红藻	HIV预防、COVID-19预防	Ⅰ期
Hemiasterlin（E7974）	寡肽	海绵	恶性肿瘤	Ⅰ期
BG136	多糖	海藻	晚期实体瘤	Ⅰ期

五、我国海洋生物活性物质开发存在的问题

我国海洋生物活性物质的开发利用取得了一定的成果，但仍存在许多有待解决的问题。

1. 开发利用的海洋生物资源种类十分有限

目前开发利用的海洋生物资源80%来自沿海或近海，与古代我国本草记录相比虽有所发展，但与我国18000多千米海岸线，南北跨热带、亚热带、温带，近

$300\times10^4 km^2$ 的辽阔海域所蕴藏的海洋药用资源相比并不相称。而且这些已开发药用资源主要是海洋动植物，对于目前国际上极为关注、具有极大药用价值的海洋微生物和浮游生物的研究开发偏少。

2. 对海洋药用生物资源缺乏系统评估

对海洋药用生物资源的调查与评价缺乏科学性、系统性和全面性。例如，对我国药用海洋生物资源物种、资源量、分布特征、时空变迁缺乏了解；对海洋药用生物资源的有效成分、药用价值和应用前景不能准确掌握。现在使用的许多传统海洋药物资源中，有的对原有药效定性不准，有的定性甚至错误，某些海洋药物原有药效由于生存环境变迁已经发生变化，但未做跟踪研究。

3. 部分重要海洋药用生物资源趋于枯竭

近年来，由于缺乏宏观指导和严格管理，某些过度的海洋开发利用行为，不仅直接破坏近海生物链，造成许多传统重要海洋药用生物资源濒临枯竭。而且这类活动的强烈干扰，造成部分海域生态系统被严重破坏，一些重要海洋生物栖息地严重丧失，进一步加剧了一些具有重要药用价值的海洋珍稀物种灭绝。

4. 研究开发技术有待建立和完善

如样品采集/保真采集、培育、鉴定技术尚待建立；天然产物的提取、分离、结构鉴定水平不高；生物活性筛选，特别是普筛、广筛不够；先进生物技术手段应用较少；药物后期研发经验不足；研究技术平台需要建立和完善等。

此外，还有研究经费投入有所不足，投入方向上偏应用轻基础，而且急于求成等。

六、海洋生物活性物质研究的前景方向

目前已开发成功的或进入临床研究的海洋生物活性物质绝大多数来自海洋动植物，生物量有限，不易采集，且有些天然活性成分含量低，分离提取过程复杂。因此，寻找经济的、人工的、对环境没有破坏的物源（药源）已成为海洋生物活性物质开发的紧迫课题。

1. 全（半）合成技术是解决物源问题的一个重要手段

曲贝替定（Trabectedin, ET-743）是一种合成的抗肿瘤烷基化剂，最初是从加勒比海鞘中提取的。该药物的天然丰度低至每 1000kg 海鞘中 1g，无法满足临床前和临床试验的需要。1996年，Corey小组里程碑式地完成了曲贝替定的首次全合成。

2000年,西班牙Pharma Mar公司开发了一条半合成工艺路线,在Corey路线基础上,以生物发酵所得极为相似的结构番红菌素B为起始原料,以21步1%的总收率解决了当时ET-743药物研发原料药供应问题。2019年,马大为报道了曲贝替定及其衍生物卢比替定的全合成方法,利用光催化碳氢键活化巧妙构建了A环[1,3]二氧戊环单元,合成了Corey路线typeⅠ型中间体,该方法突破了由片段Ⅰ到片段Ⅱ的高效转化,令合成线性步骤降至26步且以克级规模制备,极大地提高了曲贝替定合成效率,总收率为1.6%。但能直接开发利用的海洋天然化学结构是少的,更多地需要利用半合成技术对其进行局部化学修饰或改造,以获得具有更优良性质的化学结构。

2. 生物技术对解决海洋生物源问题和开发海洋新药具有重要的作用

生物技术主要包括基因工程、细胞工程、发酵工程、酶工程和蛋白质工程等,可以采用人工养殖或模拟天然条件进行室内繁殖研究,如已成功实现草苔虫的实验室繁殖研究。大量研究表明,大部分甚至是全部海洋生物活性物质的真正生物源是与海洋动植物共生的微生物。而利用微生物作为生物反应器来大量生产海洋生物活性物质,不受生物量的限制,生长周期短、容易控制,大大降低了生产成本;利用基因工程重组表达海洋多肽或蛋白质,使得获得海洋活性多肽或蛋白质不再依靠大量采集海洋生物,如利用DNA重组技术将克隆得到的别藻蓝蛋白(APC)基因与大肠杆菌的麦芽糖结合蛋白(MBP)基因构建成嵌合基因,转化大肠杆菌后获得高效表达MBP-APC融合蛋白的基因工程菌株;利用蛋白质工程构建海洋抗体药物偶联物(ADC),如将海兔毒素Dolastatin 10的衍生物单甲基澳瑞他汀E(Monomethyl auristatin E,MMAE)分别通过二肽交联剂与抗CD30、CD79b和Nectin-4的抗体分子偶联,形成ADC类抗癌药物维布妥昔单抗(Brentuximab Vedotin,Adcetris®)、泊洛妥珠单抗(Polatuzumab Vedotin,Polivy®)和恩诺单抗(Enfortumab Vedotin,Padcev®)等。所以,生物技术也是海洋生物活性物质的一个发展方向。

3. 新生物资源的发掘与活性筛选技术的构建

海洋生物资源非常丰富,目前已开发的种类只占到整个海洋生物资源的极小部分,还有大量的海洋生物资源有待深入开发。一是海洋微生物资源。海洋微生物种类高达一百万种以上,但能人工培养的海洋微生物只有几千种,以分离代谢产物为目的而被分离培养的海洋微生物更少。二是罕见海洋生物资源。深海、极地及人迹罕至的海岛上的海洋动植物、微生物,往往含有某些结构独特和活性特异的化学成分。三是海洋中药资源。《中华海洋本草》(2009)全书共遴选收录海洋药用生物物种1479种、海洋药物613种、海洋矿物15种,从这些物种中寻找活性成分或先导化合物具有投入少、周期短、针对性强等优点。

此外，利用自然科学的最新研究成果，构建基于基因组学、蛋白质组学等的多靶点和新模型活性筛选技术，对发掘海洋生物活性物质亦起着至关重要的作用。

4. 药物再利用策略具有巨大的挖掘前景

目前，大多数已上市的海洋药物仍在进行生物医学实验研究，以寻找潜在的新治疗靶点、适应证和不良事件。如已上市的药物普拉泰（Plitidepsin，Aplidin®）此前已被批准用于临床治疗癌症，包括胰腺癌、胃癌、膀胱癌和前列腺癌，而最近的临床前研究显示，其在治疗COVID-19方面具有良好的效果。此外，已批准的药物如芦比替定（Lurbinectedin，Zepzelca™）正在进一步研究其他适应证，这表明药物再利用策略具有巨大的挖掘前景。在科学研究深入和科学技术进步的基础上，不仅可以通过实验方法（如结合分析以识别靶点相互作用和表型筛选），还可以通过计算方法（如特征匹配、计算分子对接、全基因组关联研究、路径或网络映射、回顾性临床分析等）发现已获批药物的新适应证。

第二章
海洋生物

第一节 海洋生态系统的多样性

地球上陆地和海洋的总面积约为 $5.1×10^8 km^2$，其中海洋面积约为 $3.6×10^8 km^2$，占总面积的 71%，容纳的生物量大于陆地 1000 倍。我国是一个海洋大国，海岸线总长 3.2 万千米，其中大陆岸线长约 1.8 万千米，岛屿海岸线长 1.4 万千米，滩涂面积超过 $2×10^4 km^2$。从地理区域上看，我国海洋包括渤海、黄海、东海和南海四大海域，跨越 42 个纬度，面积约为 $4.7×10^6 km^2$，所管辖的海域跨 38 个纬度（从辽东湾顶至曾母暗沙），横跨了三个温度带。在全球 49 个大海洋生态系统中，我国就有 4 个：黄海大海洋生态系统、东海大海洋生态系统、南海大海洋生态系统和黑潮流域大海洋生态系统。黄海和渤海处在北温带海的边缘，东海和南海属亚热带性质，各自呈现了大海洋生态系统的特点。在这 4 个海域内或海岸带边缘，又涵盖了其他较小的生态系统，共形成如下大小不等的 10 个生态系统。

一、渤海

渤海，地处中国大陆东部北端，位于北纬 $37°07'\sim40°56'$ 和东经 $117°33'\sim122°08'$ 之间，是一个近乎封闭的内海，东面以辽东半岛的老铁山岬经庙岛至山东半岛北端的蓬莱岬的连线与黄海分界，其他三面环陆，北、西、南三面分别与辽宁、河北、天津和山东三省一市毗邻。渤海海岸线全长约 3800km，东西宽约 346km，南北长约 550km，面积约 $8×10^4 km^2$，最深处为 70m，平均深度 18m。据《2015 年中国海洋环境状况公报》，该海域鉴定出浮游植物有 223 种，主要类群为硅藻和甲藻；浮游动物有 103 种，主要类群为桡足类和水母类；大型底栖生物 360 种，主要类群为环节动物、软体动物和节肢动物。

二、黄海

黄海位于中国大陆与朝鲜半岛之间,是一个半封闭的海域,西北经渤海海峡与渤海相通,南以长江北角的启东嘴与朝鲜济州岛西端连线为界。黄海南北长约870km,东西宽约556km,总面积为 $38 \times 10^4 km^2$,平均水深为44m,最深处在济州岛西北,可达140m。黄海处于北温带,其中的生物既有本海区的特有品种,也有来自寒带、亚寒带、亚热带和热带的一些外来物种,形成了自己独特的生物区系。据《2015年中国海洋环境状况公报》,该海域已鉴定出浮游植物有286种,主要类群为硅藻和甲藻;浮游动物121种,主要类群为桡足类和水母类;大型底栖生物544种,主要类群为环节动物、软体动物和节肢动物。

三、东海

东海是由中国大陆和中国台湾岛以及朝鲜半岛与日本九州岛、琉球群岛等围绕的边缘海。东海面积约为 $77 \times 10^4 km^2$,陆架区平均水深为370m,最深处达2719m。东海沿岸流和台湾暖流是东海浅水区的主要海流。据《2015年中国海洋环境状况公报》,该海域鉴定出浮游植物422种,主要类群为硅藻和甲藻;浮游动物358种,主要类群为桡足类和水母类;大型底栖生物725种,主要类群为软体动物、节肢动物和环节动物。

四、南海

南海位于中国大陆的南方,是太平洋西部海域,也是中国三大边缘海之一。南海地处热带和亚热带,平均水深1212m,最大深度5559m。南海北部陆架区有沿岸流和南海暖流两大流系。据《2015年中国海洋环境状况公报》,该海域鉴定出浮游植物536种,主要类群为硅藻和甲藻;浮游动物510种,主要类群为桡足类和水母类;大型底栖生物955种,主要类群为软体动物、节肢动物和环节动物;海草6种;红树植物10种;造礁珊瑚76种。

五、黑潮流域

黑潮由北赤道发源,经菲律宾,紧贴中国台湾东部进入东海,然后经琉球群岛,沿日本列岛的南部流去,于东经142°、北纬35°附近结束行程。其中在琉球群岛附近,黑潮分出一支流入中国的黄海和渤海。黑潮的总行程为 6000 余千米,因水色深蓝似黑色而得名。

黑潮是中国海陆架区毗邻的最大流系,其热量和水量对中国陆架区浅海都有重大影响,也是世界上强洋流之一。根据 1984~1990 年的中日合作黑潮调查研究,黑潮流域内已发现浮游植物 419 种、浮游动物 697 种、鱼类 180 余种以及游泳生物约 2000 种。黑潮生物主要类群的生态特点多样,如浮游植物有高温高盐种、高温低盐种、低温高盐种和广温广盐种;浮游动物包括暖温带近岸类群和热带大洋类群。由于黑潮的高温、高盐特性,黑潮有它的指示种,特别是浮游生物指示种,如属于浮游植物的热带戈斯藻、南方星纹藻、达氏角毛藻等 20 余种;浮游动物指示种有精致真刺水蚤、肥胖箭虫、宽假浮萤、柔巧磷虾等 20 余种。

六、河口生态区

中国沿海有 1500 多条江河入海。河口及其附近水域,由于大量的淡水和陆源物质的注入,形成了独特的河口类型海洋生态系统。一般地说,河口区的生物种类组成较为复杂,多样性指数较高。中国的三大河口区——长江口、黄河口和珠江口,现已鉴定的浮游植物种类分别为 64 种、103 种、224 种;浮游动物分别为 105 种、66 种、133 种;底栖生物与潮间带生物分别为 153 种、191 种、456 种和 41 种、195 种、189 种;游泳生物则分别为 189 种、144 种和 356 种。

从河口区生物的生态类型看,珠江口是以热带、亚热带种为主,游泳生物以暖水性种为主。长江口和黄河口则是以广布种和温带种为主,游泳生物以暖温性种为主。尽管各河口区生物的生态类型不同,但河口区生态环境的特殊性决定了三大河口区的群落结构有共同特点,即都可分为三大类型:淡水群落、咸淡水群落和海水群落。

七、上升流生态系统

我国渤海中部、黄海冷水团区、山东半岛近海、浙江近海、闽南沿海、台湾西南海区、粤东沿海和海南东南部海区都有上升流区,且各个上升流生态各有其特点。如台湾浅滩南部上升流,浅滩南部几乎终年存在一个东西走向的低温、高盐、高密度的窄长带,夏季温、盐等值线明显有朝陡坡急剧上升的趋势,显示一个明显的低 pH 中心和高营养盐、低溶解氧饱和度等底层水沿坡的涌升现象。指标生物隆线似哲水蚤终年存在;5000m 深海的叶尾丽巾虫也常见于此。这里终年有鱼卵、仔稚鱼密集区,其中包括 9% 深海鱼类仔稚鱼。这里的上升流是因底层洋流沿着陡坡朝台湾浅滩爬升和风的作用，以及海流绕台湾浅滩的流动而诱发形成的，主要为地形上升流。因上升流终年存在，所以终年都形成台湾浅滩南部中心渔场。上升流生态系统通常具有生产力高、食物链短、物质循环快、能量转换效率高等特点。

八、沿海潮间带生态系统

潮间带是介于高潮线与低潮线之间的地带，通常也称为海涂。据1981~1986年中国海岸潮间带生态调查，共记录了1590种潮间带生物（实际可能的种数是这个数的几倍）。生物种数由北往南增加，渤海仅251种，南海则多达971种。我国沿海潮间带生物量因各海区基底不同而存在很大差异，湿重为黄海高达2199g/m^2、东海仅为217g/m^2；密度为渤海高达1013个/m^2、南海仅为317个/m^2。潮间带生物的数量远远大于浅海底栖生物，是生物量的高生产力区。潮间带生物群落因潮汐而具有明显的垂直分层，呈现出高、中、低3个潮区的生物带。高潮区生物的种类和数量少，中、低潮区的生物种类和数量因地点和底质类型而异。

九、海岸带湿地生态系统

在高、中潮区和潮上带的盐碱沼泽地和滩涂上覆盖着以草本植物为主的植被，这些区域是许多鸟类的栖息地，构成了沼泽—草地—鸟类生态系统，如鸭绿江口、辽河三角洲、黄河三角洲、莱州湾滩涂、渤海湾滩涂、山东大沽河口、江苏盐城滩涂、长江口崇明滩涂、上海南汇区、杭州湾口两岸滩涂和甬江、瓯江两岸滩涂等。在接近淡水的沼泽或河口段的潮上带，芦苇大面积茂密生长，从鸭绿江口到杭州湾都有，少量分布到广东。如辽河三角洲的苇田竟达6.7万公顷。芦苇向海的泥滩高潮区，则有大面积的灰绿碱蓬、盐角草等矮小植被。在长江口和杭州湾，高潮滩上有大片的海三棱藨草等。

十、红树林生态系统

红树林是从陆地过渡到海洋的特殊森林，是亚热带和热带海洋潮间带或潮上带的一类特殊常绿林。红树植物的树皮中含有丰富的单宁酸，暴露在空气中会变成红色，因此而得名。红树林是抵御台风、海啸袭击的天然屏障，具有防风、防浪、护堤的功能，还具有抵抗海洋污染、抵御赤潮发生的作用。红树林也是众多经济动物的繁殖和栖息地，是重要经济动物的繁殖和庇护区。世界上的红树林大致分布在南北回归线之间，我国红树林主要分布在海南、广东、广西沿海及福建等地。

第二节 海洋生物的多样性

海域生态系统的多样性造就了其生物物种的多样性。我国海洋生物具有特有门类多、物种多于淡水环境而少于陆地环境、物种分布由北往南递增,以暖水种居多,也有些广分布种和暖温种,以及少数冷温种的特点。

我国海域已记录海洋生物 22561 种,分别隶属于原核生物、原生生物、真菌、植物和动物 5 个生物界,分属 44 个门。其中,海洋鱼类约占世界总数的 14%,蔓足类约占 24%,昆虫约占 20%,红树植物约占 43%,海鸟约占 23%,头足类约占 14%,造礁珊瑚物种约占印度-西太平洋区总数的 1/3。我国海洋生物中有许多是中国特有种或世界珍稀物种,如国家一级保护动物中华鲟(*Acipenser sinensis*)、中华白海豚(*Sousa chinensis*)、儒艮(*Dugong dugon*)、大砗磲(*Tridacna gigas*)以及鹦鹉螺(*Nautilus pompilius*)、红珊瑚(*Corallium rubrum*)等。

按照分类系统中由简单到复杂、由低等到高等的路线,与人类关系密切的海洋生物门类常常被划分为海洋微生物、海洋植物和海洋动物三大类。

一、海洋微生物

海洋微生物是指在海洋环境中能够生长繁殖、形体微小,单细胞的或个体结构较为简单的多细胞的,甚至没有细胞结构的一群低等生物。高压、高盐、低光照、低温、寡营养等特殊的海洋环境,造就了海洋微生物的多样性。据估计,海洋中的微生物有 200 万至 2 亿种,正常情况下其密度约为 10^6 个/m^3。从类型上看,海洋微生物主要有原核微生物(细菌、放线菌)、真核微生物(真菌、原虫)和无细胞生物(病毒)三大类。

1. 海洋细菌

海洋细菌(marine bacteria)属于原核生物,细胞无核膜和核仁,DNA 不形成染色体,无细胞器,不进行有丝分裂,个体直径一般在 $1\mu m$ 以下,呈杆状、球状、弧状、螺旋状或分枝丝状,具有细胞壁。

海洋中有自养和异养、光能和化能、好氧和厌氧、寄生和腐生以及浮游和附着等类型的细菌。几乎所有已知生理类群的细菌,都可在海洋环境中找到,最常见的有假单胞菌属(*Pseudomonas*)、弧菌属(*Vibrio*)、无色杆菌属(*Achromobacter*)、黄杆菌属(*Flavobacterium*)、螺菌属(*Spirillum*)、微球菌属(*Micrococcus*)、八叠球菌属（*Sarcina*）、芽孢杆菌属（*Bacillus*）和棒杆菌属（*Corynebacterium*）等。在海水中，革兰氏阴性杆菌占优势；在远洋沉积物中，则革兰氏阳性细菌居多；在大陆架沉积物中，芽孢杆菌属最为常见。

海洋细菌的数量分布与其所处的海洋环境密切相关。在近岸海域，海洋细菌数量的平面分布与营养盐分布基本一致；在营养盐丰富的沿岸地区，海洋细菌的数量较多，随着离岸距离的增大，细菌的密度也逐渐递减；在内湾和河口区域，海洋细菌的密度最大。在细菌的垂直分布上，基本上呈现出细菌密度随深度增加而减少的趋势。在外海水域，由于细菌具有疏水性，表层海水中也含有大量的疏水性物质（比如碳氢化合物、脂类等有机物等），因此在外海表层，海洋细菌数量相对较多。随着海水深度增加、水温下降和压力增大，细菌密度逐渐减少，但在水底泥界面处又有所回升。除营养物质外，其他的环境因素，如季节风、海流、温度及盐度等，都可能造成海洋细菌在某海域形成密集化。

海洋细菌具有以下几方面的特点：

① 嗜盐性，这是海洋细菌最普遍的特性。

② 嗜冷性。海洋水温的变化范围远小于陆地，90%以上水体的温度是在5℃以下，因此绝大多数海洋细菌都具有在低温下生长的特性。

③ 耐高渗透压。海洋细菌还能耐受高渗透压。

④ 低营养性。海水处于寡营养状态，营养物质较为稀少，有机碳平均水平相当低，一般海洋细菌适应于低浓度营养的海水环境。

⑤ 趋化性和附着生长。绝大多数海洋细菌都具有运动能力，某些细菌还具有沿着某种化合物的浓度梯度移动的能力，这一特性称为趋化性。由于具有趋化性，细菌容易在营养水平低的情况下黏附到各种表面进行生长繁殖，营养物质缺乏时附着能力可不同程度提高。附着表面生长繁殖，是海洋细菌适应环境条件变化的一种生存策略。

⑥ 发光性。少数海洋细菌有发光的特性，生物发光是鉴定海洋发光细菌的主要特征。目前海洋发光细菌主要分为发光杆菌属和射光杆菌属。

2. 海洋放线菌

放线菌是一类在自然界分布极其广泛的常见微生物，能产生许多结构新颖、功能独特且毒副作用较低的次级代谢产物，是一种具有广泛用途和巨大经济价值的微生物资源，也是寻找新药或先导化合物的重要资源。据统计，来源于放线菌的抗生素占所有抗生素的67%（其中链霉菌占52%、稀有放线菌占15%）。

海洋放线菌（marine actinomyces）是介于细菌与真菌之间的单细胞原核生物，分布广泛，种类众多。放线菌的菌丝细胞结构及生理特性与细菌基本相同，除枝动菌属为革兰氏阴性菌外，其余放线菌均为革兰氏阳性菌。大多数放线菌具有生长发育良好的菌丝体。海洋放线菌为异养菌，绝大多数是好气腐生菌，少数寄生菌是厌氧菌。放线菌主要通过形成无性孢子的方式进行繁殖，也可借菌体断裂片段繁殖，孢子直径、菌丝宽度与细菌中的球菌、杆菌相近。

海洋环境中可培养的放线菌数量和类群都低于陆生环境，海洋沉积环境中放线菌的数量随着海洋深度的增加呈下降趋势。在不同深度沉积环境中放线菌占可培养微生物的比例有较大的不同。据统计，目前在海洋环境中发现的放线菌属有50个，其中在海洋环境中首次描述的新属有12个，这预示着海洋放线菌研究具有广阔的前景。

海洋放线菌代表属主要有链霉菌属（*Streptomyces*）、诺卡氏菌属（*Nocardia*）、小单胞菌属（*Micromonospora*）、红球菌属（*Rhodococcus*）、放线菌属（*Actinomyces*）、链孢囊菌属（*Streptosporangium*）和游动放线菌属（*Actinoplanes*）。

3. 海洋真菌

海洋真菌（marine fungi）是一类能形成孢子，具有真核结构，营共生、腐生或寄生生活的海洋生物。海洋真菌包括海洋霉菌和海洋酵母菌。海洋酵母菌呈圆形、卵形或椭圆形，是单细胞真核生物，通常以芽殖为主。海洋霉菌是生长在营养基质上并能形成绒毛状、蜘蛛网状或絮状菌丝体的一类真菌，亦是海洋丝状真菌的通称。

海洋真菌在海洋中的分布十分广泛，从潮间带高潮线或河口到深海，从浅海沙滩到深海沉积物都有它们的踪迹。海洋环境中的真菌大多数处于透光层，特别在近海区域。海洋真菌营共生、腐生或寄生生活，决定它们的分布受寄主分布特性的影响大，特别是许多海洋真菌有特定的寄主。因此，海洋真菌的地理分布特点主要取决于寄主的地理分布范围，其中海水中的溶解氧浓度和海水温度也是影响海洋真菌生存与发展的重要因子。

根据海洋真菌栖生习性的不同，可分为5种基本的生态类型：

① 木生真菌。木生真菌是在海洋水体中数量最多、分布最广的高等真菌，营腐生生活，善于分解纤维素。在热带海域和浅海环境中分布更加广泛。在已知的100余种海洋木生真菌中，子囊菌类有76种、半知菌类有29种、担子菌类有2种。

② 寄生藻体真菌。寄生藻体真菌约占海洋真菌种数的1/3，其中以子囊菌类居多。除寄生型外，真菌和藻类间还存在其他共生及腐生关系，如海洋地衣就是海洋真菌与特定海藻结合形成的互惠共生的结合体，生活在藻体上的真菌，可以利用海藻释放的营养物质但对宿主无害，这种共栖现象在海洋环境中非常普遍。

③ 红树林真菌。红树林真菌多半是腐生菌，其中子囊菌类23种、半知菌类17种、担子菌类2种。红树林真菌能分解红树叶片，产生的有机碎屑营养水平很高，可作为浮游生物和底栖生物的底料，对形成以红树叶片开始的腐屑食物链具有重要意义。

④ 海草真菌。海草真菌数量很少，多栖居于叶部。

⑤ 寄生动物体真菌。寄生动物体真菌可寄生于动物外骨骼、壳等处，在分解生物体中的纤维素、甲壳素、蛋白质和碳酸钙等过程中起重要作用。

海洋真菌是海洋中的一类极其庞大的微生物，它以海洋有机底物为食物，通过其特异性的胞外酶将其分解为小分子，这些底物包括纤维素、木质素和海藻等，而其本身也是其他生物的食物，因此海洋真菌对海洋中的物质和能量循环贡献极大。为了在竞争激烈的海洋环境中生存下去，海洋真菌不得不依靠其所产生的次级代谢产物为竞争武器。据估计，海洋真菌有6000种以上，目前海洋真菌仍处于探索和研究的阶段。

二、海洋植物

海洋植物是指海洋中利用叶绿素进行光合作用以生产有机物的自养型生物。海洋植物门类甚广，共13个门，10000多种。其中硅藻门最多，达6000种；原绿藻门最少，只有1种。海洋植物由单细胞藻类（微型藻类）、大型藻类和高等海洋植物组成。单细胞藻类主要包括硅藻门、甲藻门、金藻门等；大型藻类主要有红藻门、褐藻门和绿藻门；高等海洋植物有红树林、海草等。此外，海洋植物还包含海洋地衣，它是藻菌共生体。海洋地衣种类不多，见于潮汐带，尤其是潮上带。

海洋藻类是简单的光合营养有机体，其植物体包括单细胞、单细胞群体或多细胞等三种形式。藻类没有真正的根、茎、叶的区别，整个植物就是一个简单的叶状体。藻体的各个部分都具有制造有机物的功能，因此藻类也叫作叶状体植物。海藻是海洋植物的主体，全世界目前发现的可供食用的海藻有100多种，我国沿海可供食用的海藻有50多种，常见的、经济价值较高的有20多种。根据海藻的个体大小，可把海藻分为微藻（microalgae）和大型海藻（macroalgae）。根据海藻的生活习性，可分为浮游藻（planktonic algae）和底栖藻（benthic algae）两大类型。

1. 海洋微藻

海洋微藻（marine microalgae），也称为单细胞藻或浮游藻，直径一般只有千分之几毫米，只有在显微镜下才能看见它们的形态，但其形状各有特色，几乎是一种一个样子。它们多数是单细胞的，也有许多是由单细胞结合起来的群体，有纺锤形、扇形、星形的，有椭圆形、卵形、圆柱形的，还有树枝状的。它们是海洋中最重要的初级生产者，又是养殖鱼、虾、贝的饵料。已在中国海记录到浮游藻1817种。

海洋微藻的种类主要有红藻门（紫球藻）、蓝藻门（螺旋藻）、金藻门（球等鞭金藻）、硅藻门（硅藻、纤细角毛藻）、绿藻门（小球藻、盐藻、扁藻）等（图2-1）。

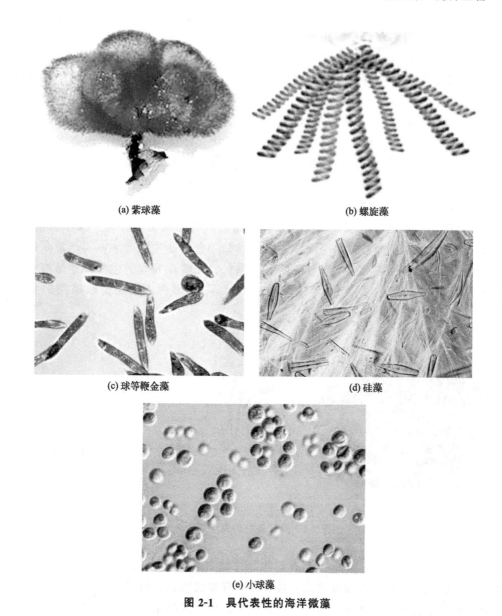

(a) 紫球藻　　　　　　　　　(b) 螺旋藻

(c) 球等鞭金藻　　　　　　　(d) 硅藻

(e) 小球藻

图 2-1　具代表性的海洋微藻

2. 大型海藻（marine macroalgae）

大型藻类一般仅有红藻门、绿藻门和褐藻门等为大型肉眼可见者，几乎99％以上的大型藻类栖息于海水环境中，故大型藻多以海藻称之。它们的颜色鲜艳美丽，有红色、褐色和绿色三种。又根据它们的颜色，把海藻分为三大类：红藻类、褐藻类和绿藻类。绝大多数的红藻、绿藻和褐藻都是底栖藻，主要生长在潮间带和低潮线以下10m以上深度的礁石上，极少数种类可生长于深200m的水域。通常，红藻的生长水域最深，褐藻次之，而绿藻最浅。

红藻的藻体呈鲜红色、紫红色或者玫瑰红色，这些颜色主要来自其生物体内紫红色的藻红素，藻体中藻红素的红色遮掩了它所含叶绿素的颜色，所以藻体呈现出红色。据统计，红藻有600属5000余种，我国已发现红藻120多属300多种。绝大多数红藻喜居深海，生长在低潮线附近和低潮线下30~60m处，少数种类可在200m的海底生长。红藻大多数为多细胞，有丝状、片状和分枝状，形态多姿，有圆形、椭圆形、带形。红藻中最为常见的种类有紫菜、石花菜和江蓠（图2-2）。紫菜主要分布在我国的黄海、渤海以及日本和朝鲜，其中养殖的种类有条斑紫菜（北方）和坛紫菜（南方）等。条斑紫菜在我国的主要产区有江苏省的南通和连云港等。坛紫菜是浙江、福建和广东沿岸的主要栽培藻类。石花菜主要分布于我国的渤海、黄海、台湾、海南及西沙群岛等海域，山东半岛和台湾是主要产地，年产量高达几十万吨。石花菜是提取琼脂（琼胶）的主要原料。江蓠在我国的主要产地是南海和东海，黄海比较少，种类主要有江蓠和龙须菜等10多种，也是提取琼脂的重要原料。

(a) 紫菜　　　　　　(b) 石花菜　　　　　　(c) 江蓠

图 2-2　具代表性的海洋红藻

褐藻的藻体呈褐色，多细胞，有丝状、片状或叶状，还有的呈囊状、管状、圆柱状或树枝状，一般都有圆盘状或分枝状的固着器或假根。假根上面有柄部及叶部，通称为假茎和假叶。褐藻藻体的大小差异很大，最小的高1~2cm，大型海藻如海带可长到7~8m，巨藻甚至可长到300m长，素有"海底森林"之称。褐藻种类有250属1500种以上，多数生长于低潮带或低潮线下的岩石上。褐藻的常见种类有海带、裙带菜和羊栖菜等（图2-3）。海带是生活中最常见的海藻，我国的海带资源十分丰富，沿海都大规模地养殖海带，其产量居世界首位。海带是药食两用资源，既可食用，又可从中制取褐藻酸钠、甘露醇和碘等活性成分。

绿藻的藻体呈草绿色。绿藻约有6700种，其中只有10%生长在海水中，主要生活在潮间带或潮下带的岩石上。常见的多细胞绿藻有浒苔、石莼和礁膜等（图2-4）。

 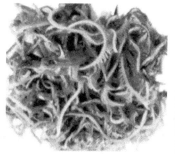 

图 2-3　具代表性的海洋褐藻（(a) 海带　(b) 裙带菜　(c) 羊栖菜）

浒苔是生长在近海滩涂上的草绿色海藻，具有极其强大的自然繁殖能力，产量巨大。全世界的浒苔属植物大约有 40 种，中国约有 11 种，主要有条浒苔（出现暴发性增殖的种类）、扁浒苔、肠浒苔、育枝浒苔和小管浒苔 5 种。

图 2-4　具代表性的海洋绿藻（(a) 浒苔　(b) 孔石莼　(c) 礁膜）

石莼，亦称海白菜、海青菜、海莴苣、绿菜、青苔菜、纶布。它具有由两层细胞构成的近似卵形的叶片体，鲜绿色，基部以固着器固着于岩石上，主要生长在海湾内中、低潮带的岩石上，东海、南海海域分布多，黄海、渤海海域分布比较稀少。

3. 红树林

红树林（mangrove）是生长在热带、亚热带海岸及河口潮间带的特有森林植被，有海底森林之称。红树林的根系十分发达，盘根错节地屹立于滩涂之中。它们具有革质的绿叶，油光闪亮。涨潮时，它们被海水淹没，或者仅仅露出绿色的树冠，仿佛在海面上撑起一片绿伞；潮水退去，则成一片郁郁葱葱的森林。南美洲东西海岸及西印度群岛、非洲西海岸是西半球生长红树林的主要地带。在东方，以印尼的苏门答腊和马来半岛西海岸为红树林中心分布区，沿孟加拉湾—印度—斯里兰卡—阿拉伯半岛至非洲东部沿海，都是红树林生长的地方；澳大利亚沿岸红树林分布也较广；印尼—菲律宾—中南半岛至我国广东、海南、台湾、福建沿海也都有分布。由于黑潮暖流的影响，红树林海岸一直分布至日本九州。

红树植物是指那些仅生长在大部分时间受潮汐影响的潮间带的木本植物。但有些木本植物既能在潮间带成为红树林群落的优势种，也能在内陆生长，这些植物称为半红树植物。红树林中所有的草本及藤本植物被称为红树林的伴生植物。红树植物是初级生产者，在叶、茎和根上都生长着附着生物或钻孔生物。在红树林的泥滩上有大量的蟹类和弹涂鱼。迄今为止，我国共发现红树植物42种，其中真红树植物12科15属28种（含变种）、半红树植物11科13属14种、红树伴生植物约27种。我国现存红树林的面积仅为历史上的1/2（1.3万～1.5万公顷）。我国的红树植物主要有桐花树、白骨壤、秋茄、木榄、角果木、红海榄、老鼠簕、海莲、海桑等（图2-5）。

图 2-5 代表性的海洋红树林植物

4. 海草

海草（seagrass）是地球上唯一可完全生活在海水中的被子植物（图 2-6）。海草床是珍贵的"海底森林"，具有重要的生态系统服务功能。例如，它们可净化水质，清除海洋中威胁人类和珊瑚礁的病原体；为近海鱼类生物提供食物来源及栖息场所，增加生物多样性；固定海底底质和保护海岸；同时也具有重要的碳储存功能。目前，全球海草的分类仍存在争议，但得到公认的海草种类有 74 种，隶属于 6 科 13 属。全球海草分布区主要有 6 个，包括热带印度-太平洋区、热带大西洋区、温带北太平洋区、温带北大西洋区、地中海区和温带南大洋区。

图 2-6 海草和具代表性的海洋滩涂植物

我国现有海草 22 种，约占全球海草种类数的 30%，隶属于 4 科 10 属。我国海草分布区可划分为两个大区：南海海草分布区和黄渤海海草分布区。前者包括海南、广西、广东、香港、台湾和福建沿海，共有海草 9 属 15 种，以喜盐草（*Halophila ovalis*）分布最广；后者包括山东、河北、天津和辽宁沿海，分布有 3 属 9 种，以大叶藻（*Zostera marina*）分布最广。我国现有海草场的总面积约为 8765.1hm^2，其中海南、广东和广西分别占 64%、11% 和 10%，南海区海草场在数量和面积上明显大于黄渤海区。南海区海草场主要分布于海南东部、广东湛江市、广西北海市和台湾东沙岛沿海；黄渤海区海草场主要分布于山东荣成市和辽宁长海县沿海。

此外，我国沿海滩涂还生长或种植的药用植物主要有碱蓬（海英菜）、菊芋（洋姜）、草木樨、鲁梅克斯（杂交酸模、高秆菠菜）等（图 2-6）。

三、海洋动物

根据体内脊椎骨的有无，海洋动物主要分为海洋无脊椎动物和海洋脊椎动物。

1. 海洋无脊椎动物

海洋无脊椎动物（marine invertebrates）没有脊椎动物那一根背侧起到支撑作用的脊柱和狭义的骨骼。无脊椎动物拥有的是广义的骨骼。海洋无脊椎动物种类繁多，占据了海洋动物的绝大部分。

海洋无脊椎动物的门类主要有：原生动物、多孔动物（海绵动物）、刺胞动物、环节动物、软体动物、节肢动物、棘皮动物和苔藓动物。据不完全统计，我国海洋中已记录的原生动物约 2000 种，多孔动物（海绵动物）200 多种，刺胞动物 1000 余种，环节动物 900 多种，软体和节肢动物各约 3000 种，棘皮动物 580 多种，苔藓动物 470 余种。

① 海绵动物（Spongia）。又称多孔动物，是一类最原始的低等多细胞动物（后生动物），已在地球上大约生存了 7 亿～8 亿年。海绵常呈分枝形，因身体比较柔软而得名。全世界约有 15000 种，绝大部分生存于海洋环境。我国约有 5000 多种，已采集到海绵种类大约 200 多种。海绵动物的体形差异极大，从极其微小至 2m 长都有，常在其附着的基质上形成薄薄的覆盖层。海绵动物形态各异，颜色也不尽相同，或色泽单一或十分绚丽，颜色来源于体内的类胡萝卜素，主要有黄色到红色（图 2-7）。海绵生活在沿海的礁石、珊瑚或其他坚硬物体上，也有的生活在几千米深的海底。多数的海绵具有寿命长、不易被其他动物捕食、不能被细菌分解等特点，是非常善于自我保护的海洋动物。正因为海绵动物善于保护自己，所以源自海绵的化合物通常具有显著的生物活性。迄今为止，源自海绵并开发成功的海洋药物有阿糖胞苷、阿糖腺苷和甲磺酸艾瑞布林等。

第二章　海洋生物

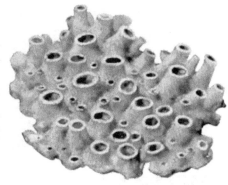

图 2-7　海绵动物

② 刺胞动物（Cnidaria）。又称刺细胞动物门，过去称为腔肠动物门，因为它的含义适用于刺胞动物和栉水母动物，所以腔肠动物称呼现多废弃不用。刺胞动物约有 1 万种，除极少数种类为淡水生活外，绝大多数种类均为海洋生活，多数在浅海，少数为深海种。分布于刺胞动物触手等部位的成组的被称为刺丝囊的刺细胞是刺胞动物特有的一种攻击及防卫性细胞，如果触手碰到可以吃的东西，末端带毒的细线就会从刺丝囊中伸出，刺入猎物体内而进行捕食。刺胞动物主要分为 3 个纲：水螅纲、钵水母纲和珊瑚纲（Anthozoa）。典型的刺胞动物主要有水螅纲的水螅、桃花水母和僧帽水母，钵水母纲的海月水母和海蜇，珊瑚纲的红珊瑚、细指海葵等（图 2-8）。

③ 环节动物（Annelida）。为两侧对称、分节的裂生体腔动物。其身体明显分节，除头、尾节外，其余各体节内外部结构基本相似，为同律分节，故称环节动物。本门动物分为多毛纲、寡毛纲和蛭纲三个纲，其中多毛纲种类最多，除极少数为淡水生活外，其余均生活于海水环境中。常见的种类如沙蚕等（图 2-9）。

④ 软体动物（Mollusca）。软体动物门是无脊椎动物中的一大类群，仅次于节肢动物门，为动物界中的第二大门，种数不少于 13 万种。因大多数软体动物身体柔软、不分节、一般为左右对称，通常具有石灰质外壳，因此通称贝类。软体动物的适应能力很强，分布广泛，从寒带、温带到热带，从海洋到河川、湖泊，从平原到高山，到处可见。软体动物中有一半以上生活在海洋中，也是海洋中最大的一个动物门类。大多数软体动物贝壳华丽、肉质鲜美、营养丰富，不少种类具有食药两用价值，如蛤蜊、文蛤（花蛤）、牡蛎（海蛎子）和贻贝等可以食用，鲍鱼的贝壳（中药称石决明）、乌贼的脊骨（又称海螵蛸）和珍珠等是中医的常用药材（图 2-10）。

⑤ 节肢动物（Arthropoda）。是动物界中种类、数量最多的一个门，包括人们熟知的虾、蟹、蚊、蝇、蝴蝶、蜘蛛、蜈蚣以及已绝灭的三叶虫等。全世界约有 120 万现存种，占整个现存动物种数的 80%。节肢动物生活环境极其广泛，无论是海水、淡水、土壤、空中都有它们的踪迹。海洋中的节肢动物主要是其甲壳动物亚门的虾和蟹类，如南美白对虾、东方对虾、龙虾、三疣梭子蟹、中华绒螯蟹等（图 2-11）。

(a) 水螅　　(b) 桃花水母
(c) 海月水母　　(d) 海蜇
(e) 红珊瑚　　(f) 细指海葵

图 2-8　典型海洋刺胞动物

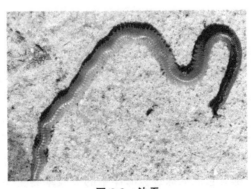

图 2-9　沙蚕

(a) 四角蛤蜊　　　　　(b) 文蛤
(c) 牡蛎　　　　　　　(d) 贻贝
(e) 鲍鱼　　　　　　　(f) 乌贼
(g) 珍珠贝　　　　　　(h) 珍珠

图 2-10　典型海洋软体动物

(a) 南美白对虾　　　　(b) 三疣梭子蟹

图 2-11　典型海洋节肢动物

⑥ 棘皮动物（Echinodermata）。是一类后口动物，在无脊椎动物中进化地位很高。棘皮动物均生活于海洋，大多底栖，少数海参行浮游生活；自由生活的种类能够缓慢移动；外观差别很大，有星状、球状、圆筒状和花状等。棘皮动物幼虫呈两侧对称，成体呈五辐射对称状。现存种类 6000 多种，我国有 580 多种，常见种类有海参、海星（海盘车）、海胆、海燕等（图 2-12）。

(a) 海参　　　　　　(b) 海星　　　　　　(c) 海胆

图 2-12　典型海洋棘皮动物

⑦ 苔藓动物（Bryozoa）。简称苔藓或苔虫，是动物界的一门具有真体腔的水生动物，因其有些类群的群体形如苔藓植物而得名。除其浮游幼虫阶段营浮游生活外，几乎所有苔藓虫均附着或固着在基质上终生营附着或固着生活，无活动能力。除少数类群生活于河口或淡水中，绝大多数苔藓虫都生活于海洋中。从潮间带至热带海洋，都有苔藓动物的踪迹，但大多数苔藓虫生活于大陆架的浅海海底。分布于近海的苔虫常附着在浮标、船舰底部、海洋工程设备、养殖动物体表及鱼虾贝类养殖笼网等设施上，可带来严重危害。现存苔虫约有 5000 种，其中总合草苔虫为苔藓动物中的常见种类。

2. 海洋脊索动物

海洋脊索动物（marine chordates）是动物界中最高等的一类动物，其共同特征是出现了脊索、背神经管和鳃裂。根据脊索所在位置及发育情况，脊索动物可分为头索动物亚门、尾索动物亚门和脊椎动物亚门。

头索动物的脊索和背神经管纵贯全身，并终生存在，成体像鱼，但无明显的头部，故名无头类，只有文昌鱼一纲或称头索纲，种类数量只有几种。大多数尾索动物的脊索和背神经管仅存在于幼体，成体的外面包有一层棕褐色植物性纤维质的囊包，故俗称被囊动物。被囊动物全部生活在海洋中，约有 1370 多种，分属于 3 个纲，我国已知有 14 种左右。除海鞘纲营底栖生活外，尾海鞘纲和樽海鞘纲皆营浮游生活。浮游被囊动物数量大、分布广，是海洋浮游动物的重要类群。典型的代表是海鞘，成体呈坛状，固着于海底岩石或其他物体上（图 2-13）。

头索动物和尾索动物合称原索动物，其进化程度介于无脊椎动物与脊椎动物之间。脊椎动物的脊索或多或少被脊椎柱所代替。海洋脊椎动物主要包括海洋鱼类、爬行类、鸟类和哺乳类。

图 2-13 海鞘

海洋爬行动物包括海龟、海蛇和海鳄三类。海洋爬行类动物入药的历史悠久，海龟科动物玳瑁、海蛇、海蜷等（图 2-14）均有良好的药用价值。

图 2-14 典型海洋爬行动物

海洋鱼类是海洋脊椎动物中最主要的类群，种类多、数量大，在海洋食物链中处于顶端，在海洋渔业中占有举足轻重的地位。海洋鱼类可分为圆口纲、软骨鱼纲和硬骨鱼纲（图 2-15）。全世界海洋鱼类约有 12000 种，我国目前已记录到海洋鱼类3023 种，其中软骨鱼类 237 种、硬骨鱼类 2786 种，约占我国全部海洋生物种类的

1/7左右。软骨鱼纲动物一般个体较大,含有丰富的蛋白质和脂肪,均为较好的制药原料,其皮亦为制药原料,如鲨鱼软骨提取物、鲨肝油等用于治疗癌症等疾病。我国大部分常见海鱼为硬骨鱼类,许多品种的胆、鱼卵、鱼鳔、鱼脑石、鱼精均为有较好药用价值的药材。大约有 500 多种海洋鱼类体内含有毒素,其毒素均具有较强的药理活性,如河豚毒素等。

(a) 鲨鱼　　　　　　　　　　(b) 河豚

图 2-15　典型海洋鱼类

海洋鸟类的种类不多,仅占世界鸟类总数的 0.02%。在我国,分布于海洋环境的鸟类共有 3 目 12 科 29 属 77 种,77 种海鸟中,有 26 种也同时栖息于或在迁徙季节出现在内陆地区,分布于渤海区域的有 37 种、黄海区域有 34 种、东海区域有 68 种、南海区域有 58 种。海燕、海鸥、鸬鹚和海雀是常见的典型海洋鸟类(图 2-16)。

(a) 海燕　　　　　　　　　　(b) 海鸥

(c) 鸬鹚　　　　　　　　　　(d) 海雀

图 2-16　典型海洋鸟类

第二章 海洋生物

海洋哺乳动物是哺乳类中适应海洋栖息环境的特殊类群,通常被人们称为海兽。它们一般包括鲸目、鳍脚目、海牛目的所有动物,以及食肉目的海獭和北极熊。鲸目动物(如鲸、海豚)和海牛目动物(如儒艮、海牛)终身栖息在海里,为全水生生物;而鳍脚目动物(如海豹、海狮)需要到岸上进行交配、生殖和休息,食肉目的海獭和北极熊则仅在海中捕食和交配,为半水生生物(图 2-17)。生活在河流和湖泊中的白鱀豚、江豚、贝加尔环斑海豹等,因其发展历史同海洋相关,也被列为海洋哺乳动物。我国现有各种海兽 39 种,它们都是从陆上返回海洋的,属于次水生生物。

(a) 海豚　　(b) 海牛
(c) 海豹　　(d) 海狮

图 2-17　典型海洋哺乳动物

第三章
海洋生物活性物质的化学结构

海洋是一个独特的生存环境，高盐、高压、局部高温或低温、寡营养等恶劣的条件使海洋生物的生存竞争比陆地生物更为激烈。由于海洋环境的寡营养，微生物和各种动植物的共生或互生现象非常普遍。海绵、珊瑚和其他海洋生物的50％细胞组织中都有共生的原核生物。为了各自的生存，不同物种之间对食物的竞争也很激烈。为维持自身生命活动的需要或行使不同的化学防御与攻击作用，海洋生物会产生结构多样的活性物质。

根据化学种类，海洋生物活性物质可分为多糖类、氨基酸类、多肽及蛋白质类、脂类、烃类、萜类、甾类、大环内酯类、聚醚类、生物碱类、皂苷类及酚类等。本章将从化学结构方面对海洋生物活性物质进行介绍。

第一节 多糖类

一、海洋生物多糖与糖苷

多糖是碳水化合物（carbohydrate）的一类，通常由10个以上的单糖组成，分子结构可以是线性的，也可以是分枝的。由单一品种单糖组成的聚糖称为均多糖（homosaccharide），不同品种单糖组成的聚糖称为杂多糖（heterosaccharide），它可由2～6种单糖组成。多糖中的单糖残基分子上也可能带有非碳水化合物基团，如酰胺基、硫酸基、氨基等，使多糖分子在溶液中带有阴离子或阳离子，前者称为酸性多糖，后者称为碱性多糖。酸性多糖或碱性多糖已不再称为碳水化合物，而只能称为糖的衍生物。

糖苷类是由糖或糖的衍生物（如氨基糖、糖醛酸等）与另一非糖物质（如苷元或配糖体）通过糖的端基碳原子连接而成的化合物。其非糖部分称为苷元（aglycon genin）。根据苷元化学结构的不同，将糖苷类化合物分为三萜苷、生物碱苷、黄酮苷、蒽醌苷等；根据某些特殊的性质糖苷类又可分为皂苷、强心苷等。苷类化合物往往不尽相同，有的是苷元不同，有的是连接糖的数目、种类不同。海洋糖苷绝大多数来自海参、海星和海绵，其他海洋生物中很少发现糖苷。大多数糖苷类化合物具有抗肿瘤、抗菌、抗病毒、强心作用，具体内容见皂苷类。

二、代表性海洋生物多糖

海洋生物特殊的生存环境，造就了其多糖在结构和生理功能上与陆地生物多糖存在着诸多差异。从海洋生物中发现的多糖类化合物多具有调节免疫、抗肿瘤、抗炎、抗衰老以及降血糖、降血脂等多种生物活性。具有代表性的海洋生物多糖如表 3-1 所示。

表 3-1　具有代表性的海洋生物多糖

来源	种类	结构组成
海洋动物	壳多糖（壳聚糖）	N-乙酰-D-葡萄糖胺（D-葡萄糖胺）
	海参多糖	N-乙酰半乳糖胺、D-葡萄糖醛酸、L-岩藻糖
	鲨鱼软骨多糖	透明质酸、软骨素、4-硫酸软骨素、6-硫酸软骨素、硫酸角质素、肝素等
大型海藻	褐藻胶	α-L-古洛糖醛酸、β-D-甘露糖醛酸
	褐藻糖胶（岩藻聚糖硫酸酯）	岩藻糖、半乳糖等
	琼胶	β-D-吡喃半乳糖、3,6-内醚-α-L-吡喃半乳糖等
	卡拉胶	D-半乳糖、3,6-内醚-D-半乳糖等
海洋微藻	螺旋藻多糖	甘露糖、半乳糖、葡萄糖、葡萄糖醛酸等

1. 壳多糖和壳聚糖

壳多糖（chitin），又称甲壳素、甲壳质、几丁质，广泛存在于虾、蟹、昆虫等节肢动物外壳中，真菌、藻类的细胞壁中也有壳多糖成分。壳多糖是仅次于纤维素的自然存在的第二丰富储量的天然多糖，而且是自然存在的唯一碱性多糖。自然界中每年生物合成约 100 亿吨壳多糖，在虾、蟹壳中含量可达 20%～30%。壳多糖是由 N-乙酰-D-葡萄糖胺以 β-(1→4)-糖苷键连接而成的直链氨基多糖，化学名称为聚（1,4)-2-乙酰氨基-2-脱氧-β-D-葡萄糖，或称聚（N-乙酰基-D-葡萄糖胺）。它几乎不溶于水、稀酸、稀碱和其他有机溶剂，但可溶于浓酸中。

壳多糖在浓酸或浓碱中发生水解，脱去部分乙酰基后转变为壳聚糖（chitosan，CS，又名甲壳胺）。壳聚糖是由随机分布的 2-乙酰氨基-2-脱氧-D-吡喃葡聚糖和 2-氨基-2-脱氧-D-吡喃葡聚糖通过 β-1,4-糖苷键连接而成的二元线形聚合物，是自然界中唯一大量存在的碱性阳离子聚多糖（图3-1）。壳聚糖具有生物可降解性，可以被氨基葡萄糖苷酶、脂肪酶、溶菌酶等分解，产物为氨基葡萄糖（glucosamine），其可以通过新陈代谢排出体外。

壳聚糖不溶于中性和碱性溶液，但可与无机酸和有机酸如谷氨酸、盐酸、硫酸和醋酸形成盐，聚合物的氨基被质子化，产生的可溶性多糖带有正电荷。最常用的壳聚糖（甲壳胺）盐是谷氨酸盐和盐酸盐。

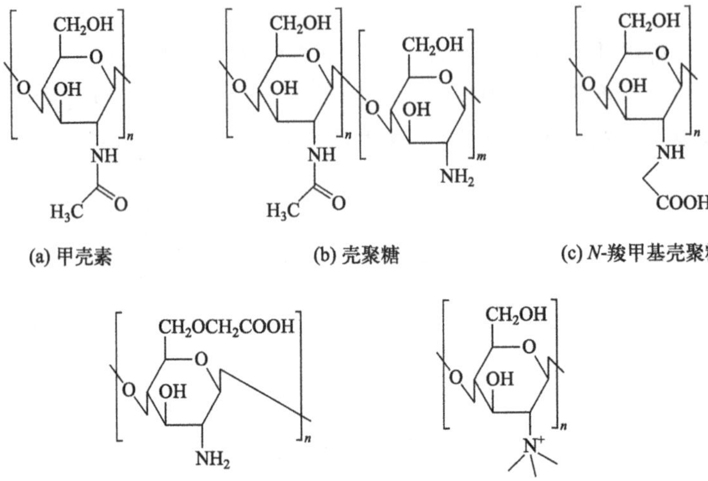

(a) 甲壳素
(b) 壳聚糖
(c) N-羧甲基壳聚糖
(d) O-羧甲基壳聚糖
(e) N-三甲基壳聚糖

图3-1 甲壳素、壳聚糖及常见的壳聚糖衍生物的化学结构

对壳聚糖进行化学改性，可以得到一系列壳聚糖衍生物，如羧甲基壳聚糖、N-三甲基壳聚糖和壳聚糖硫酸盐等。在壳聚糖分子上引入羧甲基可以显著提高壳聚糖的水溶性。根据羧甲基引入位置的不同，羧甲基壳聚糖可分为 O-羧甲基壳聚糖和 N-羧甲基壳聚糖。O-羧甲基壳聚糖可通过壳聚糖与氯乙酸反应制备，而 N-羧甲基壳聚糖则通过壳聚糖与乙醛酸反应得到，产物中随机分布着单羧基取代基团（—NH—CH$_2$COOH）与双羧基取代基团[—N—(CH$_2$COOH)$_2$]。羧甲基壳聚糖是一种两性离子聚合物，其溶解度受pH值影响，与其氨基的质子化和羧基的解离平衡密切相关。

N-三甲基壳聚糖是另一类被广泛研究的季铵盐壳聚糖衍生物。其制备方法主要有三种：①壳聚糖与甲醛-乙酸混合物反应得到 N-二甲基壳聚糖，之后再与碘甲烷和 N-甲基吡咯烷酮反应得到 N-三甲基壳聚糖；②壳聚糖与二甲基硫酸盐和氢氧化钠反应直接得到 N-三甲基壳聚糖；③壳聚糖在甲磺酸盐的存在下与叔丁基二甲基氯硅烷（tert-butyldimethylsilyl ether，TBDMS）反应得到二叔丁基二甲基甲硅烷基（Di-TBDMS）壳聚糖以保护壳聚糖C3和C6上的羟基，之后与碘甲烷反应得到Di-TBDMS保护的 N-三甲基壳聚糖，最后脱去Di-TBDMS基团得到 N-三甲基壳聚糖。

N-三甲基壳聚糖由于含有季铵基团，所以在酸性与碱性条件下均有良好的水溶性，且黏膜黏附性能优于壳聚糖。此外，带正电的 N-三甲基壳聚糖能与上皮膜（epithelial membrane）上带负电的位点作用，增强小分子与大分子物质的穿透性。

壳聚糖生物相容性与生物可降解性好，兼具抗氧化、抗过敏、抗炎、抗菌、止血、促进创面愈合、减少瘢痕增生等多种生物学功能。通过控制分子链结构，能进一步调节壳聚糖及其衍生物的各项性能，因而已广泛应用于生物医药领域。目前我国已上市的壳聚糖基医用产品，超过 40% 应用在外伤处理上。壳聚糖基敷料、凝胶、止血粉等已被广泛应用于处理具有大量渗出液的伤口，挫伤、擦伤、撕裂伤等无感染性浅层或表面伤口，外伤性创面，以及手术切口等，可预防创面感染，促进愈合，同时具有止血、消炎、减少组织液渗出、防止组织粘连的作用。在妇科应用方面，壳聚糖凝胶栓剂和洗液可有效预防和减少女性下生殖道感染，祛除阴道过多的炎性分泌物，提高阴道清洁度，恢复正常的生理酸性，调节阴道微生态平衡，改善阴道炎引起的阴部瘙痒灼痛、阴道分泌物增多、白带异味、外阴或阴道黏膜充血肿胀溃疡等症状。此外，壳聚糖痔疮凝胶可用于改善内痔、外痔、混合痔及肛裂、肛瘘术后引起的出血、疼痛、肛门坠胀等症状，促进痔核缩小，防止痔核脱垂，减轻黏膜充血水肿。壳聚糖漱口水可用于抑制口腔内细菌总数，改善口臭、口腔溃疡等状况。目前，大部分商业化的抗菌、消炎、止血产品仍使用未经改性的壳聚糖。其优点是成本低、生产工艺成熟、质量控制容易，但相比于抗生素、消炎类激素等药物，壳聚糖的抗菌、止血、消炎性能仍较弱。因此，在分子水平上对壳聚糖进行改性，提升其抗菌、止血、消炎等能力，并保持其良好的生物相容性，将有望大幅提升相关产品的性能。

壳聚糖因具有黏膜黏附性、生物安全性、可降解性、易于化学改性等特点，是一类很好的药物输送载体。为了实现药物的高效输送，通常将壳聚糖制成微米或纳米级颗粒，药物可以负载在颗粒的表面，也可以均匀分散在颗粒中。壳聚糖优异的黏膜黏附性能够显著增加颗粒与黏膜的接触时间，从而提高药物的输送效率。目前，许多研究小组设计了多种基于壳聚糖颗粒的药物输送系统，成功负载了如双氯芬酸钠、氟尿嘧啶、顺铂、非洛地平等各类药物。然而，影响壳聚糖颗粒药物输送效率的一个关键问题是负载药物的不可控突释。为了解决这一问题，在壳聚糖载药颗粒表面再包覆一层功能涂层是一种常用手段，选择合适的涂层材料还可以同时增加药物装载效率，提高颗粒的稳定性，甚至为载药颗粒提供病灶靶向性。

壳聚糖本身具有良好的骨传导（osteoconductivity）性能，同时也是一种优异的细胞支架材料，易于加工成海绵、纤维、薄膜及其他各种复杂形态，利于成骨细胞生长以及间充质干细胞（mesenchymal stem cell，MSC）向成骨细胞分化。壳聚糖衍生物在骨修复应用方面也展现了独有的特点。季铵盐壳聚糖具有良好的水溶性和抗菌性能，而且可以通过调节季铵基团的取代度来控制季铵盐壳聚糖的抗菌性能。

季铵盐壳聚糖修饰的聚甲基丙烯酸甲酯骨水泥,以及表面富含装载有季铵盐壳聚糖纳米管的钛植入体,在体内外实验中均展现了良好的骨细胞相容性和抗菌性能,在治疗感染性骨缺损方面具有良好的应用前景。羧甲基壳聚糖因为羧基的存在,与壳聚糖相比,不仅具有水溶性,更易于加工,并且更容易与羟基磷灰石形成复合物。此外,羧甲基壳聚糖的物理化学性质与透明软骨中的细胞外蛋白多糖相似,能够通过抑制 NO 的产生来减少软骨细胞的炎症反应,具有治疗骨关节炎的潜力。

2. 海参多糖

海参(sea cucumber,*Holothurian*),又称海黄瓜,属棘皮动物,体形呈椭圆柱状,个体柔软。海参主要分为海参纲和刺参纲,在我国沿海地区广泛存在。全球有超过 1716 种海参存在,其中大部分分布在亚洲地区。据统计,我国有约 140 种海参,其中可食用的约 20 种,以辽宁和山东的刺参最为名贵且食用价值最高。海参含有海参酸性多糖、海参皂苷、胶原蛋白、海参脑苷脂等生物活性成分,矿物质和微量元素含量也很丰富,是一种高蛋白、低脂肪、低胆固醇的健康食品。

海参多糖(sea cucumber polysaccharide)约占干海参总有机物的 4%~10%。近几年研究发现,海参多糖主要有糖胺聚糖和岩藻聚糖硫酸酯两种,还有一种不常见的中性多糖。糖胺聚糖主链由 D-葡萄糖醛酸和 N-乙酰半乳糖胺交替连接而成,其单糖主要由葡萄糖醛酸、N-乙酰半乳糖胺和岩藻糖组成,分子质量范围在 6.3~111.0kDa,硫酸酯基含量在 30%~40%。海参岩藻聚糖硫酸酯是由多个硫酸基岩藻糖(fucose,Fuc)重复单元通过 α-1,3-糖苷键或 α-1,4-糖苷键连接而成的线性多糖,分子质量范围在 59.3~1567.6kDa,硫酸酯基含量在 15%~39.5%。目前对海参中性多糖结构的研究较少,其 D-Glc 残基主要通过 α-1,4-糖苷键连接,分支由 α-1,6-糖苷键连接。海参中性多糖首次发现于红腹海参(*Holothuria edulis*),其分子质量为 253.3kDa,单糖组成仅有葡萄糖。研究发现,海参多糖具有免疫调节、抗肿瘤、抗凝血、抗炎、降血糖、降血脂、抗氧化等生物活性。

3. 褐藻胶

褐藻胶(algin),包括水溶性褐藻酸钠、褐藻酸钾等碱金属盐类以及水不溶性褐藻酸(alginic acid)及其与 2 价以上金属离子(如 Ca^{2+})结合的褐藻酸盐类(alginates)。褐藻胶主要存在于褐藻中的海带目和墨角藻目,主要种属为海带属、巨藻属和马尾藻属。褐藻胶是这些海藻细胞壁的主要成分,其含量和分子量大小因种类和生长季节而变化,在天然状态下以褐藻酸、褐藻酸的一价盐(如 Na^+、K^+)和二价盐(如 Ca^{2+} 等)形式存在。褐藻胶在市场上一般主要指褐藻酸钠(sodium alginate),因为它是各生产厂家生产的最为用户所常用的水溶性产品。

褐藻胶是由 α-L-古洛糖醛酸(α-L-guluronic acid)和 β-D-甘露糖醛酸(β-Dmannuronic acid）通过 β-(1→4)-糖苷键连接而成的线性多糖［图 3-2(a)］。两种单糖的区别仅在于 C5 上羟基位置的不同。其链段可以是连续的 G 链段（GGGGG）和 M 链段（MMMMM），也可以是交替的 MGMG 链段［图 3-2(b)］。目前认为，只有 G 单元会参与多价离子引起的海藻酸盐交联［图 3-2(c)］，因此 G 单元的含量、单元序列、链段长度等均会对海藻酸盐产品性能产生较大影响，增加 G 链段的长度能显著增强海藻酸盐水凝胶的力学性能。

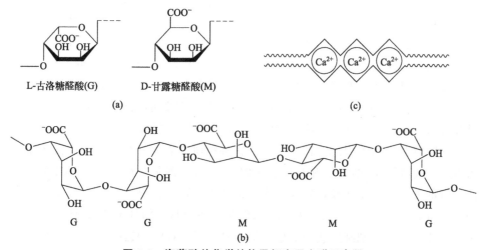

图 3-2 海藻酸盐化学结构及钙离子交联示意图
(a) G 单元与 M 单元的结构式；(b) 海藻酸钠分子中的
G 单元与 M 单元的构象；(c) 钙离子交联海藻酸盐的示意图

已商业化的海藻酸盐医用产品主要用于伤口敷料和齿科印模。海藻酸盐伤口敷料多采用离子（通常使用 Ca^{2+}）交联海藻酸盐水溶液得到水凝胶，然后通过冷冻干燥得到多孔片状材料以及纤维状的无纺布。干燥状态下的海藻酸盐敷料吸收伤口渗出液后重新成为凝胶，不仅能为伤口提供生理润湿环境，降低感染概率，还能在一定程度上促进肉芽组织的形成，促进伤口重新上皮化。因此，海藻酸盐类敷料适用于处理有中重度渗出液的各级伤口。海藻酸盐齿模材料主要成分包括海藻酸盐、钙盐、滑石粉等，用水调和以后形成膏状物，可以用来塑型，随着时间的增加，材料的交联度增加，印模固化后可灌注硬石膏。

海藻酸盐水凝胶在药物控释、组织再生、心衰治疗和免疫治疗中也有很好的应用前景。目前，最常用的海藻酸盐水凝胶都是通过离子交联制备的。然而，离子交联的海藻酸盐水凝胶在生理环境中缺乏长期稳定性，凝胶可能会因交联离子与周围环境中一价离子的交换而溶解。这种现象对于生物医学应用既可以起到正面的作用，也可能出现负面的作用，取决于具体的产品。开发新型交联技术，如共价交联、热致交联、细胞交联等，有助于进一步扩展海藻酸盐水凝胶在生物医学中的应用。

4. 琼胶

琼胶（Agar），又称琼脂，是一类广泛存在于石花菜属（*Gelidium*）、江蓠属（*Gracilaria*）等红藻细胞壁中的多糖，是一种亲水性的胶体。琼胶是由1,3连接的β-D-吡喃半乳糖和1,4连接的3,6-内醚-α-L-吡喃半乳糖残基反复交替连接而成的链状中性糖。其与海藻酸盐、卡拉胶并称为三大藻类胶体。由于其特殊的常温下果冻状特性、优异的流变性能以及与其他多糖的相容性好、成本低等特点，在食品、生物医药、化工等领域得到了广泛应用。它也常用于细菌学研究的培养基中作为胶凝剂。然而，琼脂由于其大分子结构和在消化系统的生物利用度较差，没有表现出突出的生物活性，这意味着它在口服时只是由下胃肠道的肠道微生物群发酵和代谢。总之，琼脂的高黏度、低水溶性和低生物利用度极大地限制了其高附加值应用。

琼脂寡糖（Agar oligosaccharides，AOs）具有较好的水溶性和蛋白质稳定性。化学和酶法（酸法、氧化还原法和琼脂酶法）广泛用于制备AOs。

化学降解是多糖解聚的一种经典方法。各种研究表明，传统的琼脂酸水解制备AOs的方法包括无机酸降解和有机酸降解。Chen等对固体酸降解、HCl降解和柠檬酸水解的方法进行了比较，发现固体酸介导的水解可获得57.8%以上的琼脂二糖（agarobiose，AG2），而HCl可将琼脂降解为一系列从二糖到十糖的AOs。Yuan等通过过氧化氢等氧化剂降解获得低分子量（M_w）的AOs。Kazlowski等比较了不同浓度的HCl生成的AOs产物，报道了0.1mol/L、0.2mol/L、0.4mol/L、0.8mol/L的HCl分别制备了聚合度（DP）为2~26、2~24、2~12和2~8的AOs。结果表明，不同的酸降解和氧化降解工艺可以在不同条件下制备出不同DP的AOs。

到目前为止，酶降解琼脂生成琼脂寡糖主要使用α-琼脂酶和β-琼脂酶，几乎所有的琼脂水解菌都能产生β-琼脂酶。α-琼脂酶可以水解α-(1→3)链生成在还原端有3,6-内醚-α-半乳糖（AHGal）的琼寡糖（agaro-oligosaccharides，AGOs），β-琼脂酶可以水解β-(1→4)链生成在还原端有β-D-半乳糖的新琼寡糖（neoagaro-oligosaccharides，NAOs）。α-琼脂酶和β-琼脂酶的裂解位点以及酸水解位点如图3-3所示。

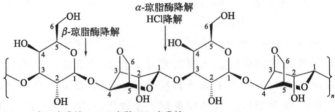

图3-3 琼脂分子的结构以及酸和酶降解的裂解位点

琼脂寡糖具有多种生物活性,如抗氧化、抗炎、抗肿瘤、益生、美白、抗肥胖和抗糖尿病作用等。琼脂寡糖的生物活性与其制备、分离、纯化过程以及结构特征密切相关。

第二节 氨基酸、肽和蛋白质类

氨基酸是既含氨基（—NH$_2$）又含羧基（—COOH）的有机化合物。氨基与羧基结合在同一碳原子上的称为α-氨基酸。天然得到的氨基酸大部分是α-氨基酸（R—CHNH$_2$—COOH），主要包括甘氨酸、丙氨酸、缬氨酸、亮氨酸、异亮氨酸、脯氨酸、苯丙氨酸、酪氨酸、色氨酸、苏氨酸等,统称为蛋白质氨基酸,平均分子量为128Da,氨基酸之间通过氨基和羧基脱水缩合成肽类或者蛋白质,一般将分子质量小于10000Da的称为肽类化合物、大于10000Da的称为蛋白质类化合物。

海洋生物中活性氨基酸、肽类和蛋白质是海洋生物活性物质的重要组成部分,主要包括氨基酸（如牛磺酸等）、肽类（如毒素、环肽、寡肽等）和蛋白质（如糖蛋白、酶等）。

一、海洋生物氨基酸

海洋生物所处的环境特殊,除了常见的氨基酸外,还从中得到了很多特殊的氨基酸类化合物。从红藻海人草（*Digenea simplex*）中分离得到的海人草酸（Kainic acid,图3-4）,为脯氨酸衍生物,曾被广泛地用作驱肠虫,治蛔虫病很有效,后来发现其对神经系统有损伤而停止使用。因其对脑组织的选择性损害,可广泛地用于中枢神经系统的研究,现已成为神经药理学研究的重要工具药。

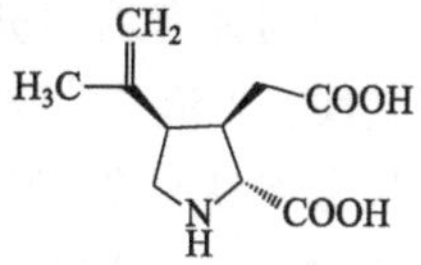

图3-4 海人草酸的化学结构

20世纪80年代末,加拿大发生因食用海洋贻贝（*Mytilus edulis*）造成百人食物中毒的事件,中毒者的症状主要是呕吐、腹泻且伴有记忆丧失,严重者处于昏迷状态,最终造成3人死亡。科学家对可能引起中毒的食物进行研究后,于1989年从中毒者食用的贻贝中分离出了一种含有氨基酸骨架的羧酸类成分软

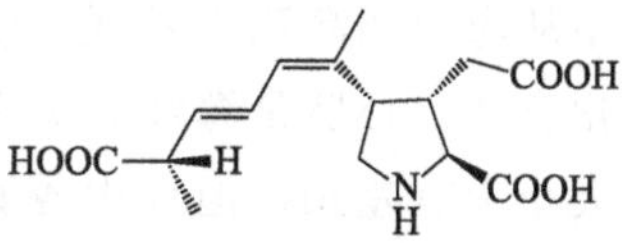

图3-5 软骨藻草酸的化学结构

骨藻草酸（又称多莫酸,Domoic acid,图3-5）。进一步的调查发现,其最初来源是贻贝滤食的藻类。药理研究表明,软骨藻草酸的LD$_{50}$约为10mg/kg,具有一定的

兴奋作用及驱虫作用，可作为神经传导研究的工具试剂。

牛磺酸（taurine）又名 β-氨基磺酸，是一种非蛋白质结构的特殊氨基酸，其化学式为 $HSO_3CH_2CH_2NH_2$。它以游离氨基酸的形式广泛存在于动物体内各种组织，并以小分子二肽或三肽的形式存在于中枢神经系统，但不参与蛋白质的合成。最早是在1827年从牛的胆汁中发现了这种含硫氨基酸，其在鱼、贝类中含量十分丰富，软体动物中尤甚。

虽然牛磺酸是一种未纳入蛋白质类物质的特殊氨基酸，但它是大脑、视网膜、肌肉组织中最丰富的氨基酸之一。牛磺酸应用广泛，如在中枢神经系统功能的发挥、细胞保护作用以及心肌病、肾功能不全、肾功能发育异常和视网膜神经损伤的治疗等方面都有牛磺酸。诸多研究发现，牛磺酸是调节机体正常生理活动的活性物质，具有消炎、镇痛、维持机体渗透压平衡、维持正常视觉功能、调节细胞钙平衡、降血糖、调节神经传导、参与内分泌活动、调节脂类消化与吸收、增强心脏收缩能力、提高机体免疫力、增强细胞膜抗氧化能力、保护心肌细胞等广泛的生物学功能。

二、海洋生物肽

多肽是指含有两个或多个由酰胺键连接的氨基酸残基的分子，可被认为是介于小分子和大分子之间的生物分子，如蛋白质或抗体。与传统治疗中使用的小分子药物相比，多肽具有一些优势，如高选择性、高效力、生物靶点特异性、副作用少、在组织中蓄积低等。与蛋白质和抗体相比，多肽具有较低的免疫原性。

与陆地植物中的肽类化合物相比，海洋肽类化合物在化学结构组成上有着较明显的特点。在海洋肽类中，常会出现由非常见的氨基酸连接构成的肽键，如在不同地方采集的同种海绵中分离到的环肽化合物 Orbiculamide A（图3-6），含有三种非常见氨基酸：2-溴-5-羟基色氨酸、亮氨酸的 α-酮类似物和丙氨酸与插烯色氨酸的缩合物。从海南岛采集的酥脆掘海绵（*Dysidea fragilis*）中分离到的四个环二肽：Dysamide A~D，含有 N-甲基多氯代亮氨酸。

海洋肽类化合物主要存在于海绵、海鞘、海洋软体动物、微藻等海洋生物体中。其中从海绵和海鞘中发现的肽类占了大多数，是海洋生物中具有广泛生物活性的一类化合物。环肽是海洋肽类中数量最多且最常见的一种类型。虽然环肽在成环的肽的大小上有差别，但环中各氨基酸之间则完全是通过肽键连接起来，环内氨基酸之间不含有羰基与其他杂原子形成的键，如酯键等。在这类环肽中，按成环氨基酸的数量多少划分，包含有环二肽至环十二肽、环十三肽等化合物。这些环肽化合物或不含侧链，或侧链为一般碳链，而有些环肽的侧链则仍为肽链。

鲎素（tachyplesin）是从节肢动物门东方鲎属东方鲎[也叫中华鲎（*Tachypleus tridentatus*）]血细胞中用酸提取法得到的一种含有17个氨基酸的抗菌肽，能与细

第三章 海洋生物活性物质的化学结构

菌细胞壁中的脂多糖成分结合形成复合物,其在很低浓度下就能抑制 G^- 及 G^+ 细菌的生长。1980 年,美国学者 Ireland 等从海鞘 *Lissoclinum patella* 中分离到第一个具有抗肿瘤活性的环肽 Ulithiacyclamide(图 3-7),它对 L1210 白血病细胞的 IC_{50} 为 0.35μg/mL。

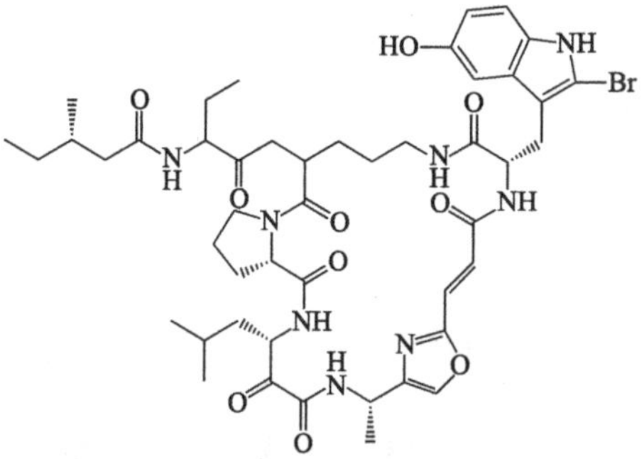

图 3-6　Orbiculamide A 的化学结构 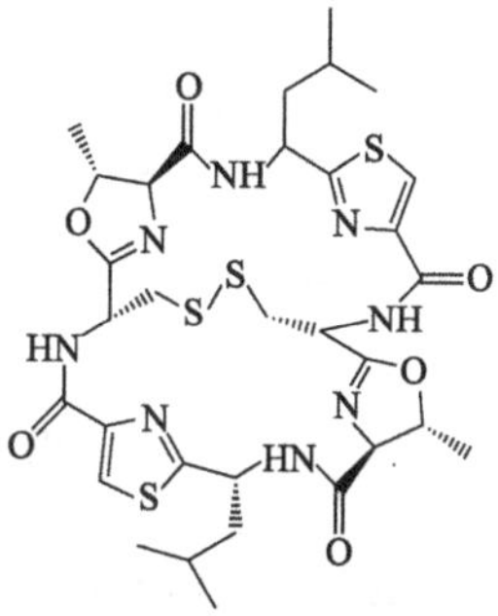　　　　图 3-7　Ulithiacyclamide 的化学结构

缩酚酸环肽(cyclic depsipeptide)是环肽中的另一个常见类型。在这一类环肽中,最主要的特征是化合物环中有两个氨基酸以酯键连接,从而使该化合物中整个环系不再完全是由肽键环接而成,而是环中还含有内酯键。缩酚酸环肽一般含有碳链和肽链两种侧链。

1981 年,美国伊利诺伊州立大学 Rinehart 教授团队从膜海鞘(*Trididemnum solidum*)中分离得到膜海鞘素 A 和 B(Didemnin A 和 B),实验证实其具有较强的抗癌活性。该类化合物属环状缩酚酸肽类,目前已经发现的膜海鞘素有 10 种以上。体内筛选结果显示,Didemnin B(图 3-8)具有强烈的抗 P388 白血病和 B16 黑色素瘤活性,可诱导 HL-60 肿瘤细胞的迅速凋亡以及许多转化细胞的凋亡,但对静息的正常外周血单核细胞不起作用。Didemnin B 于 1984 年进入 I 期临床试验阶段,是第一个在美国进入临床研究的海洋天然产物。进一步的药理研究表明,该化合物对 L1210 白血病细胞的 IC_{50} 为 2ng/mL。在 Didemnin B 对几种淋巴细胞的免疫功能实验中,观察到其

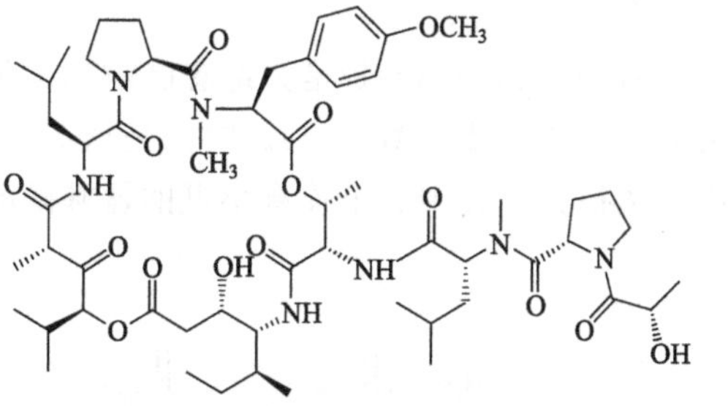

图 3-8　Didemnin B 的化学结构

具较强的免疫抑制活性,且抑制活性强于环孢霉素 A(ciclosporin A),但因心脏和神经毒性而被放弃。

双环肽(bicyclic peptide)是一类结构比较独特的化合物。迄今为止,已分离到的双环肽数量有限。Theonellamide F(图 3-9)是从一种海绵(*Theonella* sp.)

中分离得到的一种双环肽化合物。

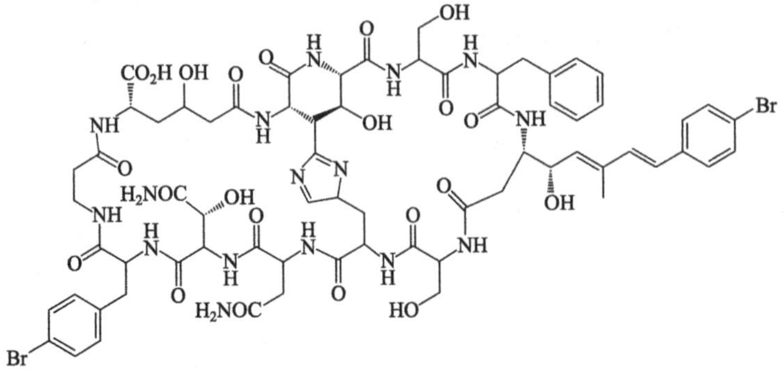

图 3-9　Theonellamide F 的化学结构

此外，也有少数的不成环的链状肽及其取代肽类。例如，从海生束藻（*Symploca hydnoides*）中分离得到的链状肽 Symplostatin 1（图 3-10），它是 Dolastatin 10 的类似物，该生物样品采集于太平洋关岛附近。这个发现支持了关于从截尾海兔（*Dollabella auricularia*）中分离的许多化合物源于其食物的观点。

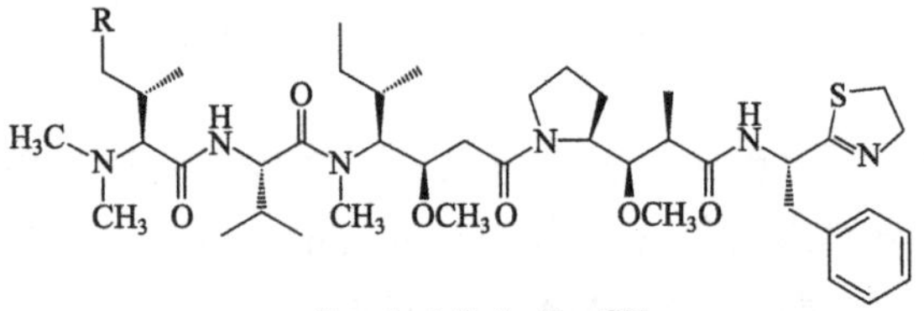

Symplostatin 1：R = CH₃
Dolastatin 10：R = H

图 3-10　Symplostatin 1 的化学结构

Minalemine A~F 是为纪念已故的欧洲海洋天然产物化学家 Luigi Minale 而命名的一组链状肽（图 3-11）。它们是从 New Caledonia 的海鞘（*Didemnum rodriguesi*）中分离得到，其中 3 个连有罕见的氨基磺酸基。

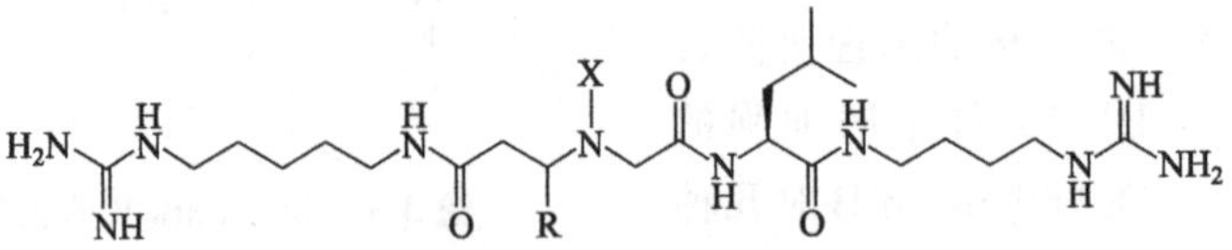

Minalemine A：R = C_7H_{15}；X = H
Minalemine B：R = C_8H_{17}；X = H
Minalemine C：R = C_9H_{19}；X = H
Minalemine D：R = C_7H_{15}；X = SO_3H
Minalemine E：R = C_8H_{17}；X = SO_3H
Minalemine F：R = C_9H_{19}；X = SO_3H

图 3-11　Minalemine A~F 的化学结构

三、海洋生物蛋白

1. 鱼精蛋白

1870 年，Miescher 等在动物的精细胞中发现了一种碱性的精蛋白。精蛋白是一种存在于各种动物精巢组织中的多聚阳离子肽，它是以与 DNA 结合的核精蛋白形式存在。目前已经从鲑鱼、鲱鱼等多种鱼类及其他水生动物中提取到鱼精蛋白（Protamine）。鱼精蛋白分子量小，一般由 30 个左右的氨基酸组成，富含精氨酸，呈碱性，其等电点在 10～12 之间。它能溶于水和稀酸，不易溶于乙醇、丙酮等有机溶剂，稳定性好，加热不凝固。

根据碱性氨基酸组成种类和数量的不同，可以将鱼精蛋白分为单鱼精蛋白（monoprotamine）、双鱼精蛋白（diprotamine）和三鱼精蛋白（triprotamine）三种。其中，单鱼精蛋白仅含一种组分精氨酸，如鲑鱼、鲱鱼和虹鳟鱼精蛋白等；双鱼精蛋白含有精氨酸、组氨酸或赖氨酸，如鲤鱼精蛋白；三鱼精蛋白含有三种碱性氨基酸，如鲢鱼、鲟鱼精蛋白。然而鱼精蛋白并不是单一组分，它们通常是由数种成分组成的混合物，如鲱鱼精蛋白经离子交换色谱分离出 3 种成分，且成分之间彼此非常相似，而虹鳟鱼精蛋白则由 6 种差别极小的成分组成。不同鱼种鱼精蛋白在氨基酸组成、比例上有很大的差别，但它们也存在很多相似的特征。Yoshiko 研究了 12 种鱼类的鱼精蛋白结构，发现这 12 种鱼精蛋白的 N-末端均为精氨酸或丙氨酸，且均含有 4 个较长的和 2 个较短的精氨酸簇，分别被 Thr 或 Ser、Gly-Gly、Pro-Ile 或 Val-Val 特征性残基分隔开。

鲑鱼鱼精蛋白的氨基酸序列如下：

Pro-Arg-Arg-Arg-Arg-Ser-Ser-Ser-Arg-Pro-Val-Arg-Arg-Arg-Arg-Pro-Arg-Val-Ser-Arg-Arg-Arg-Arg-Arg-Arg-Gly-Gly-Arg-Arg-Arg-Arg

鱼精蛋白具有降血压、助呼吸、促消化、抑制血液凝固、提高血糖浓度等多种作用。1969 年，硫酸鱼精蛋白作为肝素中和剂被批准用于临床，是体外循环心脏手术中唯一能对抗肝素的药物，能抵消肝素或人工合成抗凝血剂的抗凝作用，在临床上可用作这些抗凝血剂的解毒剂。

2. 胶原蛋白

胶原蛋白（Collagen）是一类蛋白质家族，已发现了 30 余种胶原蛋白链的编码基因，可以形成 16 种以上的胶原蛋白分子。根据它们在体内的分布和功能特点，胶原可分成间质胶原、基底膜胶原和细胞外周胶原。间质型胶原蛋白分子占整个机体胶原的绝大部分，包括Ⅰ型、Ⅱ型、Ⅲ型胶原蛋白，Ⅰ型胶原蛋白主要分布于皮肤、肌腱等组织，也是水产品加工废弃物（如皮、骨和鳞）中含量最多的蛋白质，占全部胶原蛋白含量的80%～90%左右，在医学上的应用也最为广泛。Ⅰ型胶原蛋白在鱼类胶原中的一个最显著的特点是热稳定性比较低，Ⅱ型胶原蛋白由软骨细胞产生。基底膜胶原蛋白通常是指Ⅳ型胶原蛋白，其主要分布于基底膜。细胞外周胶原蛋白通常是指Ⅴ型胶原蛋白，在结缔组织中大量存在。

胶原蛋白一般是白色、透明的粉状物，分子呈细长的棒状，分子质量从约2kDa至300kDa不等。胶原蛋白具有很强的延伸力，不溶于冷水、稀酸、稀碱溶液，具有良好的保水性和乳化性。胶原蛋白不易被一般的蛋白酶所水解，但能被动物胶原酶断裂，断裂的碎片自动变性，可被普通蛋白酶水解。当环境pH为酸性时，胶原蛋白的变性温度为38～39℃。

海洋生物，如鱼类、水母、海绵和其他无脊椎动物，是胶原蛋白的重要来源，与其他来源相比，它们具有很大的优势，因为它们代谢相容，没有动物病原体。事实上，鱼皮常用于提取Ⅰ型胶原蛋白，因为鱼皮不仅资源丰富，而且没有疾病传播的风险。而陆地动物常有许多传染性疾病，这使它们不适合用于工业。例如，牛虽然是胶原蛋白的主要来源之一，但也存在牛海绵状脑病（BSE）和传染性海绵状脑病（TSE）的风险。这些进行性神经系统疾病不仅影响牛，还可能引发对人类的生命威胁。这些因素使海洋来源的胶原蛋白成为更安全、更容易获得且更有前途的替代品。

水产动物体内的胶原蛋白含量高于陆生动物，但胶原蛋白的种类要少得多。已从鱼类中分离鉴定出的胶原类型有：广泛分布在真皮、骨、鳞、鳔、肌肉等处的Ⅰ型，软骨和脊索中的Ⅱ型和Ⅺ型，以及肌肉中的Ⅴ型。其中，鱼皮和鱼骨中所含的Ⅰ型胶原蛋白是其主要胶原蛋白。Ⅰ型胶原分子长度约300nm，直径约1.5nm，呈棒状，由三条肽链组成，其中有两条α(Ⅰ)链、一条α(Ⅱ)链（图3-12），其对机体功能作用最强。α(Ⅰ)链和α(Ⅱ)链之间的氨基酸序列只有微小的差异。

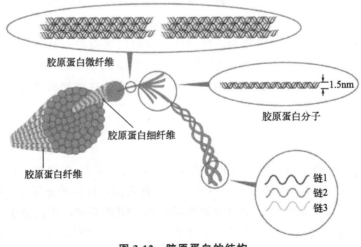

图3-12　胶原蛋白的结构

第三章 海洋生物活性物质的化学结构

对海参胶原的研究发现，刺参体壁含蛋白质 3.3%，其中 70% 为胶原蛋白。氨基酸分析显示，海参胶原富含丙氨酸和羟脯氨酸，但羟赖氨酸含量较少，SDS 电泳及 SP 凝胶柱分析发现其胶原组成为 $(\alpha_1)2\alpha2$。从仿刺参（S. japonicus）提取胶原蛋白，利用 EDTA 和 Tris-HCl 浸泡溶胀，用氢氧化钠除去杂质和非胶原蛋白，采用胃蛋白酶促溶提取粗制胶原，通过盐析和透析获取精制胶原蛋白，并进一步利用 Sephacryl S-300 HR 凝胶过滤和 DEAE-52 阴离子交换除去多糖，获取胶原蛋白纯品。SDS-PAGE 电泳分析表明胶原分子的组成为 $(\alpha_1)3$，且 α 链类似于脊椎动物 I 型胶原的 α1 链，热收缩温度为 57℃，低于牛皮胶原 5℃。

胶原蛋白在生物医学上有着广泛的应用，包括伤口愈合、骨组织再生以及药物输送。它的可及性、灵活性和生物相容性使其成为多个领域有用的生物材料。

皮肤伤口可能需要很长时间才能愈合，而且往往不能完全愈合。从鱼类、水母和海绵等生物中分离的海洋胶原蛋白在几项研究中被认为具有提高伤口愈合率的潜力。这一过程包括成纤维细胞和角化细胞迁移以及血管生成和表皮生长的增加。除了加速伤口愈合，海洋胶原蛋白还被证明具有抗衰老特性，可以减缓小鼠的衰老过程。对人体的研究也表明，海洋胶原蛋白可以减少皱纹，提高皮肤弹性，强化皮肤整体结构和外观。此外，在绝经期骨质疏松大鼠模型中，胶原蛋白的骨再生能力得到了验证。海洋胶原蛋白能够增加骨矿物质密度和成骨细胞活性，对骨变性具有保护作用。胶原蛋白还被证明可以诱导软骨分化并预防骨关节炎（OA）的发展。

海洋胶原蛋白肽是由胶原蛋白通过化学和酶水解产生的，其较小的分子量增加了水溶性，使其更易于吸收。Hu 等通过体外划痕实验证明，在胶处理后 12h，海洋胶原肽浓度为 50μg/mL 时，可改善伤口愈合。实验结果表明，在 50μg/mL 时，诱导的细胞迁移与 10.0ng/mL 的表皮生长因子（一种已知在伤口愈合中起关键作用的因子）的迁移相似。此外，使用从罗非鱼皮中分离的海洋胶原蛋白肽治疗的伤兔在 11 天后的愈合速度明显快于对照组。

此外，Yang 等从阿拉斯加鳕鱼中分离出胶原肽，并证明与对照组相比，口服胶原肽可显著提高受伤大鼠的恢复率。研究表明，羟基脯氨酸可以促进胶原沉积，从而促进愈合，随着时间的推移，胶原处理组的羟脯氨酸含量（10.6μg/mg）高于对照组（9.25μg/mg）。在愈合的第 12 天，治疗组表现出完全的再上皮化，并且观察到毛囊的存在，而对照组的角化细胞迁移较差，没有毛囊。与上述研究类似，Wang 等发现，从鲑鱼皮中分离的海洋胶原肽（marine collagen peptides，MCPs）可显著改善大鼠皮肤伤口的抗拉强度，观察到的改善取决于胶原肽的剂量以及剖宫产后的时间。此外，与对照组相比，胶原处理组羟脯氨酸水平显著升高，且呈时间和剂量依赖性增加。

研究表明，海洋胶原蛋白的热稳定性不如牛胶原蛋白，因为它们含有较少的脯氨酸和羟脯氨酸残基。大多数研究都是在体外或动物模型中研究海洋胶原蛋白的功效。因此，海洋胶原蛋白对人体皮肤的功效和潜在的不良影响还需要更多的研究。总的来说，海洋胶原蛋白的一些局限性被其广泛的益处所抵消。

3. 藻胆蛋白

藻胆蛋白（Phycobiliprotein）是一种天然的带有荧光的水溶性色素蛋白，其来源于藻类，大多集中在藻胆体内，多分布于藻类的类囊体膜上。藻胆蛋白主要存在于红藻、蓝藻、隐藻以及少量甲藻中，如紫菜（*Porphyra*）、龙须菜（*Asparagus schoberioides*）、多管藻（*Polysiphonia urceolata*）等海藻，以及螺旋藻（*Spirulina platensis*）、葛仙米（*Nostoc sphaeroides*）、紫球藻（*Porphyridium*）、微囊藻（*Microcystis*）等淡水藻类中，其中海藻资源丰富，是藻胆蛋白的重要来源。

藻胆蛋白是海藻光合作用的重要组成部分，常以藻胆体形式存在，而在隐藻中则是以异二聚体或单体形式存在。藻胆体依附在类囊体膜表面或内腔中，呈半圆形、椭球形、柱状或双圆筒状。藻胆体中分布着四种不同的藻胆素（phycobilin，PCB），分别是藻红胆素、藻蓝胆素、藻紫胆素和藻尿胆素。如图3-13所示，藻胆素是一类线性开链的四吡咯环化合物。根据藻胆蛋白硫醚键共价连接脱辅基载体蛋白的半胱氨酸残基上藻胆素的不同，藻胆蛋白分成藻红蛋白（phycoerythrin，PE）、藻蓝蛋白（phycocyanin，PC）、别藻蓝蛋白（allophycocyanin，APC）和藻红蓝蛋白（phycoerythrocyanin，PEC）。

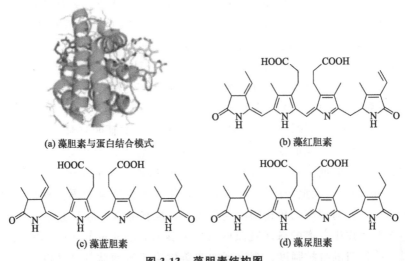

(a) 藻胆素与蛋白结合模式   (b) 藻红胆素

(c) 藻蓝胆素   (d) 藻尿胆素

图3-13 藻胆素结构图

如图3-14所示，藻红蛋白排列在整个藻胆体的最外侧，形成的六个分叉结构能增大表面积，吸收更多光，随后将光能传给下一级藻蓝蛋白，再由藻蓝蛋白传递给藻胆体中心的别藻蓝蛋白，最后由别藻蓝蛋白传递给光反应中心。藻胆蛋白内存在着两种或三种亚基，藻胆蛋白通常以两种（α、β）亚基组合而成的三聚体（αβ)$_3$或者六聚体（αβ)$_6$形式存在。如图3-14(b)所示是藻红蛋白的α亚基的结构形式。藻红蛋白除了α、β亚基之外还含有γ亚基，常以六聚体（αβ)$_6$γ的形式存在。α亚基的分子质量大致为13~20kDa，β亚基比α亚基要大，约为14~24kDa，藻红蛋白中的γ亚基分子质量为30~34kDa，这使得藻红蛋白在藻胆体外侧更加稳定。

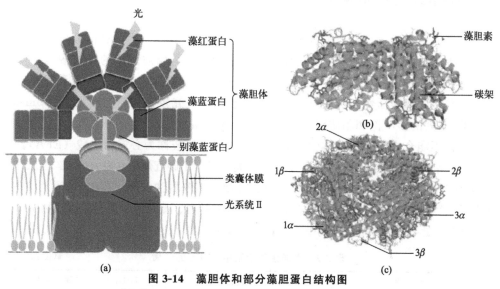

图3-14 藻胆体和部分藻胆蛋白结构图
(a) 藻胆体；(b) 藻红蛋白α亚基晶体；(c) 藻红蛋白六聚体晶体

藻胆蛋白是一种水溶性酸性蛋白，等电点较低。海生多管藻中的藻红蛋白等电点为4.5，藻蓝蛋白等电点为5.6；红毛菜中的别藻蓝蛋白等电点为4.42。藻蓝蛋白、藻红蛋白和别藻蓝蛋白带有不同的色素基团，导致它们的光吸收峰不同，通常藻红蛋白的吸收峰在490~570nm，藻蓝蛋白的吸收峰在610~625nm，个别一些在553nm处产生吸收峰。别藻蓝蛋白的构造与藻蓝蛋白类似，两者吸收峰接近，别藻蓝蛋白吸收峰大致在650~660nm。藻胆蛋白稳定性较差，环境温度、溶液pH、光照强度、离子强度等因素，都会对藻胆蛋白的稳定性和荧光特性产生影响，一般藻胆蛋白的环境温度不超过65℃，因高温会破坏蛋白质结构，导致变性失活。另外，高浓度的金属离子、有机溶剂也会使藻胆蛋白氢键、次级键破坏，从而失活沉淀。

藻胆蛋白颜色鲜艳，安全无毒，可作为天然着色剂用于食品、化工等领域。藻胆蛋白还具有抗氧化、抗疲劳、增强免疫力的功效以及独特的荧光特性，可作为抗氧化剂、荧光标记试剂、肿瘤抑制剂、光敏剂用于医药保健、生物检测、光动力治疗等领域。随着对藻胆蛋白研究的深入，其应用会进一步拓展。但藻胆蛋白的不稳定性限制了其当下的发展，或许未来可与水凝胶包埋、纳米材料等现代材料技术结合，提高藻胆蛋白的光、热稳定性。

第三节 脂类及脂肪酸类

一、海洋脂类及脂肪酸类概述

脂类又称脂质，是一类难溶于水而易溶于非极性溶剂的生物有机大分子。大多数脂类本质是由脂肪酸和醇形成的酯及其衍生物。参与脂质形成的脂肪酸多是4碳以上的长链一元羧酸，醇成分包括甘油（丙三醇）、鞘氨醇、高级一元醇和固醇。目前研究较多的海洋活性脂类主要是鱼油和海豹油，研究较多的脂肪酸主要是omega-3(ω-3) 系列的多不饱和脂肪酸（polyunsaturated fatty acids，PUFA）。

人体不能合成但又是人体生命活动所必需的脂肪酸称为必需脂肪酸（EFA）。ω-3 PUFA是必需脂肪酸（EFA）的一大系列，特别是二十碳五烯酸（EPA）和二十二碳六烯酸（DHA）的生理作用尤为重要。PUFA主要以三酰甘油的形式存在于海洋生物中，如海洋鱼类中的沙丁鱼、鲑鱼、鲭鱼、鳕鱼、马面鲀鱼、鲨鱼等，海洋软体动物中的牡蛎、乌贼、蚝等，海洋哺乳动物中的海豹、海狮等，以及一些海藻类等（表3-2）。

表3-2 海洋生物油脂中 PUFA 的含量　　　　　　单位：%

海洋生物	EPA（二十碳五烯酸）	DHA（二十二碳六烯酸）
鳕鱼	17.2	33.4
大比目鱼	10.3	15.0
鲱鱼	7.0	6.5
大马哈鱼	8.2	11.0
步鱼	17.2	9.0
沙丁鱼	11.5	17.1
竹荚鱼	9.4	14.3
刀鱼	6.7	8.0
金枪鱼	6.8	7.9
鲐鱼	5.8	11.0
鲣鱼	5.5	34.0
黄马鲛	8.5	34.6
旗鱼	4.1	24.1
灰凹贻贝	10.6	14.26
内枝多管藻	45.0	—
裙带菜	7.8	—

二、EPA 和 DHA

EPA 的全名为全顺式-5,8,11,14,17-二十碳五烯酸（all *cis*-5,8,11,14,17-eicosapentaenoic acid），分子式为 $C_{20}H_{30}O_2$，分子量为 302.44。DHA 的全名为全顺式-4,7,10,13,16,19-二十二碳六烯酸（all *cis*-4,7,10,13,16,19-docosahexaenoic acid），分子式为 $C_{22}H_{32}O_2$，分子量为 328.47。EPA 和 DHA 的化学结构如图 3-15 所示。

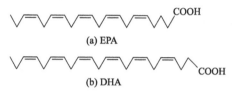

图 3-15　二十碳五烯酸（EPA）和二十二碳六烯酸（DHA）的化学结构

鱼油中的 PUFA 为黄色透明的油状液体，有鱼腥臭。其与无水乙醇、四氯化碳、氯仿、乙醚能任意混溶，在水中几乎不溶。由于 PUFA 分子中有多个双键，所以这类脂肪酸对光、氧、热等因素不稳定，易发生氧化分解、聚合、转位重排、异构化等反应。为了提高其稳定性，通常将 PUFA 进行酯化，形成乙酯或甲酯，并制成软胶囊剂（胶丸）或微囊以隔绝空气和光线，也可进行固化。PUFA 分子中的双键可与碘发生加成反应，因此它的相对含量与碘值有关。脂肪或脂肪酸 100g，充分卤化时所需碘的质量（g），称为碘值。碘值越高，不饱和脂肪酸的含量或不饱和程度也越高。不饱和脂肪酸在空气中暴露，易被氧化为过氧化物等有害物质，检查其过氧化值也是控制其质量的重要指标。PUFA 可被水解成非酯化脂肪酸（游离脂肪酸），后者可能被氧化为过氧化物，再分解成醛、酮或低级脂肪酸，这些产物都有酸臭味，称为酸败。常用"酸值"表示含游离脂肪酸的多少。所谓酸值，即中和 1g 油脂所含的游离脂肪酸所需的 KOH 的质量（mg）。酸值与产品质量的优劣有关。

EPA 和 DHA 是两种具有代表性的脂肪酸类化合物，属于 ω-3 不饱和脂肪酸。它们是深海鱼油和海豹油中的主要成分，就好像血管清道夫，可以清除血液中多余的中性脂肪和胆固醇，防止其在血管壁上沉积，促进血液循环的畅通。尤其是 EPA，对心血管疾病作用明显，能降低血脂、抗动脉硬化、抗血栓、抗心律失常、抗高血压。流行病学研究表明，经常吃鱼的人死于冠心病的风险低于不经常吃鱼或不吃鱼的人。DHA 又称"脑黄金"，在人体脑细胞的脂肪中 DHA 占 10%，在与学习记忆有关的海马中占 25%，而在视网膜中占 50%～60%。DHA 对提升智力、提高记忆力和思维能力、延缓大脑衰老、预防阿尔茨海默病等方面有独特的作用。

第四节　烃类及其衍生物

烃类化合物是指由碳、氢两种元素构成的有机物。根据其碳骨架的化学结构可分为四类：开链脂肪烃类、脂环烃类、芳香烃类和卤代烃类。烃类的衍生物包括醛、酸、醇、酯、酚、酮、醚等一系列化合物。烃类及其衍生物的海洋生物来源，主要包括海洋微生物、浮游植物和海绵，在海洋其他生物如褐藻、红藻、绿藻、软体动物、海鞘动物等中也有发现。海洋中发现的烃类化合物及其衍生物结构比较独特，它们具有抗病毒、抗菌、抗肿瘤等多种药理活性。

一、海洋开链脂肪烃类

海洋开链脂肪烃类化合物的基本结构主要分为两大类：一类是饱和脂肪烃类化合物，种类较少，而且大多无生物活性；另一类是不饱和烃类化合物，此类化合物的数量多，而且具有多种生物活性。Haliangicin 是 Fudou 等从日本三浦半岛海滩上采集的海藻样本中分离的黏细菌（*Haliangium luteum* AJ-13395）中分离得到的一个抗真菌抗生素（图 3-16）。该化合物是一个含有 β-甲氧基丙烯酸酯部分的不饱和化合物。它也是第一个从起源于海洋的黏细菌中分离得到的抗生素，能够广谱抑制真菌的生长，但对细菌没有作用。

Nalodionol 是从采自夏威夷的软体动物绿珠螺（*Smaragdinella calyculata*）中分离得到的，可抑制小鼠 P-388 白血病细胞，其 IC_{50} 值为 $3.5\mu g/mL$（图 3-17）。

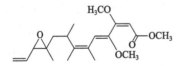

图 3-16　Haliangicin 的化学结构 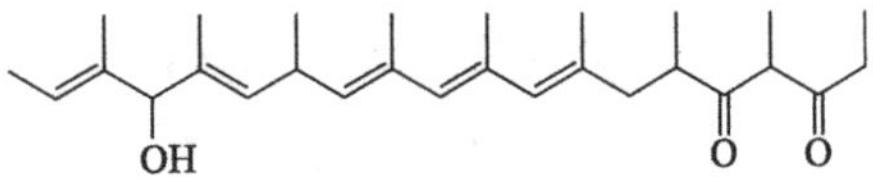　　图 3-17　Nalodionol 的化学结构

二、海洋环烃类

按碳-碳键连接方式的不同，可将环烃系列衍生物分为两类：饱和环烃系列衍生物和不饱和环烃系列衍生物。从海洋中发现的饱和环烃类化合物相对较少，而不饱和环烃类化合物的数量相对较多，且这类化合物多具有较高的生物活性。例如从海洋真菌 *Periconaia byssoides* 中分离得到的 2 个具有细胞毒活性的三醇 Pericoside A

和 Pericoside B（图 3-18），它们在体外表现出显著的抗肿瘤细胞活性，而且 Pericoside A 在体内也有抗肿瘤活性。

Stypoguinonic acid 是一种从采自 Canary 岛的褐藻棕叶藻（*Stypopodium zonale*）中分离得到的酪氨酸激酶抑制剂（图 3-19）。

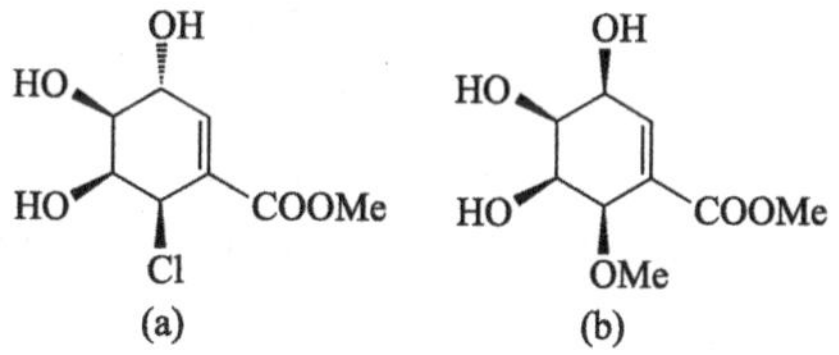

图 3-18　Pericoside A(a) 和 Pericoside B(b) 的化学结构 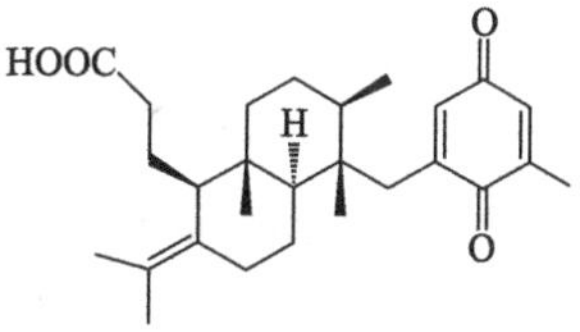　　图 3-19　Stypoguinonic acid 的化学结构

三、海洋芳香烃类

海洋中获得的芳香烃及其衍生物一般具有多种生物活性。澳大利亚的 Wells 等在药物研究过程中，发现一种典型的革兰氏阴性细菌 *Alteromonas rubra* 培养液的氯仿（$CHCl_3$）萃取物在体外试验中显示出支气管扩张活性。这种提取物的浓度在 $1\times10^{-4} g/cm^3$ 时，离体气管产生最大的膨胀效应，且它不被 β 肾上腺素拮抗剂普萘洛尔（Propranolol）所抑制。该提取物对离体的豚鼠回肠和鼠胃具有舒张效应。通过气管的体外实验活性筛选，从活性部位分离得到一个 C_{16} 芳香酸 Rubrenoic acid A（图 3-20），对离体完整气管的 ED_{50} 为 $4\times10^{-5} mol/L$。

血管内皮生长因子（VEGF）是肿瘤血管生成的重要调节因子。Indanone 是从丝状海洋蓝藻巨大鞘丝藻（*Lyngbya majuscula*）中分离得到的化合物，其在体外可抑制缺氧诱导的 Hep3B 人肝肿瘤细胞中 VEGF 基因启动子的激活（图 3-21）。

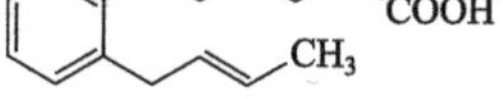

图 3-20　Rubrenoic acid A 的化学结构 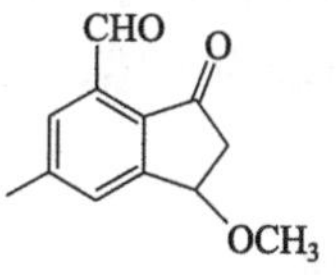　　图 3-21　Indanone 的化学结构

四、海洋卤代烃类

卤代烃是指含有卤素取代基的烃类化合物。这类化合物的生物来源主要是海洋细菌、海藻和软体动物，其结构独特，具有较好的生物活性。Aplysiapyranoid C

(图 3-22)是从软体动物黑斑海兔(*Aplysia kurodai*)中分离得到的具有显著细胞毒活性的化合物。而从 *Trichoderma harzanum* OUPS-N115 中得到的具细胞毒活性化合物 Trichodenone B(图 3-23)可显著抑制 P-388 白血病细胞。

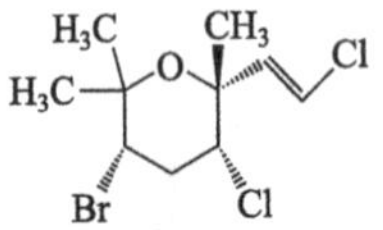

图 3-22　Aplysiapyranoid C 的化学结构

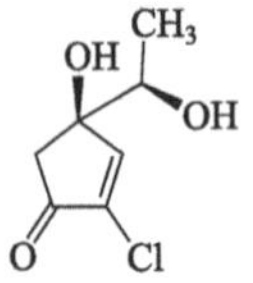

图 3-23　Trichodenone B 的化学结构

第五节　萜　类

萜类化合物(Terpenoids)是指其基本骨架可看作为由两个或者更多异戊二烯或异戊烷以各种方式联结而成的一类化合物。该类化合物种类繁多,结构复杂多样,具有广泛的生物活性。萜类化合物广泛分布于海藻、珊瑚、海绵、软体动物等多种海洋生物中,主要以单萜、倍半萜、二萜、二倍半萜为主,三萜和四萜的种类和数量相对较少。萜类化合物生物合成途径的关键物质是甲戊二羟酸(mevalonic acid,MVA),所以一般由甲戊二羟酸衍生得来的、分子式符合 $(C_5H_8)n$ 通式的这类化合物,通称为萜类化合物。萜类化合物在结构上根据化合物中异戊二烯单位的数目,一般又分为单萜、倍半萜、二萜、三萜以及多萜等,其共同点就是化合物分子中碳原子数都是 5 的倍数。

单萜和倍半萜类多为具有特殊香气的油状液体,在常温下可以挥发,或为低熔点的固体。萜类化合物多具有苦味,有的味极苦,所以它们也被称为苦味素。大多数萜类具有不对称碳原子,具光学活性,亲脂性强,易溶于醇等,难溶于水;对高热、光和酸碱较为敏感,或氧化,或重排,引起结构改变。

一、海洋单萜

单萜(Monoterpene)是指含有两个异戊二烯单位的化合物,富含卤素是海洋单萜化合物的特征,有些化合物是迄今发现的卤素含量比例最高的天然产物,多具有抗菌活性。单萜主要有链状和环状两种类型。

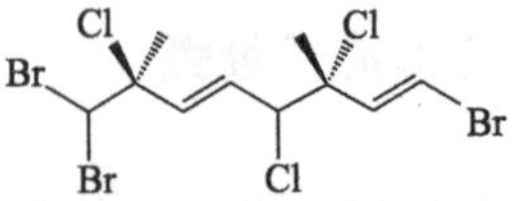

第一个海洋单萜(图 3-24)是从加州海兔(*Aplysia*

图 3-24　第一个海洋单萜的结构

californica）中分离得到的，用 X 射线衍射法鉴定了其结构，其真正来源是红藻（*Plocamium pacificum*）。

从南澳大利亚红藻（*Plocamium costaium*）中分离得到两个二氢吡喃型单萜，它们属于含氧卤代环状单萜（图 3-25）。

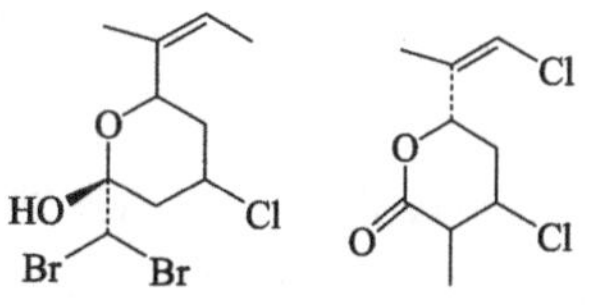

图 3-25 红藻（*Plocamium costaium*）中含氧卤代环状单萜

二、海洋倍半萜

倍半萜是含有三个异戊二烯单位的化合物，既有链状也有环状，在生源上都是由前体物质焦磷酸金合欢（farnesyl pyrosphate，FPP）衍生而成的。从陆地植物中得到的倍半萜（Sesquiterpenoids）已经超过两千种，其骨架类型也超过一百种。倍半萜类化合物多具有广泛的生物活性，是天然产物研究者的一个感兴趣的领域。随着对海洋生物中倍半萜的研究，特别是对海藻化学成分的深入研究，使得倍半萜化合物的骨架更加多样化。

从一种海绵（*Dysidea* sp.）中得到两个倍半萜环戊烯酮 Dysidenones A 和 B（图 3-26），Dysidenones A 和 B 的 1∶1 混合物在 $10\mu mol/L$ 时能显著抑制人滑膜磷脂酶 PLA_2 的活性。

Elatol 和 Elatone 是从红藻（*Laurencia* sp.）中分离得到的两种具细胞毒性的倍半萜，能抑制海胆的分裂，ED_{100} 分别为 $16\mu g/mL$ 和 $8\mu g/mL$（图 3-27）。

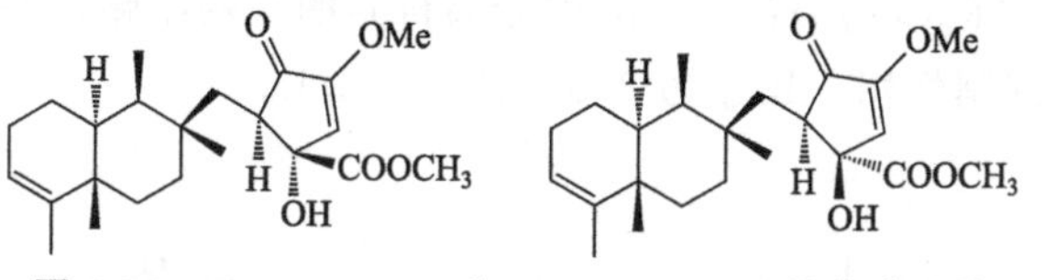

图 3-26 Dysidenones A 和 Dysidenones B 的化学结构

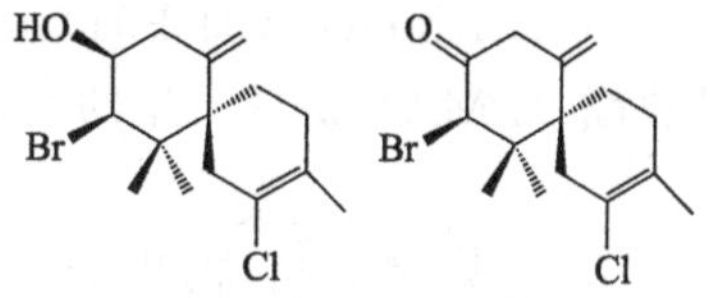

图 3-27 Elatol 和 Elatone 的化学结构

三、海洋二萜

二萜类（diterpenoids）化合物为基本骨架内含有 20 个碳原子的天然产物，是含有四个异戊二烯单位的化合物。它们是由焦磷酸香叶酯（geranylgeranyl pyrophosphate，GGPP）衍生而来。许多海洋生物中都含有二萜类化合物，而且结构变化比倍半萜更多。海洋生物中二萜化合物的生物合成前体可能认为是牻牛儿基牻牛儿醇焦磷酸酯。

海洋天然产物中第一个溴代二萜 Aplysin-20 发现于软体动物海兔的代谢产物

中，但一般认为其来源可能是海兔的食物——红藻。后来从红藻凹顶藻（*Laurencia concinia*）中分离得到它的异构体 Concinndiol（图3-28）。

Dictyol H 是从褐藻网地藻（*Dictyota dentata*）中分离得到的二萜，具有较强的抗菌活性，对 KB-9 肿瘤细胞也有一定的抑制作用（图3-29）。

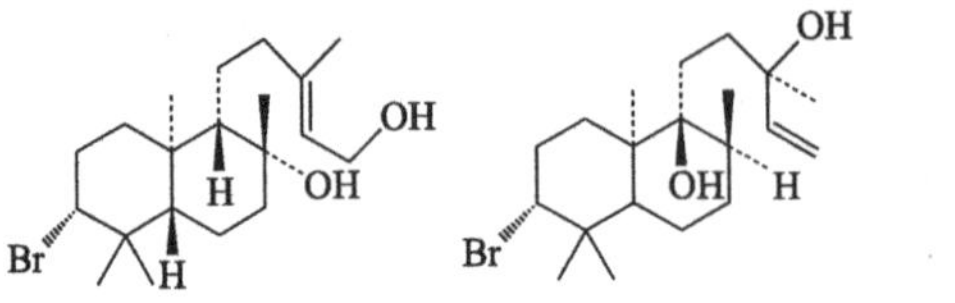

图 3-28　Aplysin-20 和 Concinndiol 的化学结构 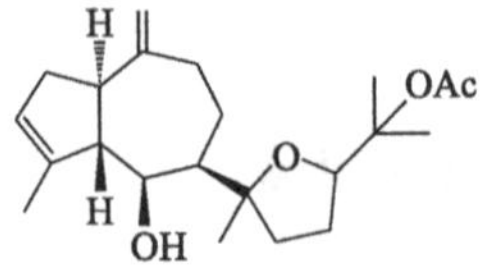　　　图 3-29　Dictyol H 的化学结构

四、海洋二倍半萜

二倍半萜（Sesterterpenoids）由五个异戊二烯单位聚合而成，是一类由焦磷酸香叶基金合欢酯（geranylfarnesyl pyrophosphate，GFPP）衍生而来的化合物。这类化合物比较稀有，在高等植物中极其少见。海洋生物海绵是二倍半萜类化合物最重要的来源，目前已发现的二倍半萜中，2/3 以上来自海洋海绵。

Cacospongionolide F（图3-30）是从海绵 *Fasciosciongia cavernosa* 中分离得到的二倍半萜，对海虾具有强烈毒性（$LC_{50}=0.17mg/L$），对革兰氏阳性菌有强的抑制作用［对枯草芽孢杆菌（*Bacillus subtilis*）的 MIC 为 0.78mg/L］。

Luffariellolide（图3-31）是从海绵 *Luffariella* sp. 中分离得到的二倍半萜，对佛波酯（PMA）诱导产生的炎症有抑制作用，IC_{50} 为 $2.3\times10^{-7}mol/L$。

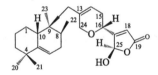

图 3-30　Cacospongionolide F 的化学结构 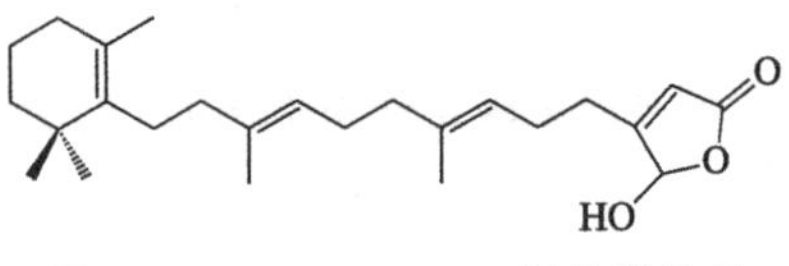　　　图 3-31　Luffariellolide 的化学结构

五、海洋三萜

三萜（triterpenoids）是基本骨架由 30 个碳原子组成的天然产物，由六个异戊二烯单位聚合而成。三萜类化合物常以苷元或者与糖结合以苷的形式存在；以苷的形式存在的化合物即三萜皂苷，属皂苷的一种。与陆地生物不同，从海洋生物中发现的三萜类化合物，除了海参三萜皂苷，其他的种类和数量都很少。

天然的链状三萜化合物角鲨烯（squalene，鲨烯、三十碳六烯或鱼肝油萜等，图 3-32）为无色油状液体，也是一种高度不饱和烃类化合物。其化学名称为 2,6,10,15,19,23-六甲基-2,6,10,14,18,22-廿四碳六烯，分子式为 $C_{30}H_{50}$。角鲨烯是动植物体内甾醇或胆固醇生物合成的中间体，其最初在 1906 年由日本学者 Tsjuinoto 从黑鲨鱼肝油中分离得到，后来人们又相继在其他动物、植物和微生物体内提取到角鲨烯，但仍以深海鲨鱼肝脏中的角鲨烯含量最为丰富，其含量范围在 15%～69%。

从红海海绵（*Siphonochalina* sp.）中分离得到的三萜衍生物 Sipholenol A（图 3-33）对 HepG2 细胞表现出中等的抗增殖作用，IC_{50} 为 $17.18\mu mol/L \pm 1.18\mu mol/L$。

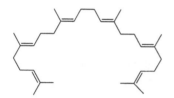

图 3-32　角鲨烯的化学结构 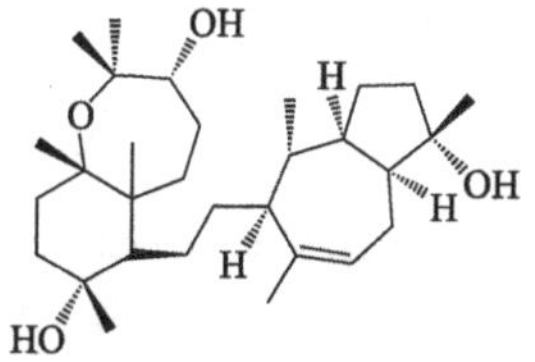　　　　图 3-33　Sipholenol A 的化学结构

六、海洋四萜

胡萝卜素类化合物是由八个异戊二烯单位组成的四萜（tetraterpenoids），其结构为四个头尾相连，然后再头头相连，如 β,β-胡萝卜素（β,β-carotene）。海洋植物和陆地植物一样，都是通过萜类途径合成胡萝卜素类化合物，但海洋生物在后面合成的阶段，通过自身的结构修饰形成了一些特殊结构。这类化合物大多难溶于水，而易溶于有机溶剂，遇浓硫酸或三氯化锑的氯仿溶液都显深蓝色，这两个颜色反应常用于这类化合物的定性鉴定。

虾青素（astaxanthin，图 3-34）是一种高度氧化的类胡萝卜素（carotenoid），为海洋组织中的常见化合物。这个类胡萝卜素类化合物已经被成功开发为培养有色鱼和水生带壳动物的试剂。这类化合物是维生素 A 的前体，是活泼氧类的捕获剂或淬灭剂，而且是抗肿瘤的助催化剂。它对单线态氧的淬灭活性比 α-维生素 E 强 500～1000 倍。

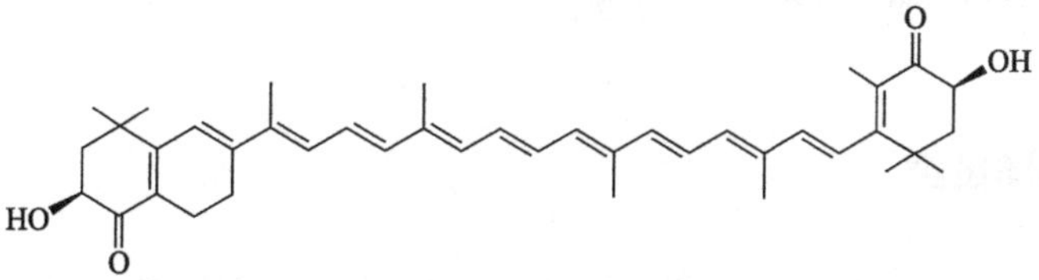

图 3-34　虾青素的化学结构

Methyl sartotuoate 和 Methyl isosartotuoate（图 3-35）是从海南岛采集的扭曲肉芒软珊瑚（*Sarcophyton tortuosum*）中分离得到的两个四萜。这是继胡萝卜素作为唯一的四萜骨架后，首次发现的第二类四萜骨架。Methyl sartotuoate 对 S-180 肿瘤细胞有较强的抑制活性，且有收缩子宫的活性。

(a) Methyl sartotuoate　　(b) Methyl isosartotuoate

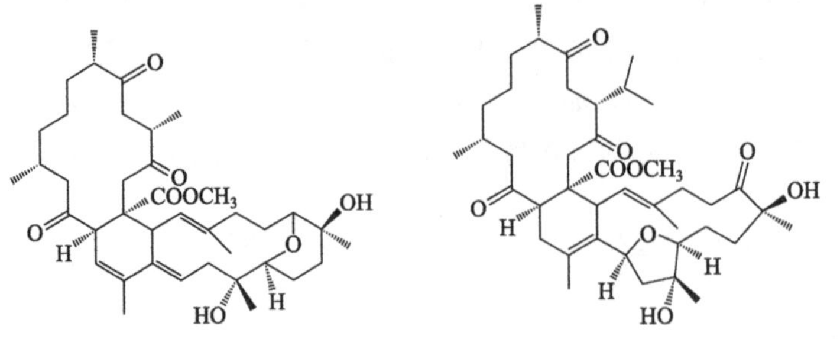

图 3-35　珊瑚中首次发现的四萜

第六节　甾　　类

一、海洋甾类概述

甾类化合物（steroids）是海洋生物中广泛存在的一类化合物，它们的结构中具有环戊烷多氢菲的甾核。天然甾体成分的 C10、C13 和 C17 侧链大多是 β 构型，母核的其他位置含有不同的活性基团，构成不同的活性甾类化合物。海洋甾类化合物都具有显著的生物活性，如抗肿瘤、抗病毒、抗菌以及抗炎等。

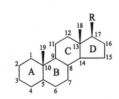

图 3-36　甾类化合物的基本骨架

甾类化合物的基本骨架如图 3-36 所示。中文化学命名中，将类固醇称为甾类化合物，是根据其化学结构而创造的象形字。“田”字代表四个环，环上的 C10 和 C13 位上各有一个甲基，在 C17 位上有一个支链，像田字上面有三条辫子，所以称这类化合物为“甾”类化合物。

二、代表性海洋甾类

自 1970 年发表 24-失碳-22-脱氢甾醇（由扇贝中分离得到，图 3-37）以来，海

第三章 海洋生物活性物质的化学结构

洋甾醇的发展非常迅速。研究人员从海洋生物中相继发现了许多结构新颖的多羟基甾醇及其含氧衍生物（如醛、酮、酸、酯、环氧化物和过氧化物等），它们一般被统称为氧化甾醇。氧化甾醇主要存在于海洋无脊椎动物，如海绵、珊瑚以及海藻等海洋生物中。

不少海洋氧化甾醇具有显著的生物活性，如抗肿瘤、抗病毒、抗炎和抗菌等。24-methylene-cholestan-3β,6β,9α,19-tetrol（图 3-38）是从南海海绵 *Polymastia sobustia* 中发现的，其对白血病细胞 P-388 的 IC_{50} 为 2.5μg/mL。

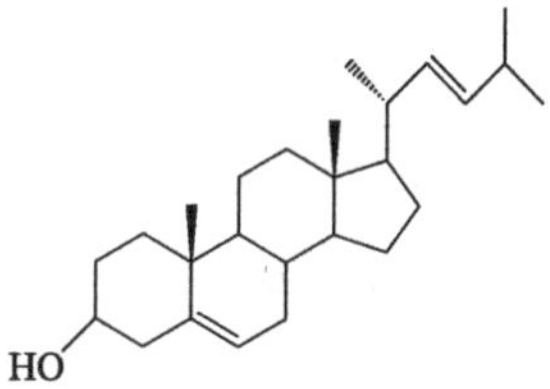

图 3-37 24-失碳-22-脱氢甾醇的化学结构

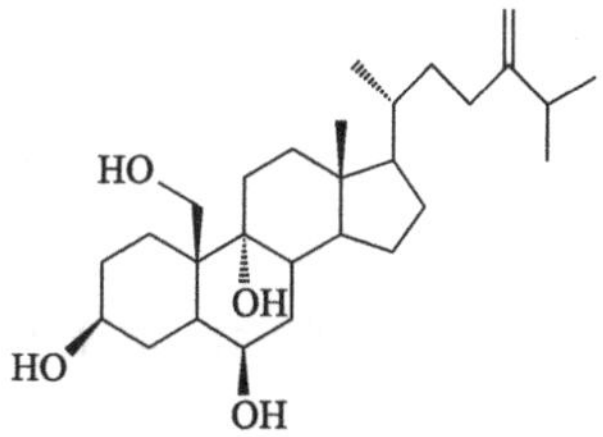

图 3-38 24-methylene-cholestan-3β,6β,9α,19-tetrol 的化学结构

从红海海绵（*Clathriama* sp.）中分离得到一个具有抗 HIV-1 病毒活性的甾醇硫酸酯盐 clathsterol（图 3-39），其 IC_{50} 为 10μmol/L。

来自南海软珊瑚 *Alcyonium patagonicum* 的 24-methylenecholest-4-ene-3β,6β-diol（图 3-40），对 P-388 细胞株具有细胞毒性，其 IC_{50} 为 1μg/mL。

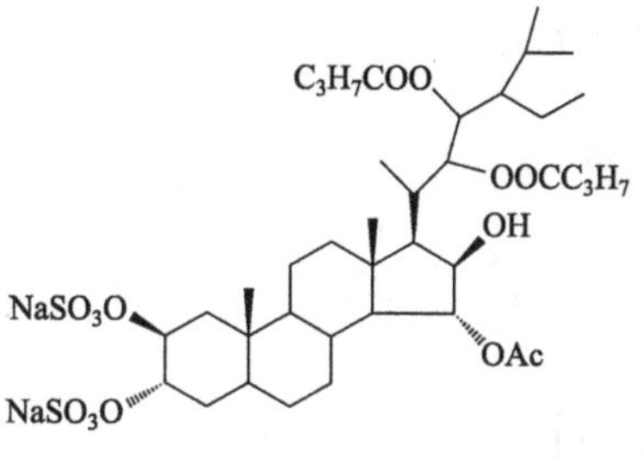

图 3-39 Clathsterol 的化学结构

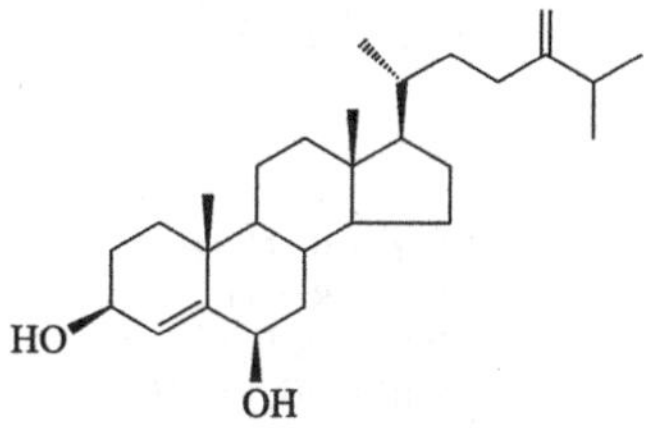

图 3-40 软珊瑚 *Alcyonium patagonicum* 中的氧化甾醇

图 3-41 中的氧化甾醇是从疣冠形软珊瑚（*Alcyonium gracillimum*）中分离得到的化合物。其中化合物（2）和（3）对 P-388 肿瘤细胞具有中等抑制活性，IC_{50} 分别为 22.4mg/L 和 7.8mg/L。化合物（2）和（3）还对人体的巨细胞病毒具有较强的抑制活性，IC_{50} 分别为 3.7mg/L 和 7.2mg/L。

从阿拉伯松藻（*Codium arabicum*）中分离得到了 6 个甾类化合物（图 3-42），其中除 Clerosterol（**1**）为单羟基甾醇外，其余均为其氧化衍生物：(24S)-24-ethyl-3-oxocholesta-4,25-dien-6β-ol（**2**），(24S)-24-ethyl-5α-hydroperoxycholesta-6,25-

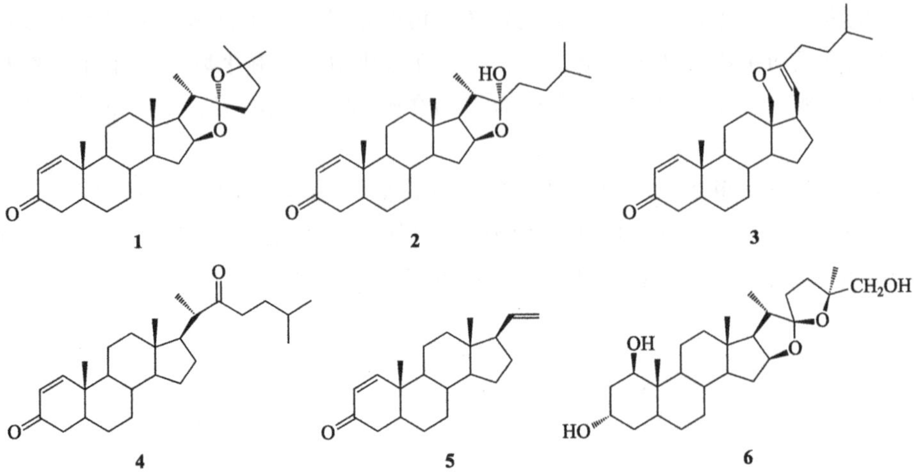

图 3-41 软珊瑚 *Alcyonium gracillium* 中的氧化甾醇

dien-3β-ol(**3**),(24S)-24-ethyl-7-oxocholesta-5,25-dien-3β-ol(**4**),(24S)-24-ethyl-7α-hydroperoxycholesta-5,25-dien-3β-ol(**5**),(24S)-24-ethylcholesta-5,25-dien-3β,7α-diol(**6**)。生物活性试验显示，这些甾类化合物对多种肿瘤细胞具有显著的细胞毒活性（表 3-3）。

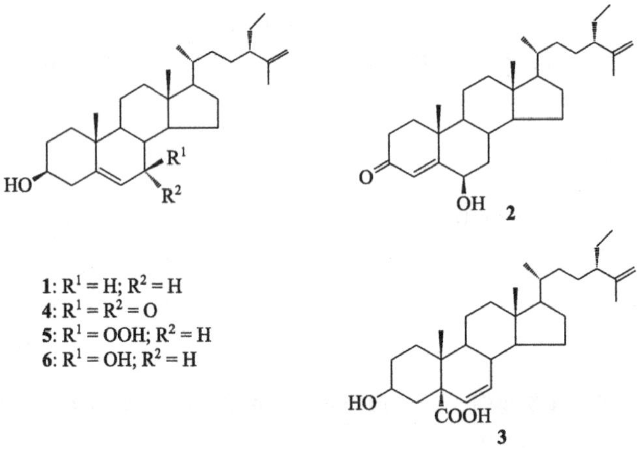

1: R^1 = H; R^2 = H
4: R^1 = R^2 = O
5: R^1 = OOH; R^2 = H
6: R^1 = OH; R^2 = H

图 3-42 海藻 *Codium arabicum* 中的甾类化合物

表 3-3 海藻 *Codium arabicum* 中的 6 种甾类化合物的细胞毒活性

甾醇	细胞株 ED_{50}/(mg/L)			
	P-388	KB	A-549	HT-29
1	1.7	>50	0.3	43.1
2	0.7	1.3	2.1	0.3

续表

甾醇	细胞株 ED_{50}/(mg/L)			
	P-388	KB	A-549	HT-29
3	0.5	1.0	1.1	0.9
4	0.8	1.0	1.2	2.0
5	0.4	1.0	0.5	1.0
6	0.2	1.1	0.5	0.6

第七节 大环内酯类

一、海洋大环内酯概述

"大环内酯"一词由 Woodward 于 1957 年提出，用来描述一类抗生素，这些抗生素通常由 14 元、15 元或 16 元的大环内酰胺环组成，具有双键及不同的糖和氨基官能团。天然存在的 14 元内酯类红霉素和克拉霉素，15 元大环内酯类阿奇霉素和螺旋霉素，16 元阿维菌素 B1a 是临床使用的典型大环内酯类抗生素。26 元的大环内酯寡霉素 A（一种 ATP 合成酶抑制剂）和 36 元的大环内酯两性霉素 B（一种抗真菌剂）也被用于临床。

海洋大环内酯类（marine macrolides）化合物结构复杂多样，大体可分为聚甲基大环内酯、聚甲氧基或聚羟基大环内酯、聚醚类大环内酯、具杂环的大环内酯和环肽类大环内酯（缩肽类）等。这些化合物的基本结构是具有环状的内酯结构。海洋大环内酯类化合物主要存在于海洋微生物、海绵、海藻、苔藓动物、软体动物和被囊动物中。它们具有广泛的生物活性，包括细胞毒性、抗菌、抗真菌、抗有丝分裂、抗病毒等。

二、代表性海洋大环内酯

玉米赤霉烯酮（Zearalenone，图 3-43）是从一株海洋镰刀菌 *Fusarium* sp. O5ABR26 中分离得到的十四元 β-间环大环内酯类化合物。其对真菌稻瘟病菌的抑制活性最好，MIC 为 6.25mg/L。此外，玉米赤霉烯酮对金黄色葡萄球菌 ATCC25923、耐甲

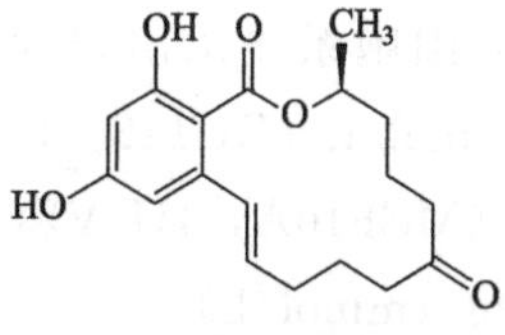

图 3-43 玉米赤霉烯酮的化学结构

氧西林金黄色葡萄球菌 SK1 和新型隐球菌 ATCC90113 表现出弱活性。

Antillatoxin（图 3-44）是从海洋巨大鞘丝藻（*Lyngbya majuscula*）中分离得到的一个十五元大环内酯化合物，具有鱼神经毒素和灭软体动物毒素的活性。

Bromophycolides P（图 3-45）是从红藻 *Callophycus serratus* 中分离得到的一个十五元大环内酯，其对耐甲氧西林金黄色葡萄球菌（MRSA）和耐万古霉素屎肠球菌（VRE）的 IC_{50} 分别为 $1.4\mu mol/L$ 和 $13\mu mol/L$。

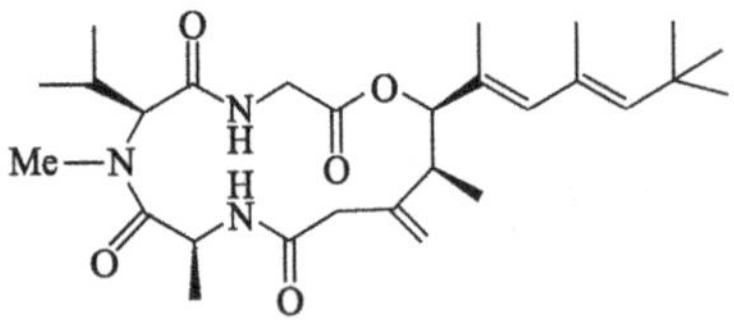

图 3-44　Antillatoxin 的化学结构

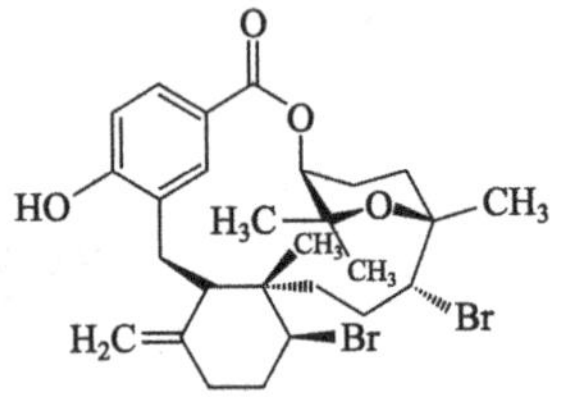

图 3-45　Bromophycolides P 的化学结构

Neurymenolide B（图 3-46）是从产自斐济的派膜藻（*Neurymenia fraxinifolia*）中分离得到的一个 α-吡喃酮十六元大环内酯类化合物。其对耐甲氧西林金黄色葡萄球菌和耐万古霉素屎肠球菌的 IC_{50} 分别为 $2.1\mu mol/L$ 和 $4.5\mu mol/L$。

Borrelidin（图 3-47）是嗜冷放线菌 *Nocardiopsis* sp. HYJ128 菌株合成的十八元大环内酯类化合物，其抑制粪肠球菌 ATCC 19433、粪肠球菌 ATCC 19434、猪变形杆菌 NRBC 3851、肺炎克雷伯菌 ATCC 10031 和肠沙门氏菌 ATCC 14028 的 MIC 范围为 $0.51\sim 65\mu mol/L$。

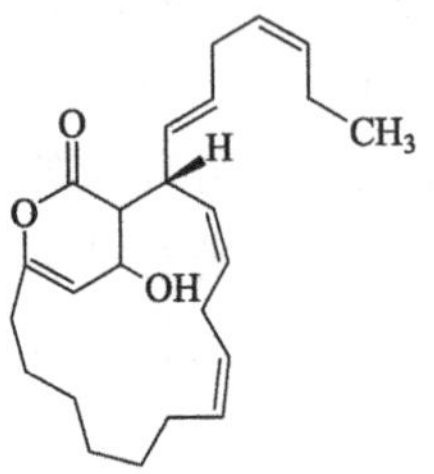

图 3-46　Neurymenolide B 的化学结构

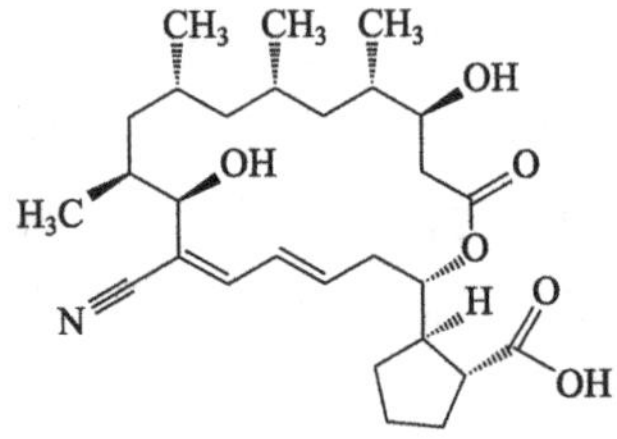

图 3-47　Borrelidin 的化学结构

Kahalalide F（图 3-48）是从软体动物 *Elysia rufescens* 的消化腺及其藻类食物来源 *Bryopsis* sp. 中分离得到的一个十九元大环内酯化合物。它对一组人前列腺和乳腺癌细胞系显示出强大的细胞毒活性，其 IC_{50} 范围从 $0.07mmol/L$（PC3）到 $0.28mmol/L$（DU145，LNCaP，SKBR-3，BT474，MCF7）。重要的是，非肿瘤人细胞（MCF10A，HUVEC，HMEC-1，IMR90）对药物的敏感性降低了（IC_{50} = $1.6\sim 3.1mmol/L$）。

根据 Sakai 等的研究，Misakinolide A（图 3-49）是一种二十元大环内酯，然而

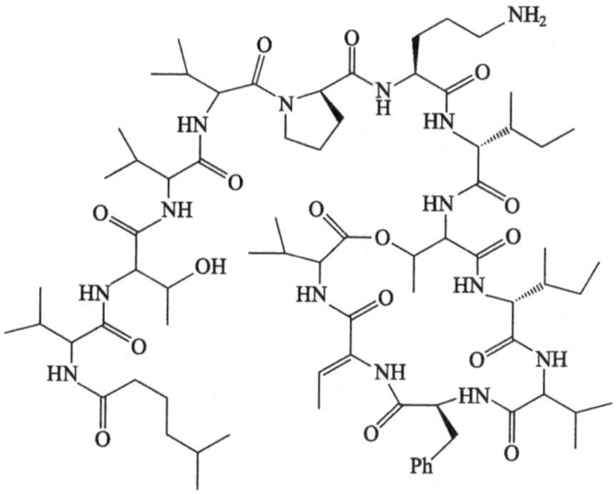

图 3-48 Kahalalide F 的化学结构

这种大环内酯是以四十元二聚体的形式出现的。Misakinolide A 是从海绵 *Theonella* sp. 中分离得到。该化合物具有抗白色念珠菌活性（MIC 为 5mg/L）。

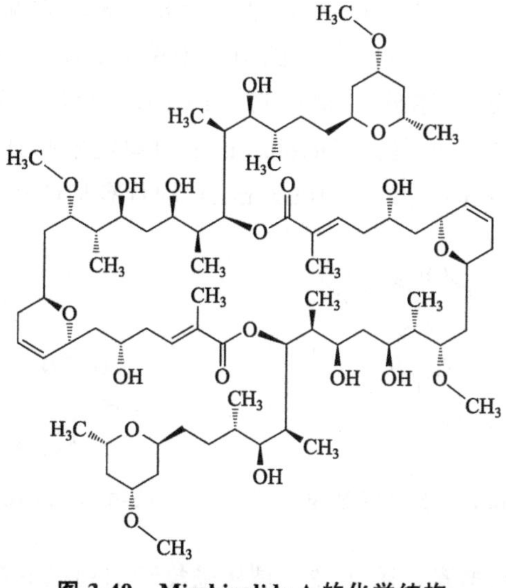

图 3-49 Misakinolide A 的化学结构

Tolytoxin（图 3-50）是从基里巴斯 Fanning 岛发现的蓝绿藻 *Tolypothrix conglutinata* var. *colorata* 中分离得到的一个二十二元大环内酯，对链格孢菌（*Alternaria alternata*）、球炭疽菌（*Colletotrichum coccodes*）、意大利果壳叶点霉（*Phyllosticta capitalensis*）、烟草疫霉（*Phytophthora nicotianae*）、水稻纹枯病（*Rhizoctonia solani*）、小核菌（*Sclerotium rofsii*）、奇异根串珠霉（*Thielaviopsis paradoxa*）和须毛癣菌（*Trichophyton mentagrophytes*）等真菌具有较强的抑制活

性，其 MIC 值为 0.25～8nmol/L。Tolytoxin 对细菌没有抑制活性。

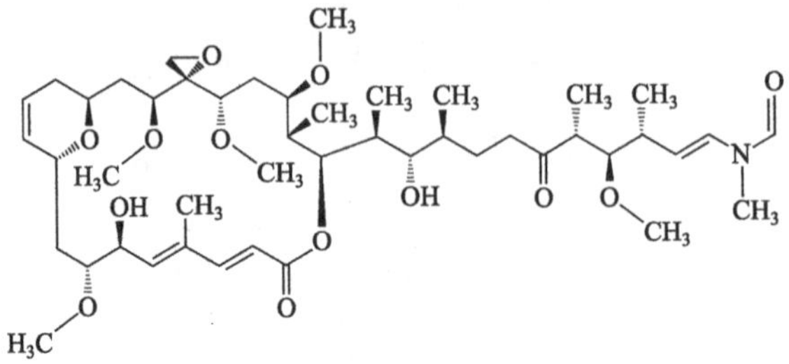

图 3-50　Tolytoxin 的化学结构

Dictyostatin 1（图 3-51）是从海绵中分离出来的一种二十二元大环内酯，对小鼠 P388 淋巴细胞白血病具有显著的细胞毒性，ED_{50} 为 0.38mg/L。它也是一种有效的微管稳定剂。

Macrolactins 是一大类包含二十二至二十五元环的大环内酯化合物。其中 Macrolactin A（图 3-52）、F、G、I、J、K 和 L 是二十四元大环内酯，Macrolactin H 是二十二元大环内酯，Macrolactin M 是二十五元大环内酯。Macrolactin A 是从加州海岸深海沉积物中的一种深海革兰氏阳性细菌 C-237 中分离得到的，其仅显示出中等抑菌活性，但是在体外实验中对 B16-F10 海洋黑素瘤的抑制活性较好（$IC_{50}=3.5\mu g/mL$）。更重要的是，Macrolactin A 对单纯疱疹病毒（$IC_{50}=5.0\mu g/mL$）和人类免疫缺陷病毒（HIV）（$IC_{50}=10\mu g/mL$）均具有抑制作用。

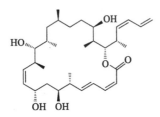

图 3-51　Dictyostatin 1 的化学结构 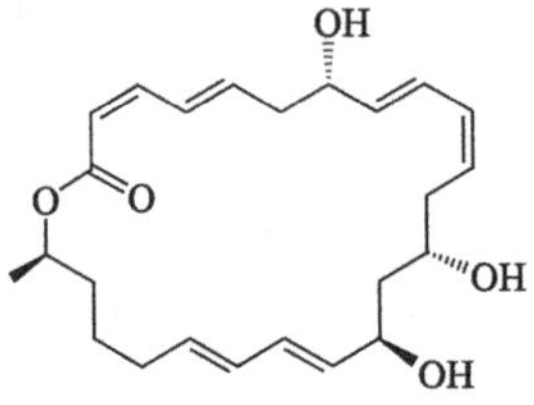　　图 3-52　Macrolactin A 的化学结构

Bryostatin 1（苔藓抑素，图 3-53）是从采集于加利福尼亚海域的总合草苔虫中分离得到的第一个具有抗肿瘤活性的二十六元大环内酯类化合物。Bryostatin 1 具有多种生物活性，可以抑制肿瘤细胞增长、调节机体免疫力、促进血小板凝集、促进生血和增强记忆力等。

Reedsmycins 是一类由海洋尤索夫链霉菌 *Streptomyces youssoufiensis* OUC6819 和 *Streptomyces* sp. CHQ-64 产生的非糖基化多烯-多醇三十一元大环内酯类化合物。Reedsmycin A（图 3-54）具有抗白色念珠菌活性（MIC 为 25～50μmol/L）。该组中其他化合物的活性较低。Reedsmycins C-E 的 MIC 为 50～100μmol/L，Reedsmycin

B 的 MIC 为 100~200μmol/L，而 Reedsmycin F 无抑制活性。

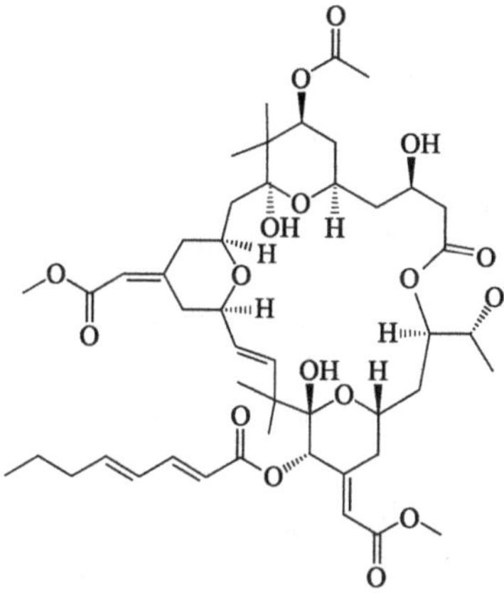

图 3-53　Bryostatin 1 的化学结构

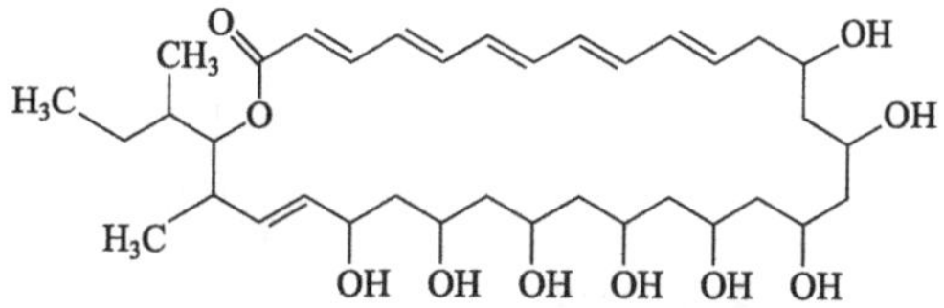

图 3-54　Reedsmycin A 的化学结构

Marinisporolide A（图 3-55）是从海洋放线菌 *Marinispora* CNQ-140 中分离得到的一种聚烯-多元醇三十四元大环内酯，其抗白色念珠菌活性较弱，MIC 值为 22μmol/L。

Bahamaolide A（图 3-56）是从一株海洋链霉菌 *Streptomyces* sp. CNQ343 中分离得到的一种三十六元大环内酯，其对白色念珠菌 ATCC 10231 具有显著的抑制活性，MIC 值为 12.5μg/mL。它对烟曲霉（*Aspergillus fumigatus*）HIC 6094、红毛霉（*Trichophyton rubrum*）IFO 9185、须毛癣菌（*Trichophyton mentagrophytes*）IFO4 0996 具有一定的抗真菌活性。

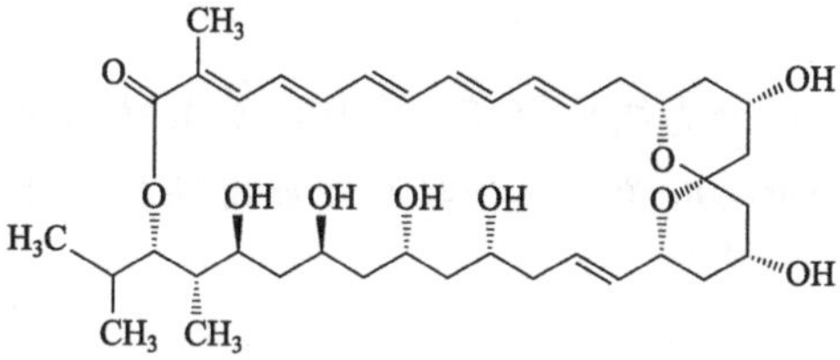

图 3-55　Marinisporolide A 的化学结构

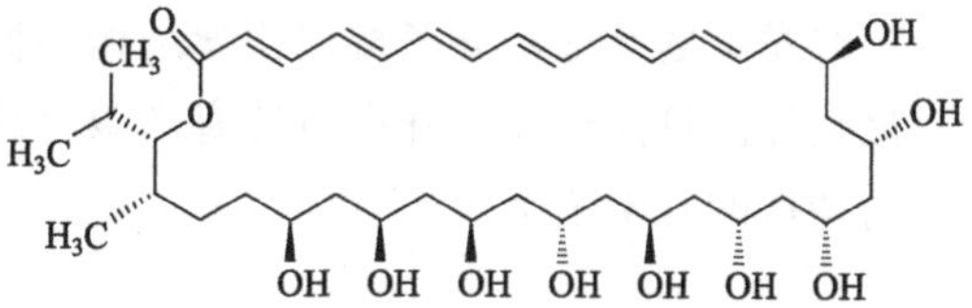

图 3-56　Bahamaolide A 的化学结构

Amantelide A（图 3-57）是从关岛海域采集的属于颤藻科（Oscillatoriales）的灰色蓝藻中分离出来的一种四十元大环内酯化合物。它在浓度为 62.5μg/mL 的条件下，对海洋真菌 *Dendryphiella salina*、*Lindra thalassiae* 和 *Fusarium* sp. 具有抗菌活性。Amantelide A 对金黄色葡萄球菌和铜绿假单胞菌的抑菌活性较弱，MIC 为 32μmol/L。

Spongistatin 1（图 3-58）是从印度洋海绵中分离得到的一种四十二元大环内酯聚醚。它能抑制白色念珠菌（*Candida albicans*）和新型隐球菌（*Cryptococcus neoformans*）的生长。此外，Spongistatin 1 对东方伊萨酵母（*Issatchenkia orientalis*）、胶红酵母（*Rhodotorula mucilaginosa*）、烟曲霉（*Aspergillus fumigatus*）和少孢根霉（*Rhizopus oligsporus*）的 MIC 值为 0.195～12.5mg/L。

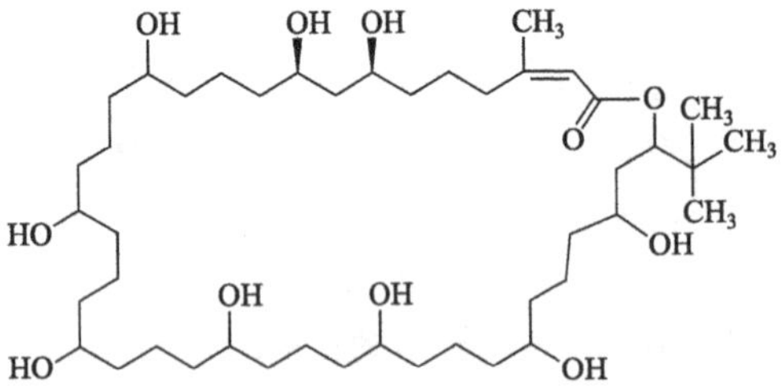

图 3-57　Amantelide A 的化学结构 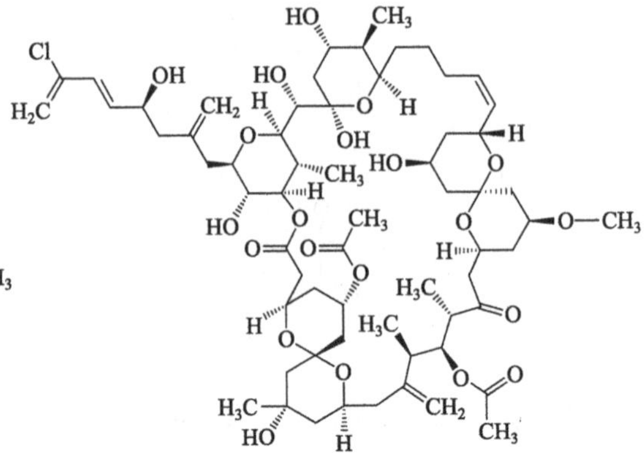　　　图 3-58　Spongistatin 1 的化学结构

第八节　聚　醚　类

聚醚类化合物（polyethers）是指结构中含有多个醚环（以六元环为主）的化合物。这类化合物是海洋生物次级代谢产物中的一类毒性成分，它们的极性低，主要存在于甲藻、蓝藻、海绵、刺胞动物、软体动物、被囊动物以及鱼类中，但其原始来源是一些附生海洋的有毒藻类。

海洋聚醚类毒素分子按照化学结构不同，可分为线形聚醚、大环内酯聚醚和梯形聚醚等。目前已经公开报道的海洋聚醚成分近 200 个，其中具有明显毒性和特殊结构特征的有十余个。

一、海洋线形聚醚

海洋线形聚醚类（marine linear polyethers）毒素的分子结构中仅部分具有醚环结构，这些醚环一般为孤立或者与其他醚环以螺环的结构连接，同时醚环上大多还连接羟基或者侧链，且侧链也大多连接游离的羟基或不饱和双键。

1. 大田软海绵酸

20 世纪 70～80 年代在日本及欧洲等地发生了多起食用海鲜贝类引起腹泻的事

件，初步判断可能是食用的贝类中有某种毒素造成的，后来经过深入研究，发现了其中的海洋毒素大田软海绵酸（okadaic acid，OA，图3-59）。从化学角度看，OA是一个具有38个碳的线形聚醚类化合物，特别是结构中的一端还有一个羧基。由于其最先是在1981年从大田软海绵（*Halichondria okadai*）中分离得到，因此得名。随后又从佛罗里达暗礁采集到的隐爪软海绵（*Halichondria melanodocia*）中分离到。此后，大田软海绵酸被证实实际上是由与上述两种海绵共生的一种微藻——利马原甲藻（*Procentrum lima*）产生的，海绵通过滤食此种微藻而将大田软海绵酸富集于体内。产生OA毒素的藻类在全球主要海域中几乎都有分布，主要的甲藻有渐尖鳍藻（*Dinophysis acuminata*）、具尾鳍藻（*Dinophysis caudata*）、倒卵形鳍藻（*Dinophysis fortii*）、利玛原甲藻（*Procentrum lima*）、帽状秃顶藻（*Dinophysis mitra*）和三角鳍藻（*Dinophysis tripos*）等。大田软海绵酸是最常见的分布在世界各地的海洋毒素之一。它很容易被贝类（主要是双壳类软体动物和鱼类）积累，随后被人类食用，引起消化道中毒。OA是主要的代表性腹泻性贝类中毒毒素，虽然它不被认为是致命的，但它的摄入会引起胃肠道症状。

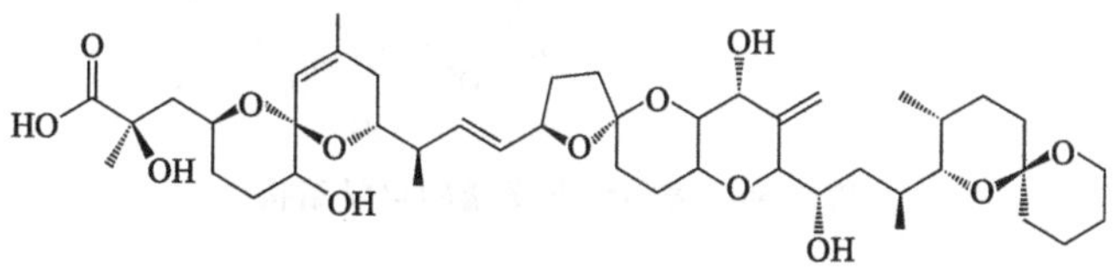

图 3-59 大田软海绵酸的化学结构

2. 岩沙海葵毒素

岩沙海葵毒素（palytoxin，PTX，图3-60），亦称沙海葵毒素或群体海葵毒素，最初是从刺胞动物皮沙海葵科沙群海葵属剧毒沙群海葵（*Palythoa toxica*）中分离出来的。1974年开始进行对其化学结构研究，1981年报道其分子量为2678.6，分子式为$C_{129}H_{223}N_3O_{54}$，1982年发现了其全部立体结构，同时阐明结构的还有5个类似物，分别命名为高岩沙海葵毒素（homopalytoxin）、双高岩沙海葵毒素（bishomopalytoxin）、新岩沙海葵毒素（neopalytoxin）、脱氧岩沙海葵毒素（deopalytoxin）和异岩沙海葵毒素（isopalytoxin）。

PTX分子结构中含有64个手性碳和7个不对称双键，是一种复杂的长链聚醚类化合物。除剧毒沙群海葵外，其他岩沙海葵都能分离出岩沙海葵毒素。它的含量随季节而变化，已证明该毒素由共生细菌产生。

岩沙海葵毒素是已知结构的非肽类天然生物毒素中毒性最强和结构最复杂的化学物质之一。其毒性不仅比神经性毒剂沙林高出几个数量级，而且比剧毒性的河豚毒素或石房蛤毒素也大数十倍，是已知毒性最强烈的海洋生物毒素之一。岩沙海葵毒素是已知最强的冠状动脉收缩剂，它比血管紧张素Ⅱ的作用至少强100倍，使冠状动脉血管强烈收缩，伴随出现心脏变力性效应与变时性效应。

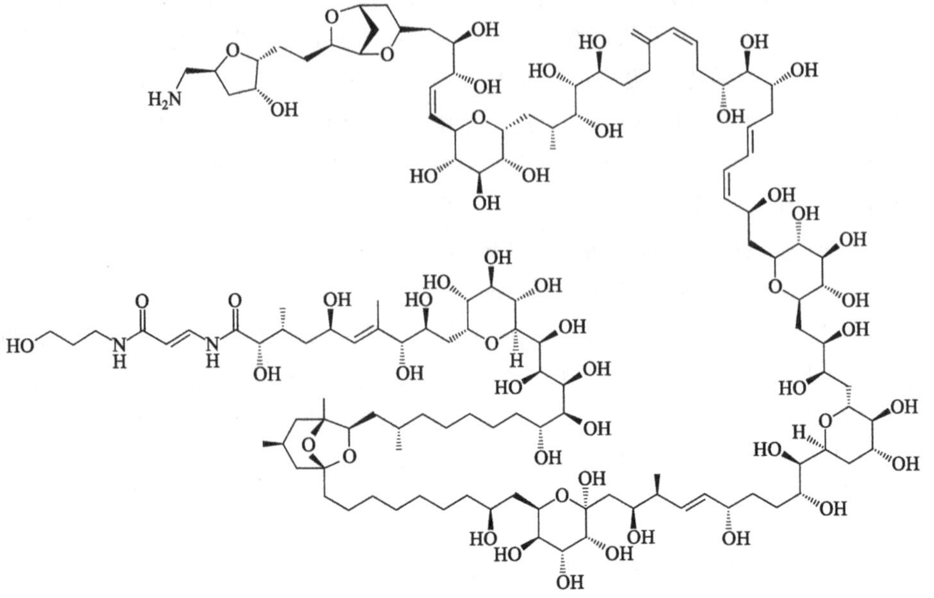

图 3-60 岩沙海葵毒素的化学结构

二、海洋大环内酯聚醚

海洋大环内酯聚醚类（marine macrolide polyethers）毒素的分子中不但含有多个醚环，而且醚环首尾相连或局部以酯键成环形成大环内酯结构。

1. 扇贝毒素

含有醚环结构的海洋大环内酯类化合物多数来自扇贝、海绵、甲藻和苔藓虫等。扇贝毒素（pectenotoxins，PTXs，图 3-61）主要从虾夷扇贝（*Patinopecten yessoensis*）的消化腺和鳍藻（*Dinophysis acuta*）中分离出来。

PTX-2 由鞭毛藻属（*Dinophysis*）的许多物种产生，最初在倒卵形鳍藻（*Dinophysis fortii*）中发现。后来，该毒素又从渐尖鳍藻（*Dinophysis acuminate*）、挪威鳍藻（*Dinophysis norvegica*）、圆形鳍藻（*Dinophysis rotundata*）和尖锐鳍藻（*Dinophysis acuta*）中分离出来。贝类食用藻类后，PTX-2 可代谢为其他 PTX 衍生物。在虾夷扇贝（*P. yessoensis*）的消化腺中，PTX-2 中的 C43 甲基被氧化为醇（PTX-1）、醛（PTX-3）和羧酸（PTX-6）形式。此外，从虾夷扇贝的消化腺中分

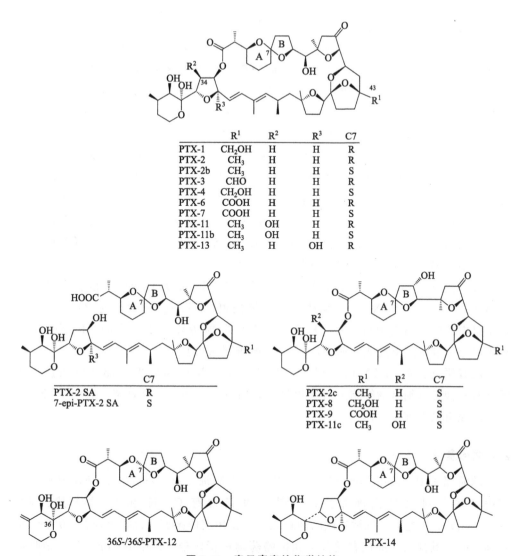

图 3-61 扇贝毒素的化学结构

离出 PTX-4 和 PTX-7，它们分别是 PTX-1 和 PTX-6 的立体异构体。PTX-4 和 PTX-7 经酸处理后形成两个异构体，分别命名为 PTX-8 和 PTX-9。后两种毒素不是天然存在的化合物，而是在分离或酸处理过程中产生的人工毒素。在大多数双壳类物种中，PTX-2 被代谢成 PTX-2 第二酸（PTX-2 SA），其中 PTX-2 的内酯环被水解成第二酸形式。PTX-2 SA 的外异构化可以得到热力学上更稳定的 7-epi-PTX-2 SA，这两种物质都在葡萄牙、爱尔兰、新西兰和克罗地亚的贝类中被检测到。

除 PTX-2 外，该毒素的另外四种氧化形式 PTX-11、PTX-12、PTX-13 和 PTX-14 已从鳍藻中分离出来。PTX-11 是 34S-羟基 PTX-2，当暴露于贻贝肝胰脏时，比

PTX-2 更耐酶解。天然污染的贻贝样品中 PTX-12 SA/PTX-12 的比值明显低于 PTX-2 SA/PTX-2 的比值,说明 PTX-12 比 PTX-2 更耐蓝贻贝酶的水解,但不如 PTX-11。PTX-13 是 32α-羟基 PTX-2,而 PTX-14 是 PTX-13 的脱氢类似物,通过消除 32-羟基和 36-羟基之间的水分子形成 C32—C36 醚键而衍生。当这些氧化衍生物取代 PTX-2 SA 在扇贝中积累时,表明这些贝类缺乏将 PTXs 水解为第二酸 (SA) 所需的酶,这一过程被认为是一种解毒机制。

PTXs 最初被归类为腹泻性贝类中毒毒素组。早期研究表明,PTX-2 可引起小鼠严重腹泻,并且口服后具有毒性。也有人认为 PTX-2 SA 和 7-epi-PTX-2 SA 是澳大利亚严重腹泻病暴发的原因,但后来证明,在给药实验中使用的 SAs 被大田软海绵酸酯污染,后者被认为是观察到的对肠道有影响的原因。最近的口服给药研究未能引起腹泻或毒性,即使剂量高达 5mg/kg。研究还表明口服 PTXs 的毒性比腹腔注射要小得多。目前公认 PTXs 不会引起腹泻。

腹腔注射 PTXs 对小鼠肝脏有毒性,其中 PTX-2 的毒性最强。该毒素氧化为 PTX-1、PTX-3 和 PTX-6 时,毒性降低。据报道,PTX-11 的毒性与 PTX-2 一样,在小鼠中产生相同的中毒症状。PTX-6 引起的肝损伤与 PTX-2 不同,PTX-2 由循环障碍导致肝包膜下充血,而 PTX-6 导致肝脏严重出血。

已有研究表明,PTX-1、PTX-2、PTX-6 和 PTX-11 可破坏 NRK-52E 细胞、兔肠细胞和神经母细胞瘤细胞中的丝状肌动蛋白(F-actin)细胞骨架,表明 PTXs 可能通过该机制发挥毒性作用。

2. 软海绵素 B

软海绵素 B(Halichondrin B)是从大田软海绵(*Halichondria okadai*)中分离得到的一种大环内酯聚醚,它是一种只含有 C、H 和 O 的天然产物。Halichondrin B 是第一批被测试的药物之一,使用美国国家癌症研究所的 60 个细胞系筛选并与其他已知的抗有丝分裂和抗癌药物进行比较。Halichondrin B 的细胞毒作用很强,对 B-16 黑色素瘤细胞的 IC_{50} 为 9.3×10^{-2} mg/L,对接种 B-16 黑色素瘤和 P-388 白血病的小鼠,给予软海绵素 B 0.5μg/kg,可分别延长寿命 244% 和 236%。

然而,即使在确认其有效的抗癌活性之后,由于无法从海洋海绵中获得足够数量的材料,进一步的开发也陷入了停滞。1998 年,Yoshito Kishi 博士开发了一种完全合成的方法,并发现其细胞毒性是大环内酯 C1-C38 片段的功能,该药物获得了新的研究机会。此后,卫材研究院获得该技术许可,完成了所制药物甲磺酸艾瑞布林(Eribulin mesylate, Halaven®, E7389)的合成和开发工作。软海绵素 B 和甲磺酸艾瑞布林的结构如图 3-62 所示。

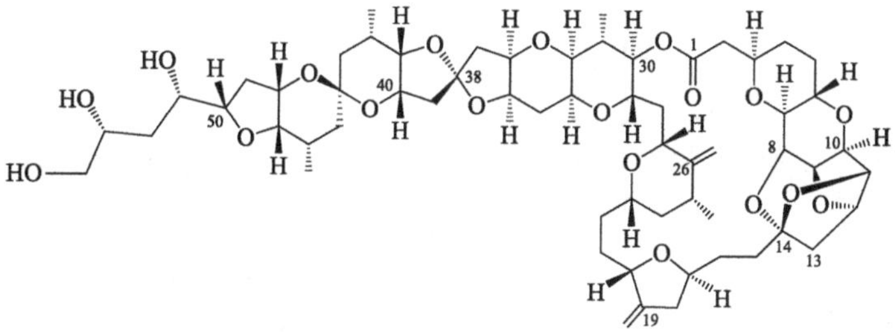

(a) Halichondrin B

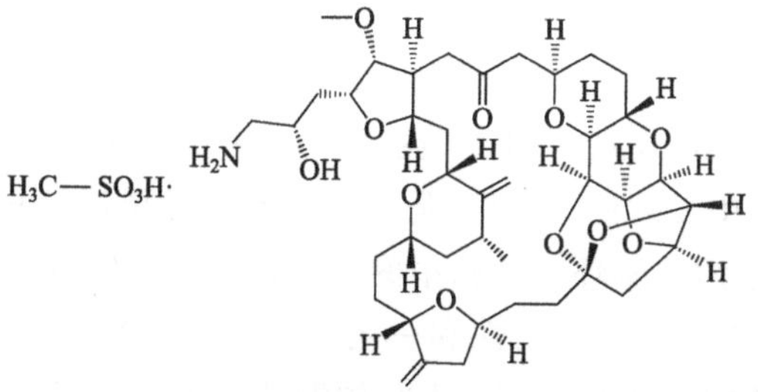

(b) Eribulin Mesylate

图 3-62 软海绵素 B 和甲磺酸艾瑞布林的化学结构

三、海洋梯形聚醚

海洋梯形聚醚类（marine ladder-like polyethers）毒素的分子结构骨架由多个含氧的 5~9 元醚环稠合而成，形成一种陡坡式的梯形，醚环之间以反式构型连续稠合，相邻醚环上的氧原子交替位于环的上端或下端，分子梯形的两端大多连有醛酮酯、硫酸酯、羟基等极性基团。

（1）短裸甲藻毒素

短裸甲藻毒素（brevetoxin，BTX）A（BTX-A）、B（BTX-B）是从墨西哥海域生长的短裸甲藻 *Gymnodinium breve*（又名 *Ptychodiscus brevis*）中分离得到的海洋毒素，结构如图 3-63 所示。1981 年，研究人员用 X 射线衍射法首先确定了 BTX-B 的化学结构。BTX-A 和 BTX-B 的骨架结构类似于梯状，其中一端都是易于发生化学反应的 α,β-不饱和醛，但 BTX-A 的另一端是五元饱和内酯，而 BTX-B 的另一端是六元不饱和内酯。1995 年首先完成了 BTX-B 的全合成，后在 1998 年又完成了 BTX-A 的全合成。BTX-A 和 BTX-B 属于神经性毒素，可造成肌肉麻痹，如食用受此类毒素污染的贝类将严重威胁生命安全，而且有可能通过沿海地区的气溶胶传播，对呼吸道产生刺激作用。目前已经发现约 10 个短裸甲藻毒素类化合物的类似物。

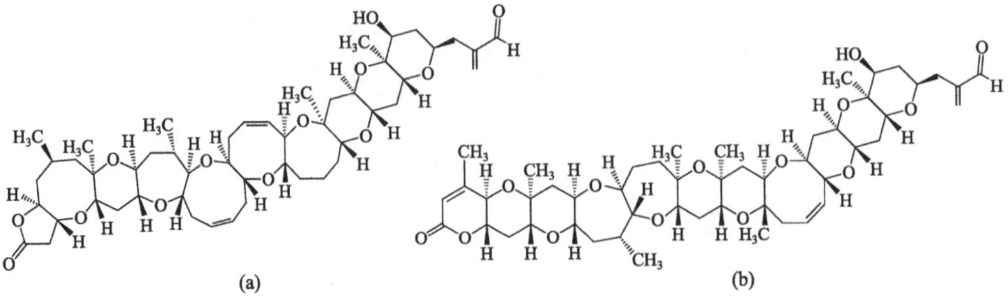

图 3-63 BTX-A (a) 和 BTX-B (b) 的化学结构

(2) 虾夷扇贝毒素

虾夷扇贝毒素 (yessotoxin, YTX, 图 3-64) 是 1986 年从虾夷扇贝 (*Patinopecten yessoensis*) 的消化腺中发现的。YTX 是一种典型的呈梯形结构的聚醚类海洋毒素，其骨架中含有 11 个连续的醚环，结构中的一端含有 2 个硫酸半酯基，另一端含有具 3 个双键的不饱和侧链，具有亲脂性和一定的亲水性。YTX 可引起多种细胞凋亡，如神经母细胞瘤细胞 BE (2)-M17、人宫颈癌细胞 HeLa S3、小脑神经元、鼠成肌细胞 L6、小鼠脑瘤细胞 BC3H1、小鼠成纤维细胞 NIH3T3、犬肾细胞 MDCK、乳腺癌细胞 MCF-7 以及人肝癌细胞 HepG2 和 Bel7402 及人正常肝细胞 HL7702 等，其被认为是研究多种细胞死亡途径的宝贵工具。目前已鉴定出近 40 个类似物。

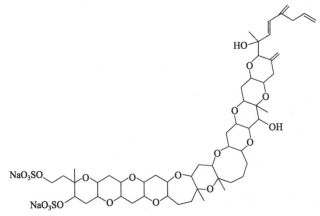

图 3-64 虾夷扇贝毒素的化学结构

(3) 西加毒素

1989 年，日本科学家 Yasumoto Takeshi 的团队从 4000kg 鳗鱼 *Gynnothorax jauanicus* 内脏中纯化出 0.35mg 西加毒素 (ciguatoxin, CTX, 图 3-65)，并最终确定了其化学结构，其也属于梯形聚醚类化合物。此前美国科学家曾经从 1100kg 鳗鱼的 75kg 内脏中分离出 1.3mg 西加毒素，但是仅仅确定了其分子量，没有能够确定结构式。

CTX 的半数致死量（median lethal dose，LD_{50}）为 $0.45\mu g/kg$，其毒性比河豚毒素（tetrodotoxin，TTX）的毒性还要强 100 倍，是重要的神经毒素。另外，CTX 的生物毒性比较特殊，对人类的神经系统、心血管系统、消化系统等有较高的选择性作用，属于新型电压依赖性 Na^+ 通道激动剂，目前在药理毒理研究中常作为研究细胞膜结构与功能以及麻药作用机制的分子探针使用。据调查，CTX 每年大约造成 5 万人中毒，是造成人类中毒分布最广且人数最多的一种海洋毒素之一。2001 年，日本科学家 Hirata Masahiro（平田正博）完成了 CTX 的全合成。目前发现 CTX 的类似物有 30 余个。

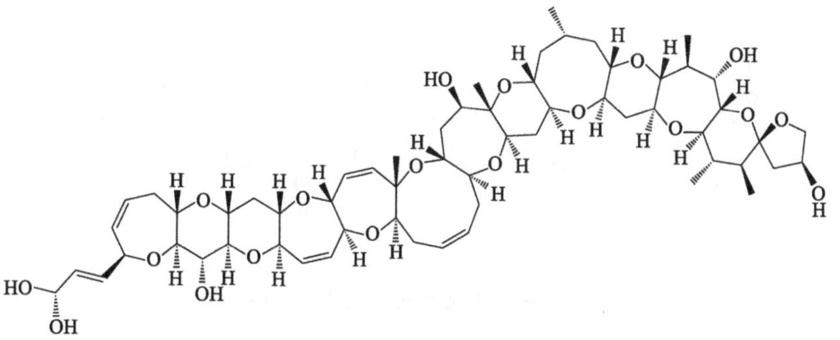

图 3-65　西加毒素的化学结构

（4）刺尾鱼毒素

刺尾鱼毒素（maitotoxin，MTX，图 3-66）是由岗比甲藻类产生，经食物链蓄积在刺尾鱼体内的一类结构独特的海洋生物毒素。它是目前发现的最复杂的梯形聚醚和已知最大的天然产物之一，分子量为 3422，分子式为 $C_{164}H_{256}O_{68}S_2Na_2$，结构中含有 32 个醚环和 99 个立体化学中心。

刺尾鱼毒素毒性非常强烈，LD_{50} 仅为 $0.05\mu g/kg$，是目前毒素中毒性最强、分子量最大的非蛋白类化合物之一，毒性比河鲀毒素强 200 倍，是岩沙海葵毒素的 9 倍。Maitotoxin 的结构解析是一项极具挑战性的工作，它引起了好几个研究小组的注意，刺尾鱼毒素结构的完全解析于 1993 年完成，它是用三维 NMR 结合降解的方法确定的。分子的环系和链状部分的相对立体化学则通过与其合成样品的 NMR 比较确定。药理实验表明，MTX 属于钙离子通道激动剂，可作为研究 Ca^{2+} 药理活性的特异性工具药。MTX 还可以参与神经生长因子的生物作用。MTX 是目前发现的最为复杂的海洋聚醚类化合物，其结构的成功确定标志着现代结构鉴定技术的最高水平。

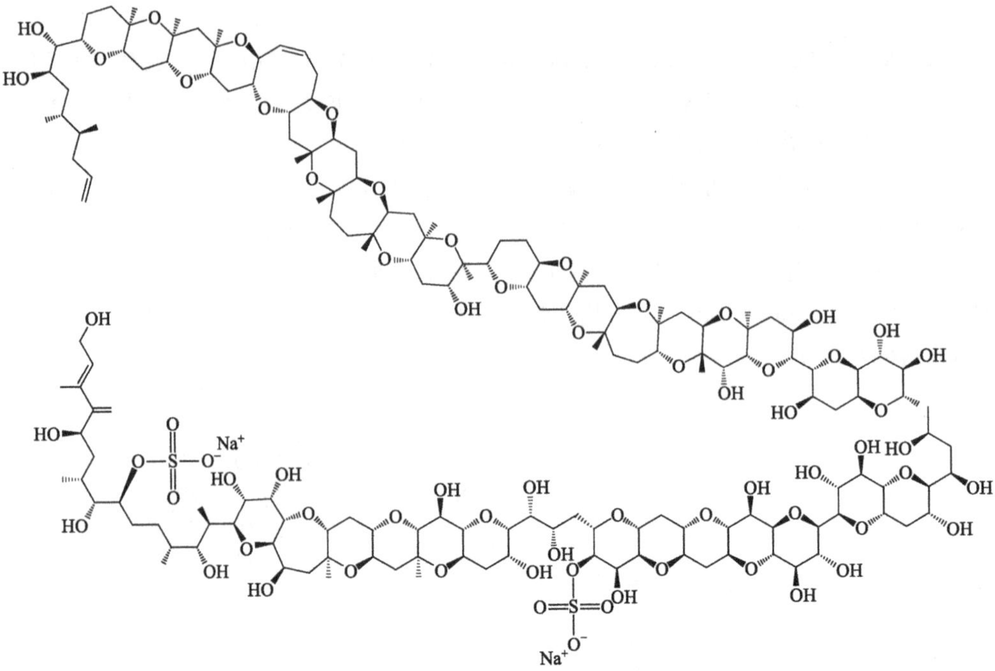

图 3-66　刺尾鱼毒素的化学结构

第九节　生物碱类

生物碱（alkaloids）是一类复杂的含氮杂环有机化合物，具有胺型氮功能基和复杂的碳骨架环系结构。大多数生物碱由元素 C、H、O、N 组成，极少数分子中含有 Cl、S 等元素。海洋生物碱是重要的天然产物，广泛分布于蓝藻、真菌、海绵、海鞘、放线菌等生物源中。在从蓝藻中提取的 800 种化合物中，有 300 种是生物碱，这可能是因为蓝藻具有显著的固氮能力，有利于生物碱的产生。

Mothes（1981）认为，生物碱按其生源合成可分为四类：第一类由氨基酸衍化而成，主要特征为氨基酸的氮原子与部分碳原子共同参与构成生物碱分子，而其羧基碳则大多丢失。第二类为由氨分子与现成的甾类分子、萜类分子等相互作用，向其中引进氨基而构成。第三类是肽类生物碱，大多为由 2～10 个氨基酸单元构成的环状寡肽。第四类为其他未归类的生物碱，其生源合成过程尚不清楚。目前发现的海洋生物碱以第一类为主。根据生物碱类化合物的结构，可分为七类：第一类至第三类与 Mothes 分类相同，第四类为含有喹啉环的生物碱，第五类为含有异喹啉环的生物碱，第六类为生物碱苷类，第七类为其他类型的生物碱。

一、由氨基酸衍化而成的海洋生物碱

由氨基酸衍化而成的生物碱为生物碱的主要组成部分。可成为生物碱前体的氨基酸有芳香族氨基酸（如苯丙氨酸、酪氨酸）、鸟氨酸和赖氨酸等。海洋生物碱中保留色氨酸（吲哚环）骨架者占有相当的比重。具有色氨酸骨架的海洋生物碱可分为仍保留氨基酸的羧基碳者和羧基碳已丢失者。从一种海绵 *Aplysinopsis* 中获得的脱氢色氨酸衍生物 Aplysinopsin，属于前一类，其对 KB、P-388 和 L-1210 细胞株有细胞毒性，半数有效量（ED_{50}）分别为 $0.87\mu g/mL$、$3.8\mu g/mL$ 和 $3.7\mu g/mL$（图 3-67）。

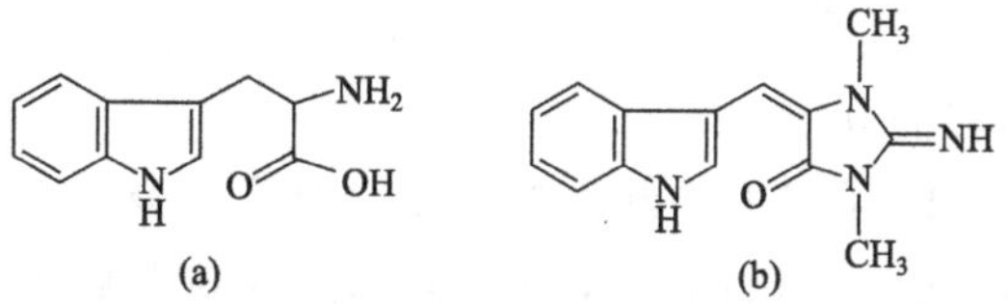

图 3-67　色氨酸 Tryptophan (a) 和 Aplysinopsin (b) 的化学结构

氨基酸在构筑生物碱时，其羧基碳原子经脱羧反应而丢失者为主要形式。此类生物碱中结构较简单的是氨基酸单纯脱羧而成的胺类。例如，从红藻 *Martensia fragilis* 中分离出了脱氢色胺衍生物 Fragilisine，其结构中的色胺与另一氨基酸形成了酰胺（图 3-68）。

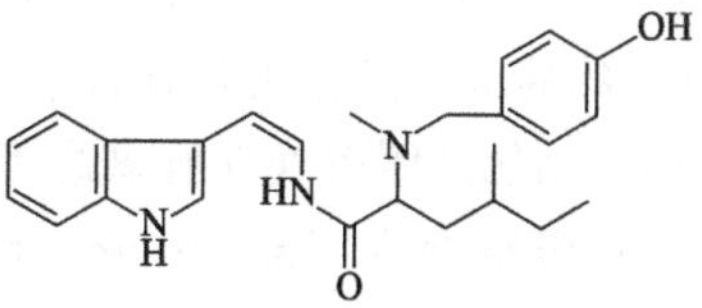

图 3-68　Fragilisine 的化学结构

色胺在生物体内可与活性乙酰基作用，使其侧链环合成 β-咔啉环（β-carboline）。如果由各种结构的醛类代替活性乙酰基，便可产生各种 β-咔啉生物碱。在海洋生物碱中还可以见到一些结构奇特的等价物参与了 β-咔啉的环化过程（图 3-69）。

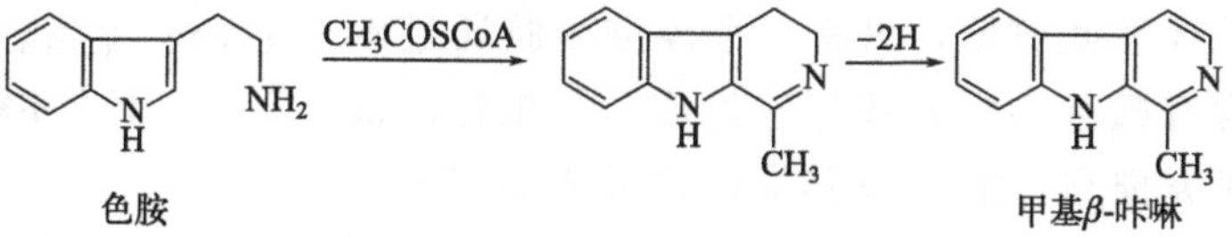

图 3-69　β-咔啉的环化过程

从一种海绵（*Thorectandra* sp.）中提取得到具有 β-咔啉环的细胞毒活性化合物 Fascaplysin，其对 MALME-3M、MCF-7 和 OVCAR-3 的 EC_{50} 分别为 $0.003\mu g/mL$、$0.14\mu g/mL$ 和 $0.38\mu g/mL$（图 3-70）。

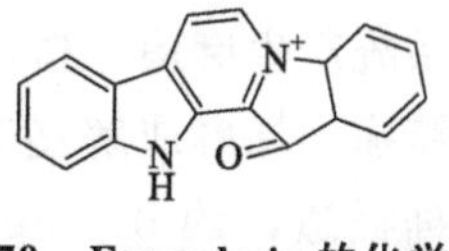

图 3-70　Fascaplysin 的化学结构

生源合成的研究提示，某些生物碱分子中的哌啶环、喹诺里定环、氢化吡咯环等可能来自赖氨酸、鸟氨酸等氨基酸。海洋生物碱的另一个结构特点是含有胍基，这些化合物大多是由 2 个氮原子参与闭合而形成环状结构。这类生物碱的分子中大多含有氨基（或亚氨基）嘧啶或咪唑环。河豚毒素、石房蛤毒素、膝沟藻毒素等均属此类化合物。

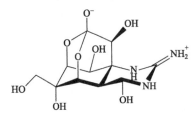

图 3-71 河豚毒素（TTX）的化学结构

存在于河豚及其共生弧菌等生物中的河豚毒素（tetrodotoxin，TTX，图 3-71），其分子式为 $C_{11}H_{17}N_3O_8$，分子量为 319，是一个含有胍基、结构高度紧凑且呈笼形的原酸酯类生物碱。TTX 分子中几乎所有的碳原子均为手性碳原子，在碱性和强酸性溶剂中不稳定，在有机溶剂和水中都不易溶解而仅溶于醋酸等弱酸性溶剂，是自然界中发现的结构最为奇特的分子之一。

药理实验发现，TTX 的 LD_{50} 为 $8.7\mu g/kg$，其毒性是氰化物的 1000 倍，对人的最小致死量（minimum lethal dose，MLD）为 10000MU（相当于 TTX 结晶约 2mg），其是毒性最强的小分子非蛋白神经毒素之一。TTX 能选择性地抑制 Na^+ 通过神经细胞膜，但却允许 K^+ 通过，因此可作为神经生物学和药理学研究的工具药。TTX 的局部麻醉作用是普鲁卡因（procaine）的 4000 倍，临床上用于治疗各种神经疼痛、创伤及缓解晚期肿瘤患者的疼痛等。目前已经发现 TTX 类似物 10 余个。

石房蛤毒素（saxitoxin，STX，图 3-72）是从阿拉斯加石房蛤（*Saxidomus giganteus*）中分离得到的麻痹性毒素。因有人在食用某些贝类后出现神经麻痹性中毒，很短时间内即会出现中毒症状，严重者甚至死亡。因此而研究发现了 STX，其是海洋毒素中毒性最强的麻痹性毒素之一。STX 的分子结构是高度紧凑的立体笼状分子，一个含有胍基的六元环与另一个含有胍基的五元环彼此骈联，另有一个碳酰半胺通过碳酰半酯键与含有胍基的六元环相连构成一个侧链。根据进一步的研究推测，STX 及其类似物可能最初还是

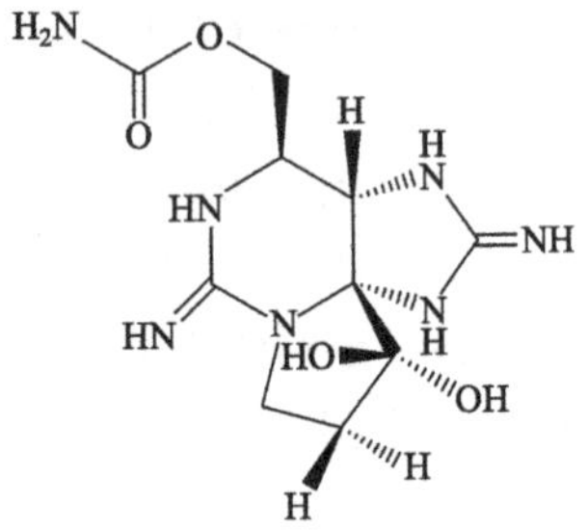

图 3-72 石房蛤毒素（STX）的化学结构

产生于海洋藻类，后经食物链传递被贝类食用后在体内蓄积。药理实验也表明，此类毒素的作用机制与河豚毒素（TTX）类似，即使神经传导发生困难，对人的中枢神经系统产生麻痹，造成人或其他生物呼吸衰竭甚至死亡。研究发现 STX 还具有高效的镇痛、局麻或解痉等作用，已成为药理学研究的工具药以及外科手术的辅助药物。据报道，约 0.5mg 的 STX 即可致命，其毒性与人工合成的神经毒气沙林（sarin，$LD_{50}=0.172mg/kg$）相同，在国际条约中已被列为禁用的化学武器。目前已发现 STXs 类化合物 30 多个。

二、萜类和甾类海洋生物碱

萜类和甾类生物碱（terpenes and steroid alkaloids）在海洋生物中也存在。角鲨胺（squalamine）是一种从白斑角鲨（*Squalus acanthias*）的胃提取物中发现的甾类生物碱（图3-73）。角鲨胺是甾体-多胺缀合物，分子式为$C_{34}H_{65}N_3O_5S$，分子量为628，化学名称为3β-N-1-(N-[3-(4-氨基丁基)]-1,3-二氨基丙烷)-7α,24R-二醇-5α-胆甾-24-氢硫酸酯。角鲨胺具有类似胆固醇的类固醇结构，其侧链经过硫酸化处理，亲水多胺亚精胺基团与C3处的疏水部分相结合，使其具有独特的药理作用。角鲨胺对大肠杆菌ATCC 25922、金黄色葡萄球菌ATCC 25923和铜绿假单胞菌ATCC 27853的最小抑菌浓度（MIC）分别为2mg/L、2mg/L和8mg/L。角鲨胺能够减少肿瘤的血管化，减少胶质瘤（脑肿瘤）、囊肿（形成异常上皮）和血管母细胞瘤（血管源性肿瘤，常位于中枢神经系统）。角鲨胺还具有良好的抗阿尔茨海默病和视网膜病变的活性。

来自刺胞动物花群海葵（*Zoanthus* sp.）的Zoanthamine类生物碱似乎与萜类有关系，但其生源来历尚不清楚。这类生物碱具有抗炎活性（图3-74）。

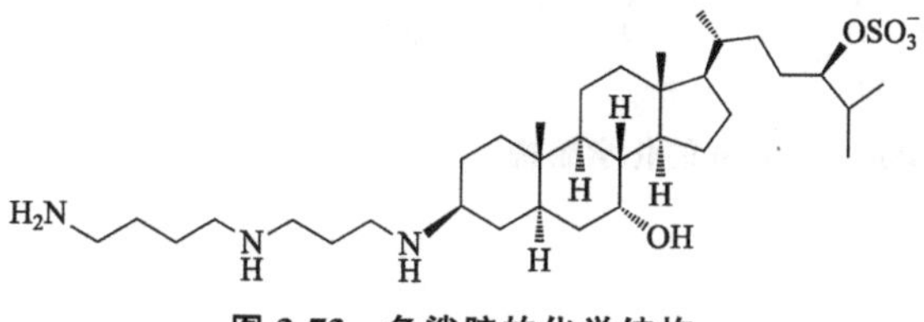

图3-73 角鲨胺的化学结构 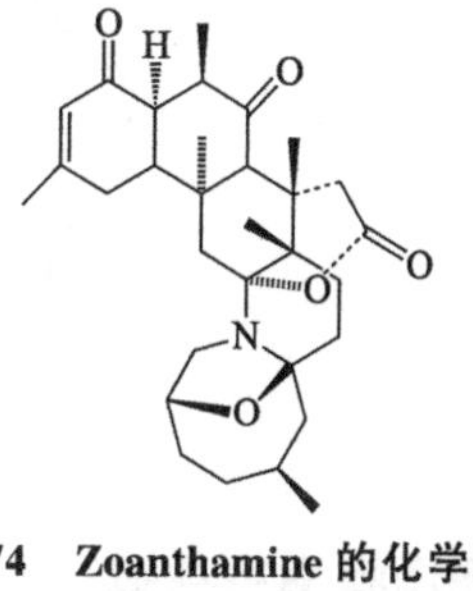　　　图3-74 Zoanthamine的化学结构

三、肽类海洋生物碱

20世纪70年代，Pettit等从印度洋无壳软体动物截尾海兔（*Dolabella auricularia*）的抗肿瘤活性成分中鉴定出至少18个含氨基酸的肽类生物碱（peptide alkaloids）。其中Dolastatin 10（图3-75）常作为海兔毒素的代表，它由4个氨基酸组成，含有9个不对称碳原子，从氨基端开始依次是Dolavaline（Dov）、Valine（Val）、Dolaisoleuine（Dil）、Dolaproine（Dap）4种氨基酸及特异的可能从苯丙氨酸分离出来的伯胺Dolaphenie（Doe）作为羧基端组成，故有研究者称其为五肽产物，分子量为784。

自 Dolastatin 10 首次被发现以来，其生物活性比大多数已知的抗癌药物（小鼠 PS 白血病细胞，$ED_{50}=4.6\times10^{-5}$ mg/L）更强，因此引起了抗癌研究领域的广泛关注。在体外抗肿瘤筛选中，发现 Dolastatin 10 对 L1210 白血病细胞（$IC_{50}=0.03$nmol/L）、非霍奇金淋巴瘤细胞、B16 黑色素瘤细胞、小细胞肺癌 NCI-H69 细胞（$IC_{50}=0.059$nmol/L）、人前列腺癌 DU-145 细胞（$IC_{50}=0.5$nmol/L）等具有较强的抗增殖作用。研究证实其诱导细胞凋亡的能力主要来自其对微管蛋白聚合的有效抑制。然而，生物活性肽在生物体内的含量极少，这给生物活性肽的富集和进一步的生物学评价带来了很大的障碍。但由于其化学结构相对简单，科学家们已通过化学合成方法制备了大量的 Dolastatin 10，这为其进一步开发和临床评价奠定了基础。由于其不良反应，如最常见的周围神经病变，Dolastatin 10 在Ⅱ期临床试验中停滞不前。鼓舞人心的是，已经报道了许多具有强抗肿瘤活性的 Dolastatin 10 的合成类似物，如 TZT-1027（Soblidotin）进入Ⅰ期临床试验，观察到主要毒性是中性粒细胞减少，剂量水平不足以达到临床疗效。Dolastatin 10 的衍生物单甲基澳瑞他汀 E（Monomethyl auristatin E，MMAE）和单甲基澳瑞他汀 F（Monomethyl auristatin F，MMAF）分别通过二肽交联剂与抗体分子偶联，形成抗体药物偶联物（ADC）。

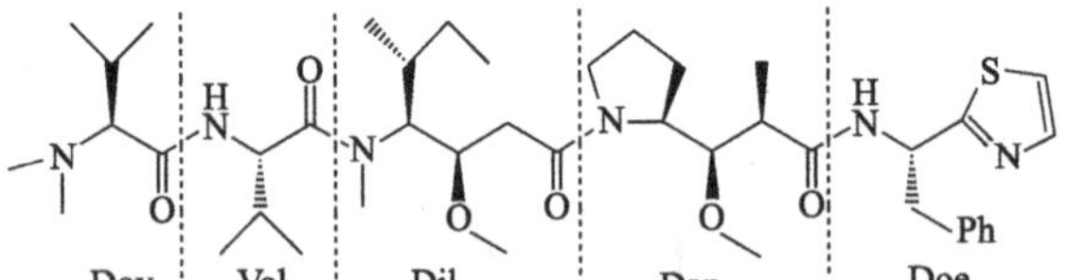

图 3-75 Dolastatin 10 的化学结构

四、海洋喹啉生物碱

从一种海鞘类动物 *Leptoclinides* sp. 中分离得到的喹啉生物碱（quinoline alkaloids）2-bromoleptoclinidinone，具有细胞毒活性（图 3-76）。

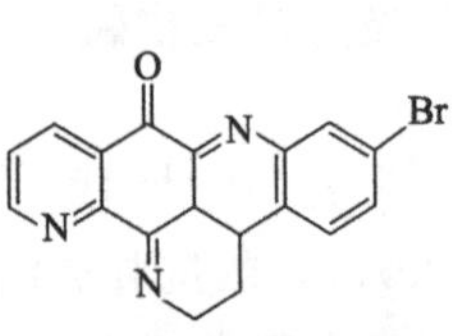

Actinoquinoline A 和 B（图 3-77）是从加州拉霍亚当地沉积物来源链霉菌 *Streptomyces* sp. CNP975 中分离得到的。它们对花生四烯酸途径中的环氧化酶-1（COX-1）和环氧化酶-2（COX-2）表现出中等强度的抑制作用，其 50% 抑制浓度（IC_{50}）分别为 Actinoquinoline A 的 7.6μmol/L 和 2.13μmol/L 以及 Actinoquinoline B 的 4.9μmol/L 和 1.42μmol/L，并由此得知 Actinoquinoline B 对两种酶的抑制作用更强。两种化合物

图 3-76 2-bromoleptoclinidinone 的化学结构

对 COX-2 的活性都是 COX-1 的 3.5 倍。

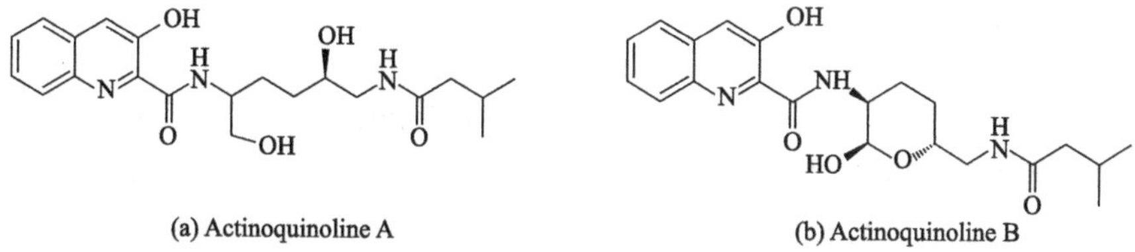

(a) Actinoquinoline A

(b) Actinoquinoline B

图 3-77　Actinoquinoline A 和 B 的化学结构

五、海洋异喹啉生物碱

从加勒比海的被囊动物红树海鞘（*Ecteinascidia turbinata*）中分离得到了一系列四氢异喹啉生物碱（isoquinoline alkaloids）Ecteinascidin 729、Ecteinascidin 743、Ecteinascidin 745、Ecteinascidin 759A、Ecteinascidin 759B、Ecteinascidin 770 和 Phthalascidin。在动物体外和体内的试验表明，这些化合物均显示出强的细胞毒和抗肿瘤活性。其中，Ecteinascidin 743（ET-743，图 3-78）活性最强，对 L1210 细胞的 IC_{50} 为 0.5ng/mL。ET-743 是一种 DNA 烷基化剂，它与 DNA 鸟嘌呤残基在小沟中形成加合物，使 DNA 螺旋向大沟弯曲，破坏 DNA 结合蛋白的结合。在成功进行Ⅲ期临床试验后，2007 年 9 月，ET-743 通过 EMA 审批，成为世界上第二个成功上市的海洋抗癌药物，商品名为 Yondelis®（Trabectedin，曲贝替定），主要用于治疗晚期软组织肉瘤。

从太平洋的裸鳃类斑围鳃海牛（*Jorunna funebris*）中分离得到的 Jorumycin（图 3-79）具有抗肿瘤和抗菌活性。Jorumycin 对 P388、A549、HT29 和 MEL28 肿瘤细胞的 IC_{50} 为 12.5ng/mL，还被证明在其浓度低于 50ng/mL 时可以抑制枯草芽孢杆菌（*Bacillus subtilis*）和金黄色葡萄球菌（*Staphylococcus aureus*）等各种革兰氏阳性菌的生长。

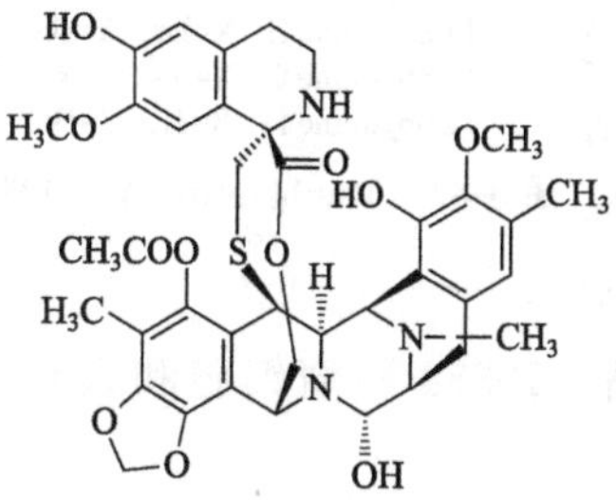

图 3-78　曲贝替定的化学结构

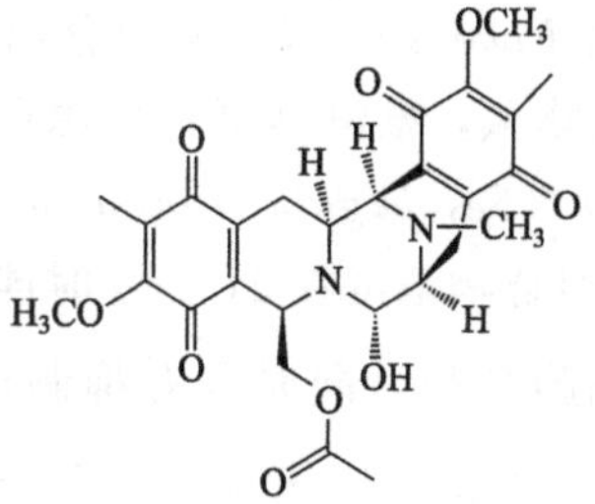

图 3-79　Jorumycin 的化学结构

六、海洋生物碱苷类

脲苷类化合物海绵尿嘧啶（Spongouridine）和海绵胸腺嘧啶（Spongothymidine）是从加勒比荔枝板海绵（*Cryptotethya crypta*）中分离得到的生物碱苷类（alkaloid glycosides），它们具有较强的抗肿瘤活性。它们的合成衍生物阿糖胞苷（Ara-C）是目前临床上治疗白血病的常用药（图3-80）。

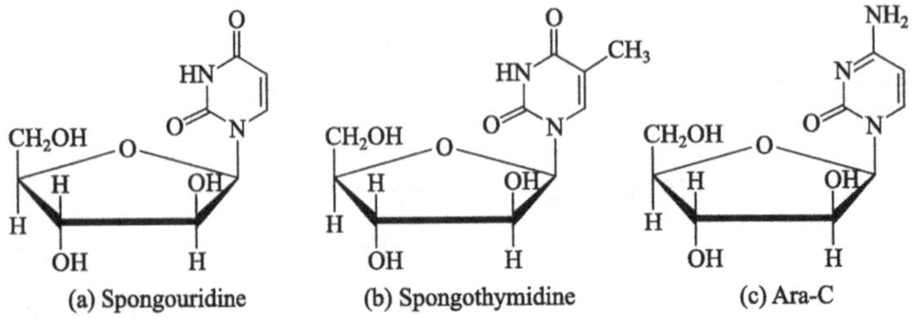

图 3-80　海绵尿嘧啶（a）、海绵胸腺嘧啶（b）及其衍生物阿糖胞苷（c）的化学结构

Mycalisine A 和 B（图 3-81）是从一种山海绵（*Mycale* sp.）中分离得到的两个生物碱苷，它们可强烈抑制海星受精卵的分裂，其 ED_{50} 为 0.5mg/L。此外，Mycalisine A 和 B 也被发现抑制严重急性呼吸综合征冠状病毒 2（SARS-CoV-2）的 RNA 依赖性 RNA 聚合酶（RdRp），与瑞德西韦等传统药物相比效果更好。

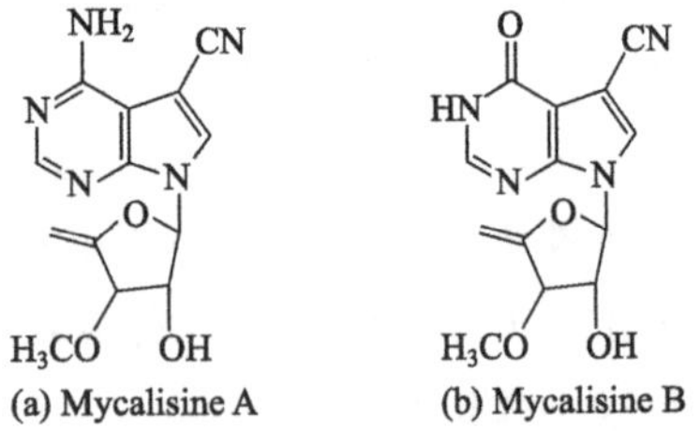

图 3-81　Mycalisine A 和 B 的化学结构

七、其他类型的海洋生物碱

Tambjamine A~D（图 3-82）是一类从大型食肉动物 *Roboastra tigris* 中分离得到的具有吡咯环的生物碱，推测其真正来源可能是其食物南极苔藓虫（*Sessibugula translucens*）。Tambjamine A~D 的混合物浓度在 1mg/L 时能抑制海胆胚胎发育的细胞分裂，同时具有抑制革兰氏阳性菌、P-388 肿瘤细胞和人胃癌细胞的活性。

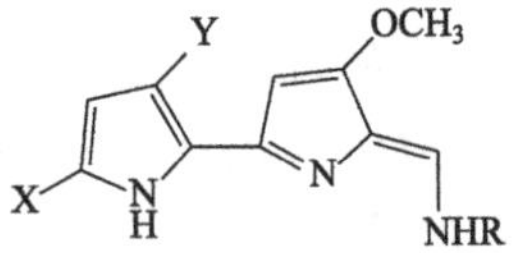

Tambjamine A　X=Y=R=H
Tambjamine B　X=Br, Y=R=H
Tambjamine C　X=Y=H, R=*i*-Bu
Tambjamine D　X=H, Y=Br, R=*i*-Bu

图 3-82　Tambjamine A~D 的化学结构

Ulapualide A（图 3-83）是从裸鳃动物六鳃海牛（*Hexabranchus sanguineus*）的卵袋中分离得到的 1 个含氮大环内酯化合物，为强效抗生素，其对选定的 NCI 细

胞株（768-0、DU-145、MDA-MB-231 和 A549）具有亚微摩尔级的细胞毒性，IC_{50} 为 $0.24\sim0.29\mu mol/L$。

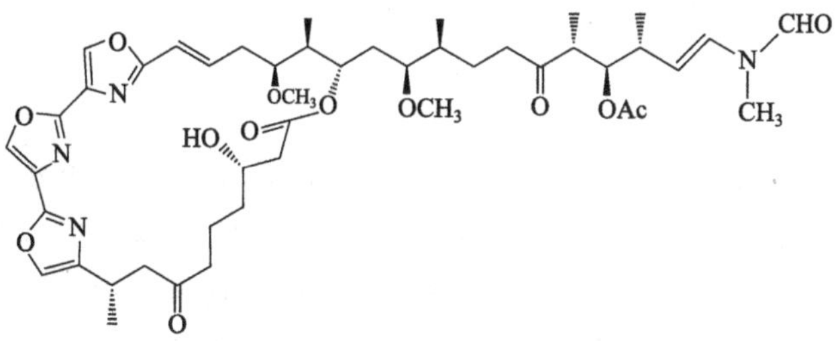

图 3-83 Ulapualide A 的化学结构

Pseudodistomin A 和 B（图 3-84）是从海鞘动物 *Pseudodistoma kanoko* 中分离得到的哌啶生物碱，兼有细胞毒性和拮抗钙调素的作用。Pseudodistomin A 和 B 对 L-1210 细胞的 IC_{50} 分别为 $2.5mg/L$ 和 $0.4mg/L$。

Lyngbyabellin A（图 3-85）是一种从关岛的海洋蓝藻 *Lyngbya majuscula* 中分离出来的具有显著细胞毒性的化合物，具有不同寻常的结构特征，含有噻唑环和两个氯。它对 KB 和 LoVo 细胞的 IC_{50} 分别为 $2.1\mu mol/L$ 和 $5.3\mu mol/L$。

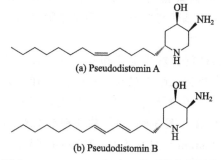

图 3-84 Pseudodistomin A 和 B 的化学结构 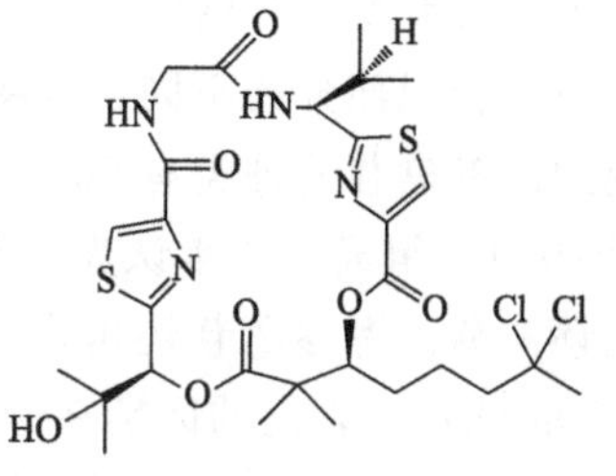　　图 3-85 Lyngbyabellin A 的化学结构

第十节　皂　苷　类

皂苷（saponins）是苷元为三萜或螺旋甾烷类化合物的一类糖苷。皂苷和其他苷类一样经酸或者酶水解，可产生苷元和糖。按照苷元的结构可以分为两类：三萜皂苷和甾体类皂苷。

皂苷是海参和海星的特征性代谢物，偶尔也存在于海绵、软珊瑚和某些小鱼中。这些类固醇或三萜苷通常具有显著的生物和药理活性，如抗真菌、抗污染、驱鲨、抗肿瘤和抗炎活性。到目前为止，已经鉴定了1000多种海洋皂苷，它们中的大多数可分为三种主要的结构类型，即甾体皂苷、多羟基类固醇苷和全烷苷。

一、海参皂苷

海参（sea cucumber）属于棘皮动物门（*Echinodermata*）海参纲（Holothuroidea）动物。海参皂苷（sea cucumber saponins）为海参动物中的一类主要的次生代谢产物，在动物体内可能是一种化学防御物质。海参皂苷具有发泡性，在水溶液中振荡它能产生持久性的泡沫，原因是海参皂苷是由亲水性的糖链和亲脂性的苷元组成的表面活性剂。皂苷鉴定最常用的显色反应为 Liebermann-Burchard 反应，又称醋酐浓硫酸反应。若在两层界面之间有紫红色反应，则说明有苷类物质存在。Molish 反应也能判断提取物中是否含有苷类物质，其依据是液面之间是否存在紫红色环。

海参皂苷是海洋天然产物中皂苷类化合物的一种代表性物质，已经发现的海参皂苷多数为羊毛甾烷型三萜皂苷，其寡糖链通过 β-O-糖苷键和苷元的 C3 位相连。寡糖链是由 2~6 个单糖组成的直链或支链，与 3β-羟基直接相连的单糖为木糖（Xyl），组成寡糖链的单糖还有喹诺糖（Qui）、葡萄糖（Glc）、3-O-甲基葡萄糖（3-O-MeGlc）和 3-O-甲基木糖（3-O-MeXyl）。在低聚糖链中，第一个单糖单元始终是木糖，喹诺糖一般与木糖直接相连，而 3-O-甲基葡萄糖或 3-O-甲基木糖多为末端糖。大部分海参皂苷糖链上的羟基被硫酸酯基取代。

根据苷元部分的不同，可将海参皂苷分为螺旋甾烷类皂苷和三萜类皂苷。已经发现的海参皂苷的种类有 700 余种，其中大多数为三萜类皂苷。三萜类皂苷多数由 30 个碳原子组成，通常认为皂苷由六个异戊二烯单位聚合而成，且多数为四环三萜或五环三萜。海参皂苷还可以分为海参烷型皂苷［图 3-86(a)］和非海参烷型皂苷［图 3-86(b)］，它们的区别在于海参烷型（holostane）皂苷含有 18(20)-内酯环而非海参烷型（nonholostane）皂苷含有 18(16)-内酯环或不含有内酯环。

Holothurin A（HA）和 Echinoside A（EA）是海参总皂苷中含量较高的两种单体。两者结构相似，均为海参烷型三萜皂苷，其母核的 20 位 C 原子上连有 6 个碳原子的侧链，但 HA 侧链上存在环氧结构（图 3-87）。两种化合物的糖链序列均为 Xyl-(-Sul)-β-(1-2)-Qui-β-(1-4)-Glu-β-(1-3)-MeGlu。海参皂苷糖苷中单糖上是否含有硫酸基团以及硫酸基团所处的位置（如木糖 C4 位、葡萄糖 C6 位、喹诺糖 C3 位）、海参皂苷配基及配基侧链中是否含有双键以及双键的数量和位置［如 7(8)、9(11)、24(25)、25(26) 位上的双键］以及苷元中羟基、环氧基、乙酰基（主要在配基的 C16、C22、C23 和/或 C25 上）等的数量和类型等都使得海参皂苷具有多样性。

海参皂苷具有抗真菌、抗病毒、抗肿瘤以及细胞毒性等生理活性，但由于其溶

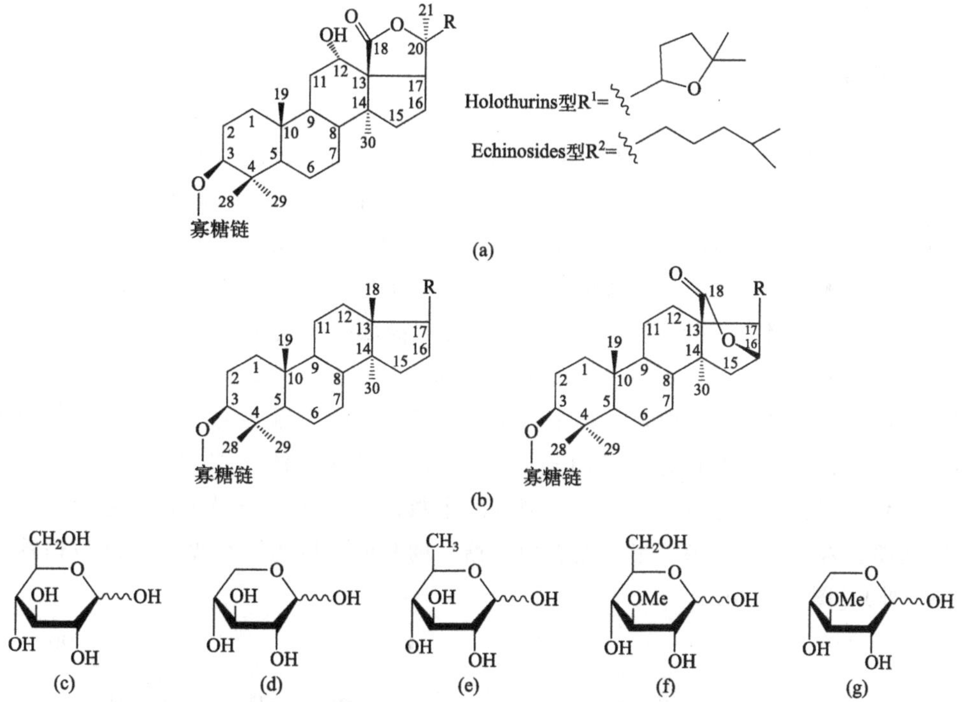

第三章 海洋生物活性物质的化学结构

图 3-86 海参皂苷母核及其糖基部分常见单糖结构式
（a）海参烷型皂苷母核；（b）非海参烷型皂苷母核；（c）D-葡萄糖；
（d）D-木糖；（e）D-喹诺糖；（f）3-O-甲基-D-葡萄糖；（g）3-O-甲基-D-木糖

血毒性过强，极大地限制了其在食品及医药领域的应用。因此，研究如何降低海参皂苷的溶血毒性具有重要的现实意义。

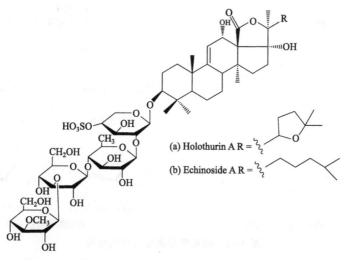

图 3-87 海参皂苷 Holothurin A 与 Echinoside A 的化学结构

二、海星皂苷

海星（sea star，starfish）属于棘皮动物门（Echinodermata）海星纲（Asteroidea）。海星皂苷（Asterosaponins）是海星的主要次生代谢产物之一，是由糖基和苷元两部分组成。按皂苷的结构类型，海星皂苷可以分为硫酸酯甾体皂苷、多羟基甾体皂苷和环状甾体皂苷三大类。硫酸酯甾体皂苷是苷元为$\triangle^{9(11)}$-3β,6α-二羟基甾醇，3号碳位连接硫酸基团，6号碳位连接寡糖链，且寡糖部位一般由5～6个糖单元组成，23号碳位连接含氧基团［图3-88(a)］；多羟基甾体皂苷在多羟基化的甾体苷元上连有1个或2个糖单位，一般在C3或C26位上连接，分为硫酸化与非硫酸化两种类型［图3-88(b)］；环状甾体皂苷具有$\triangle^{7}$-3β,6β-二羟基甾体环结构，三糖部分与3号和6号碳环合连接［图3-88(c)］。糖基的个数以5个或6个居多，常见糖的种类为喹诺糖、岩藻糖、木糖、半乳糖、葡萄糖，糖基的苷键为β构型（除阿拉伯糖为α构型外）［图3-88(d)］。

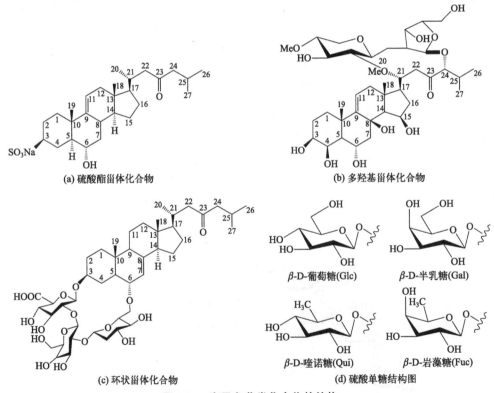

图3-88 海星皂苷类化合物的结构

海星皂苷对人类多种癌细胞具有不同程度的抑制作用，而且具有改善皮肤衰老症状以及降血脂、抗炎等活性作用。从海星（*Astropecten monacanthus*）中提取的海星皂苷（Astrosterioside）A（图 3-89），在 LPS 刺激的骨髓源性树突状细胞中表现出显著的抗炎活性，能够抑制促炎细胞因子 IL-12 p40、IL-6 和 TNF 的产生。

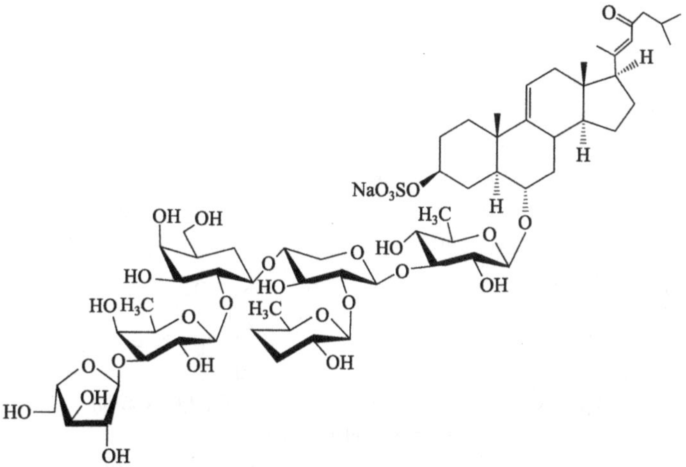

图 3-89　海星皂苷（Astrosterioside）A 的化学结构

第十一节　酚　　类

一、海洋酚类概述

酚类化合物（Phenols）是次生代谢产物中的一个主要门类，其基本化学结构是以苯酚作为化合物的主要母体结构。按照目前天然化学成分的生源研究学说，次生代谢产物的生产途径主要包括乙酸途径、异戊二烯途径、莽草酸途径等，褐藻中的酚类化合物是通过乙酸途径合成的。

海洋生物是酚类物质的丰富来源，主要包括溴酚类化合物、简单酚酸、类黄酮以及褐藻多酚。最早发现的海洋生物酚类化合物之一是由 Drechsel 在 1896 年从珊瑚动物 *Gorgonia cavollini* 中分离得到的 Iodogorgoic acid，即 3,5-二碘酪氨酸（3,5-二碘-4-羟基-L-苯丙氨酸）（图 3-90）。图 3-91 显示了一些已识别的主要海洋酚类化合物的基本结构。每一类的例子是根据它们在所报道的研究中的生物学相关性来选择的。

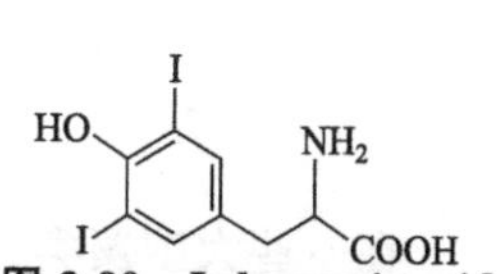

图 3-90　Iodogorgoic acid 的化学结构

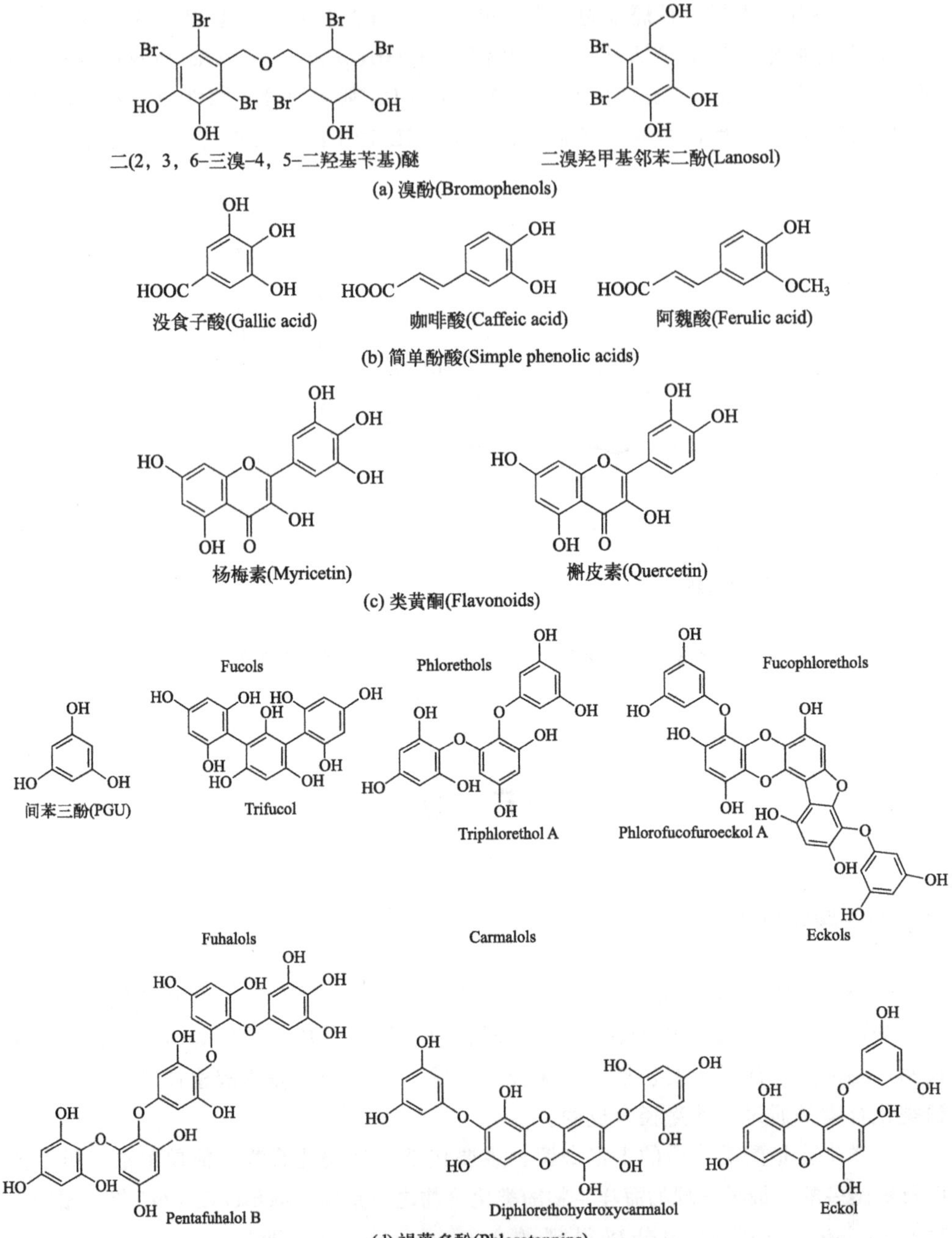

图 3-91 海洋酚类化合物

在一些大型藻类（如红藻、绿藻和褐藻）以及蓝藻中发现了溴酚化合物。它们可以通过食物链从大型藻类转移到无脊椎食草动物，再到鱼类。由于其中一些溴酚化合物具有与人为污染物相似的毒性，因此需要对其进行表征。关于商业上可获得的溴酚（包括羟基化和甲氧基化溴苯醚）的工业生产缺乏报道，这表明它们可能来自天然来源以及天然和人为化合物的生物转化。红藻是天然海洋溴酚的主要来源，而鱼类、虾类和螃蟹等其他生物通过食物链摄取它们。Cade 等发现，在鳍鱼中多溴联苯醚（PBDEs）的浓度高于贝类；在贝类中，双壳类（如蛤蜊和贻贝）往往比其他类型的海产品含有更高水平的羟基化和甲氧基化多溴二苯醚。

在海洋中也发现了酚酸和类黄酮。酚酸主要有羟基肉桂酸和羟基苯甲酸两大类，而在类黄酮中黄酮醇是海洋生物中含量最多的一类化合物。褐藻多酚（Phlorotannins）是间苯三酚（1,3,5-三羟基苯）的复杂聚合物，它仅存在于褐藻中。褐藻多酚结构上不均匀的基团具有复杂的化学组成、不同的连接位置和聚合程度（126Da～650kDa），这决定了它的生物学特性。其结构分类基于间苯三酚单元之间的结构键合以及羟基（—OH）基团的数量和分布：Fucols 仅具有芳基-芳基键，Phlorethols 具有芳基-醚键，Fuhalols 仅具有醚键和每三个环上附加的羟基基团，Fucophlorethols 具有芳基-芳基和芳基-醚单元，Carmalols 衍生自 Phlorethols 并具有一个二苯并二噁英部分。Eckols 具有至少一个在 C4 上被苯氧基取代的二苯并二噁英部分的三环。

二、大型海藻来源的酚类

1. 溴酚（bromophenols）

在海藻合成的卤代次生代谢物中，由于海水中氯离子和溴离子的可用性，溴化物更为常见；而碘化物和氟化物较少出现。虽然在褐藻中可以发现碘化物，但在红藻和绿藻中溴代谢物或氯代谢物更为丰富。在大型藻类中发现的最丰富的溴酚类化合物是溴酚及其转化产物溴苯醚、羟基化和甲氧基化溴苯醚以及多溴代二苯并对二噁英。此外，在大型藻类中也发现了其他溴化物，如溴化倍半萜。

在海藻中发现的溴酚中，2,4,6-三溴酚分布广泛，其主要来自环境污染物、农药和海洋生物，海洋生物产生 2,4,6-三溴酚是为了防御捕食者和生物污染。

Bidleman 等在泡叶藻（*Ascophyllum nodosum*）、红藻 *Ceramium tenuicorne* 和 *Ceramium virgatum*、褐藻 *Fucus radicans*、齿缘墨角藻（*Fucus serratus*）、墨角藻（*Fucus vesiculosus*）、糖海带（*Saccharina latissima*）和掌状海带（*Laminaria digitata*）中发现溴异醇含量超过 1000pg/g。这些化合物的存在可能与异味有关。

Kim 等报道，3-溴-4,5-二羟基苯甲醛通过增加谷胱甘肽合成酶的蛋白质和 mRNA 水平，增强 HaCaT 细胞中还原性谷胱甘肽的产生，并通过激活 NF-E2 相关因子保护细胞免受氧化应激的影响，从而对氧化应激的皮肤细胞发挥抗氧化作用。

溴酚的提取可以用有机溶剂，如甲醇或甲醇-二氯甲烷，但产率会因其他因素而异，如不同藻类物种以及采集季节、地点和环境条件等。溴酚类化合物的产生是由环境胁迫引起的，例如草食动物的存在以及光照和盐度水平的升高。

2. 简单酚类

已报道褐藻中存在苯甲酸、肉桂酸和类黄酮。褐藻中的苯甲酸和肉桂酸含量（1mg/g）高于红藻中的（0.23mg/g）和绿藻中的（0.01~0.9mg/g）。据报道，绿藻和红藻中没食子酸的含量较高（1~9mg/g）。红藻中的儿茶素含量高达14mg/g，绿藻中的儿茶素含量高达11.5mg/g，褐藻中的儿茶素含量高达11mg/g。间苯三酚衍生物是褐藻中主要的酚类物质，黄酮类物质占总量的35%，含量最多的是没食子酸、绿原酸、咖啡酸、阿魏酸等。

海藻中酚类物质的含量与辐照和温度升高呈正相关，不同部位的酚类物质含量不同，如菌体提取物的活性高于花托提取物。此外溶剂也很重要，丙酮、乙醇和水是最佳溶剂。干燥阶段也应该优化，因为可能会发生降解，即干燥的材料比冷冻的材料提供更低的产量和更少的活性提取物。

3. 褐藻多酚（phlorotannins）

褐藻多酚是褐藻细胞壁的结构成分，其在大型海藻的化学防御中也起着与次生代谢物相当的作用，如抵御紫外线辐射等。褐藻品种和栽培条件影响其组成。Lopes等在野生和水产养殖的墨角藻（*Fucus vesiculosus*）中发现了五环和六环间苯三酚低聚物，在 *Fucus guiryi*、齿缘墨角藻（*Fucus serratus*）和 *Fucus spiralis* 提取物中发现了间苯三酚的三聚体和四聚体。Fucophlorethols型褐藻多酚在墨角藻（*Fucus* sp.）中占主导地位，分子质量在370~746Da之间，聚合度相对较低［3~6个间苯三酚单位（PGU）］。此外，还鉴定了 fucophlorethol、dioxinodehydroeckol、difucophlorethol、fucodiphlorethol、bisfucophlorethol、fucofuroeckol、trifucophlorethol、fucotriphlorethol、tetrafucophlorethol 和 fucotetraphlorethol 的异构体。

Heffernan等报道了大多数低分子量（LMW）褐藻多酚含有4~16个间苯三酚单位。不同褐藻品种的褐藻多酚异构化程度存在差异，其中墨角藻（*Fucus vesiculosus*）多酚的PGU为12种，异构化程度高达61种。不同种类的酚类化合物，具有不同程度的组成、聚合和异构化，其抗自由基活性不仅是由于其较高的浓度，而且还与它们分子的几何排列和游离羟基的位置有关。*F. vesiculosus* 褐藻多酚低分子量部分主要由4~8个PGU（498~994Da）组成，鹿角菜（*Pelvetia canaliculata*）褐藻多酚中主要由9~14个PGU组成，而伸长海条藻（*Himanthalia elongata*）褐藻多酚中主要由8~13个PGU组成。

溶剂作为萃取剂或分离介质对酚类物质的提取有显著影响。Murugan和Iyer发现，从绿藻盾叶蕨藻（*Caulerpa peltata*）、红藻匍枝凝花菜（*Gelidiella acerosa*）、褐藻大团扇藻（*Padina gymnospora*）和围氏马尾藻（*Sargassum wightii*）中提取的甲醇和水提取物对 MG-63 细胞有更高的铁离子螯合作用和生长抑制效果。然而，溶剂氯仿和乙酸乙酯对酚类和类黄酮的提取率更高，对 DPPH 自由基的清除能力以及对癌细胞的生长抑制活性也更强。Aravindan 等从网地藻（*Dictyota dichotoma*）、*Horphysa triquerta*、*Spatoglossum asperum*、*Stoechospermum marginatum* 和四迭团扇藻（*Padina tetrastromatica*）中选择了二氯甲烷和乙酸乙酯组分，因为它们含有高水平的酚类物质、抗氧化剂和胰腺致瘤细胞（MiaPaCa-2、Panc-1、BXPC-3 和 Panc-3.27）生长抑制剂。

采用强化技术也可以提高萃取率。Kadam 等报道在酸性介质中超声辅助提取泡叶藻（*Ascophyllum nodosum*），有利于高分子量酚类化合物的提取。然而，其他生物活性物质也会在短时间内被溶解，粗溶剂提取物中可能含有几种非酚类成分，如碳水化合物、氨基酸和色素等。为此，研究人员已经尝试了进一步的纯化策略，如亲脂化合物的连续沉淀和进一步的色谱分离、溶剂萃取和膜分离、溶剂萃取和柱色谱、吸附、洗涤和进一步洗脱，或采用色谱分离，然后通过超滤和透析等膜处理的多步骤方案。

Kirke 等报道，当暴露在一定的温度和氧气下时，从墨角藻（*F. vesiculosus*）中提取的低分子量褐藻多酚组分（<3kDa）在储存 10 周后仍保持稳定。然而，当悬浮在水性基质中，暴露于大气氧和 50℃时，该组分发生氧化，6~16 个 PGUs 的 DPPH 自由基清除活性和褐藻多酚含量均下降。

由于在粗海藻提取物中可能存在其他化合物对生物活性有贡献，因此在海藻提取物中酚类物质的含量与抗氧化性能之间并不总是有直接相关性。这些关系还应考虑所分析的活性类型，因为其中一些活性具有相同的机制。此外，除了酚类物质的含量，它们的结构也是决定活性的一个重要因素。与 *F. spiralis*（DP 4~6）相比，从泡叶藻（*A. nodosum*）和鹿角菜（*P. canaliculata*）的水和乙醇水提取物中提取的富含褐藻多酚的组分明显含有更大的褐藻多酚（DP 6~13）。冷水和乙醇水提取物中分子质量为 3.5~100kDa 和/或 >100kDa 的组分比 <3.5kDa 的组分具有更高的酚含量、更强的自由基清除能力和更高的铁还原抗氧化能力（FRAP）。

Bogolitsyn 等在对墨角藻（*F. vesiculosus*）的研究中得出结论，褐藻多酚的平均分子质量为 8~18kDa 时自由基清除活性最高，从 18~49kDa，随着分子质量的增加，褐藻多酚自由基清除活性降低。这种效应归因于羟基之间形成分子内和分子间氢键，引起褐藻多酚分子构象发生变化，因此相互屏蔽和活性中心的可用性降低。作为 2,2'-联氮双（3-乙基苯并噻唑啉-6-磺酸）（ABTS）自由基清除剂，泡叶藻（*A. nodosum*）纯化后的寡酚组分比粗组分的活性更强，其中分子质量 ⩾50kDa 的酚类化合物组分活性最强，且与酚类化合物含量的相关性较高。与自由基清除能力、酚类物质含量、分子量和结构排列等因素相比，FRAP 活性与褐藻多酚含量的相关性更强。然而，其他作者没有发现提取物的总酚含量与红细胞溶血、脂质过氧化以及抗氧化活性（DPPH 和 β-胡萝卜素漂白法）的抑制效果之间有任何显著的相关性。

  海洋天然活性成分的研究是海洋药物开发的基础和重要来源。海洋生物种类繁多，其中存在着许多特殊的次生代谢产物。虽然随着研究技术的发展进步，越来越多的化合物从海洋生物中被发现，然而，目前对海洋生物活性成分的研究还仅仅处于起步阶段，经过较系统化学成分研究的海洋生物还不到总数的 1%，还有大量的海洋生物有待于进行系统的化学成分研究和活性筛选。海洋天然活性成分通常具有复杂的化学结构而且含量极低，因此建立快速、微量的提取分离和结构测定方法，以及应用多靶点生物筛选技术来发现新的生物活性成分是当前科学家面临的挑战。

第四章
海洋生物活性物质的生理功能

根据海洋生物活性物质具有的生理功能,可将其分为抗肿瘤活性物质、抗菌活性物质、抗病毒活性物质、抗炎活性物质、作用于心脑血管系统的活性物质、调节免疫功能的活性物质、降血糖活性物质、抗氧化活性物质、抗辐射活性物质和具有镇痛作用的活性物质等。依照药物和保健食品的概念,这种分类方法会有一些不同,且随着研究的深入,活性范围在不断扩展。本章将从生理功能方面对海洋生物活性物质进行介绍。

第一节 抗肿瘤功能

癌症(恶性肿瘤)是危害人类生命的主要疾病之一,至今人类还没有找到完全攻克癌症的办法。海洋抗癌药物研究在海洋药物研究中一直占有重要地位,现已发现,海洋动物提取物中至少有10%具有抗肿瘤活性,3.5%的海洋植物提取物中有抗肿瘤或细胞毒活性。目前已从海绵、海鞘、海兔、鲨鱼、苔藓动物、珊瑚、海藻、海洋微生物中分离获得大量具有抗肿瘤活性的物质,覆盖生物碱、肽类、大环内酯、聚醚、萜类、核苷等多种结构类型的化合物。因此,科学家预言,最有前途的抗癌药物将来自海洋。

目前有11种海洋抗癌药物获批上市,包括阿糖胞苷、氟达拉滨磷酸酯、奈拉滨、曲贝替定、芦比替定、甲磺酸艾瑞布林、维布妥昔单抗、泊洛妥珠单抗、恩诺单抗、贝兰他单抗莫福汀、普拉泰,具体见表4-1,还有30种左右的海洋抗肿瘤药物处于临床试验中。

表4-1 截至2022年国外批准上市的海洋抗癌药物

名称	品牌名(公司)	源生物	类型(分子质量)	作用机制	治疗疾病及功效
阿糖胞苷(Cytarabine/ara-C)	Cytosar-U® Depocyt®	海绵	小分子 (243.22Da)	合成海绵核苷类似物,通过抑制DNA合成而使细胞处于S期	急性非淋巴细胞白血病,FDA(美国食品及药物管理局)(1969);淋巴瘤性脑膜炎,FDA(1999)

续表

名称	品牌名(公司)	源生物	类型(分子质量)	作用机制	治疗疾病及功效
氟达拉滨磷酸酯 (Fludarabine Phosphate)	Fludara®	海绵	小分子 (285.23Da)	合成海绵核苷类似物，通过抑制 DNA 聚合酶 α、核糖核酸还原酶和 DNA 引物酶抑制 DNA 合成	B 细胞慢性淋巴细胞白血病，FDA (1991)
奈拉滨 (Nelarabine)	Arranon® Atriance®	海绵	小分子 (297.27Da)	合成海绵核苷类似物，代谢成 ara-GTP，与 dGTP 竞争，并结合到 DNA 中，抑制 DNA 伸长	T 细胞急性淋巴母细胞白血病和 T 细胞淋巴母细胞淋巴瘤，FDA (2005)
曲贝替定 (Trabectedin/ET-743)	Yondelis®	海鞘	小分子 (761.80Da)	DNA 烷基化剂，与 DNA 鸟嘌呤残基在小沟中形成加合物，使 DNA 螺旋向大沟弯曲，破坏 DNA 结合蛋白的结合	软组织肉瘤和复发的铂敏感卵巢癌，EMA（欧洲药品管理局）(2007)；不可切除或转移性脂肪肉瘤或平滑肌肉瘤，FDA (2015)
芦比替定 (Lurbinectedin)	Zepzelca™	海鞘	小分子 (784.90Da)	DNA 烷基化剂，与 DNA 鸟嘌呤残基在小沟中形成加合物，使 DNA 螺旋向大沟弯曲，破坏 DNA 结合蛋白的结合	转移性小细胞肺癌 (SCLC)，FDA (2020)
甲磺酸艾瑞布林 (Eribulin Mesylate)	Halaven®	海绵	小分子 (826.00Da)	聚醚大环内酯，通过直接相互作用抑制微管生长，使细胞停留在 G2/M 期	转移性乳腺癌，FDA (2010)；不可切除或转移性脂肪肉瘤，FDA (2016)
维布妥昔单抗 (Brentuximab Vedotin)	Adcetris®	海兔	生物技术 (约 153kDa)	抗体成分（IgG1）靶向 CD30，MMAE① 内化后破坏微管	霍奇金淋巴瘤和系统性间变性大细胞淋巴瘤，FDA (2011)
泊洛妥珠单抗 (Polatuzumab Vedotin)	Polivy®	海兔	生物技术 (约 150kDa)	抗体成分（IgG1）靶向 CD79b，MMAE 内化后破坏微管	复发或难治性弥漫性大 B 细胞淋巴瘤，FDA (2019)
恩诺单抗 (Enfortumab Vedotin)	Padcev®	海兔	生物技术 (约 153kDa)	抗体成分（IgG1）靶向连接 Nectin-4，MMAE 内化后破坏微管	晚期耐药尿路上皮癌，FDA (2019)
贝兰他单抗莫福汀 (Belantamab Mafodotin)	Blenrep®	海兔	生物技术 (约 153kDa)	抗体成分（IgG1）靶向 BCMA（B 细胞成熟抗原），MMAF 内化后破坏微管	治疗复发或难治性多发性骨髓瘤的成人患者，既往接受过至少 4 种治疗，包括抗 CD38 单克隆抗体、蛋白酶体抑制剂和免疫调节剂，FDA (2020)

续表

名称	品牌名(公司)	源生物	类型(分子质量)	作用机制	治疗疾病及功效
普拉泰（Plitidepsin）	Aplidine®	海鞘	小分子（1110.30Da）	与 eEF1A2 基因产物结合，抑制癌细胞活力	胰腺癌、胃癌、膀胱癌和前列腺癌，TGA（2018）

① 单甲基奥瑞他汀 E。

一、阿糖胞苷

阿糖胞苷（Cytarabine），又名 1-β-D-阿拉伯呋喃糖基胞嘧啶、ara-C，商品名 Cytosar-U® 和 Depocyt®，是天然存在的海绵嘧啶的合成类似物（图 4-1）。阿糖胞苷是一种白色粉末，可溶于水、乙醇和氯仿，分子式为 $C_9H_{13}N_3O_5$，分子量为 243.22。阿糖胞苷是加勒比荔枝板海绵（Cryptotethya crypta）中分离出的海绵胸腺嘧啶的结构优化衍生物，为细胞 S 增殖周期专一性抗代谢细胞毒剂。其于 1959 年由加州大学伯克利分校的 R. Walwick、W. Roberts 和 C. Dekker 首次合成。1961 年，美国的 Upjohn 小组报道了 ara-C 在动物实验中的抗白血病活性研究。1969 年 6 月，阿糖胞苷终于拿到了 FDA 许可的市场准入证。阿糖胞苷是第一个被 FDA 正式获批上市、应用于临床的海洋药物，并且它是最成功的抗肿瘤药物之一，在 1969 年首次获批后的 50 多年，至今仍被用于治疗急性白血病。2000 年，盐酸阿糖胞苷获国家食品药品监督管理总局（CFDA）批准在中国上市。

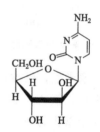

图 4-1 阿糖胞苷的化学结构

阿糖胞苷是一种前药，在细胞内磷酸化产生活性分子 ara-胞苷-5′-三磷酸（ara-CTP）。在 ara-CTP 迅速成为哺乳动物 DNA 合成的强效抑制剂之前，细胞内将 ara-C 转化为 ara-CTP 可以增加其生物活性。细胞毒性作用是通过抑制 DNA 聚合酶介导的，导致巨幼红细胞增多，以及通过在生长的 DNA 中掺入 ara-CTP 导致 DNA 链缺陷。有缺陷的 DNA 最终成熟为异常染色体，在细胞周期的 S 期出现多条染色单体断裂和分裂，导致细胞死亡。

当口服给药时，ara-C 很容易被存在于肠道和肝脏的胞苷脱氨酶（cytidine deaminase，CDA）脱氨为无活性形式尿嘧啶阿拉伯糖苷。静脉给药时 ara-C 在血浆和脑脊液中产生较高的活性药物浓度，其中 80% 的药物以阿糖尿嘧啶的形式随尿液排出。1999 年，Depocyt®，一种用于持续递送阿糖胞苷的纳米脂质体制剂，被美国食品及药物管理局（FDA）批准用于淋巴瘤性脑膜炎治疗。单用阿糖胞苷或与红霉素等蒽环类药物联合使用的脂质体制剂更有效，因为它们的递送缓慢且持续，而且纳米级脂质体在完整进入细胞时可能避免被药物外排泵系统识别或排出，从而提高药物的递送效率和治疗效果。在接受阿糖胞苷治疗的患者中观察到的常见不良事件包括厌食、恶心、呕吐、腹泻、出血和骨髓抑制。长期静脉或鞘内给予阿糖胞苷后，中枢神经系统（CNS）毒性、肾和肝衰竭的风险已被报道。

二、氟达拉滨磷酸酯

氟达拉滨磷酸酯（Fludarabine Phosphate，Fludata®），又名 9-β-D-阿拉伯呋喃糖-2-氟腺嘌呤-5′-磷酸盐（9-β-D-arabinofuranosyl-2-fluoroadenine-5′-phosphate）（以下简称"氟达拉滨"），是一种受海洋海绵嘧啶启发的合成嘌呤核苷类似物（图 4-2）。该药最初于 1991 年被批准用于治疗成人 B 细胞慢性淋巴细胞白血病（CLL）。氟达拉滨作为单一药物治疗慢性淋巴细胞白血病比传统的使用烷基化剂（如氯霉素）的化疗更有效。然而，氟达拉滨联合其他药物，如环磷酰胺、利妥昔单抗、米托蒽醌和地塞米松，已被证明是治疗 CLL 更有效的方法。由于与骨髓抑制相关的剂量限制性毒性，氟达拉滨未能在其他实体肿瘤患者中产生治疗效果。虽然氟达拉滨的反应率高于以往的联合化疗方案，但患者在治疗中出现中度至重度毒性，严重的副作用有：①骨髓毒性，如血小板减少和白细胞减少；②肺毒性，如咳嗽、呼吸困难和缺氧；③神经毒性，如视野缺损、癫痫发作和脑病，在接受高剂量氟达拉滨治疗的患者中应密切监测，以缓解或减轻症状。神经毒性的机制尚不清楚，但有证据支持氟达拉滨像腺苷一样穿过血脑屏障，作为 A1 受体激动剂，导致突触功能异常。另外，肺毒性通常对类固醇有反应。

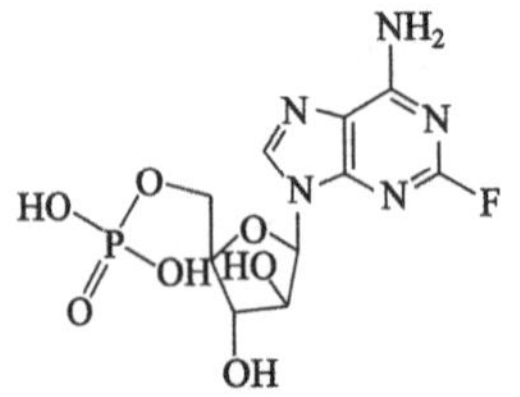

图 4-2 氟达拉滨磷酸酯的化学结构

氟达拉滨是氟化阿拉伯糖氟腺基腺嘌呤的磷酸化形式，具有抗脱氨性，且比 ara-A 更易溶解。该药物在进入细胞之前被代谢成去磷酸化的形式（F-ara-A）。F-ara-A 既可口服给药，也可非肠道给药，主要通过尿液清除，其清除程度取决于剂量、持续时间、疗程和患者代谢。F-ara-A 在细胞内通过随后的磷酸化被再磷酸化为 F-ara-腺苷三磷酸（F-ara-ATP），并通过与细胞核苷酸竞争且结合到核酸中积累到出现细胞毒性所需的生物活性浓度。

三、奈拉滨

奈拉滨（Nelarabine/ara-GTP，Arranon®/Atriance®），又名 9-β-D-阿拉伯呋喃

糖-6-甲氧基-9H-嘌呤-2-胺（9-β-D-arabinofuranosyl-6-methoxy-9H-purin-2-amine）（图4-3），也是一种受海洋海绵嘧啶启发的合成嘌呤核苷类似物。奈拉滨是一种化疗抗癌前药，首先在细胞中代谢为ara-G，然后磷酸化为活性形式 ara-鸟苷三磷酸（ara-GTP）。ara-GTP 与 dGTP 竞争 DNA 聚合酶，并被并入核酸中，导致 DNA 断裂和细胞死亡。与前面提到的核苷类似物不同，奈拉滨更具水溶性。该药物的半衰期为 30min，

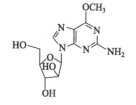

图 4-3 奈拉滨的化学结构

大部分随尿液排出。受阿糖胞苷和氟达拉滨细胞毒性的启发，奈拉滨被用于治疗多种血液系统恶性肿瘤，并因其对 T 细胞急性淋巴细胞白血病（ALL）或 T 细胞淋巴母细胞性淋巴瘤（LBL）的选择性细胞毒活性，于 2005 年获得 FDA 批准使用。研究 ara-G 类似物治疗 T 细胞恶性肿瘤的另一个基本原理是基于嘌呤核苷磷酸化酶缺乏症（一种常染色体隐性罕见疾病）患者患有 T 细胞淋巴细胞减少相关免疫缺陷的报告。这一观察结果导致了一种假设，即水溶性嘌呤类似物可能对 T 细胞相关的恶性肿瘤发挥选择性的细胞毒性作用。奈拉滨对 T 细胞毒性最可能的原因是 T 细胞中 ara-G 的浓度高于 B 细胞。

与奈拉滨治疗相关的非血液学不良事件大多为轻度至中度，要么可逆，要么可以通过适当的药物缓解。可能严重的神经系统不良事件主要限制了奈拉宾治疗 T 细胞 ALL 和 T 细胞 LBL 的使用。给予奈拉滨治疗的患者必须密切观察，在出现任何神经系统不良事件的迹象时应停止应用。

四、曲贝替定

曲贝替定（Trabectedin，Ecteinascidin 743，ET-743，Yondelis®）是在 1969 年从脊索动物门尾索动物亚门海鞘纲的加勒比海红树海鞘（*Ecteinascidia turbinata*）中分离得到的成分。其是一种生物碱，核心部分是一个哌嗪并双四氢异喹啉的五环骨架，分子中含有 7 个手性中心，由 3 个四氢异喹啉结构单元连接而成。1988 年，美国伊利诺斯大学的 Kenneth Rinehart 研究组首次鉴定了该化合物，但它的结构非常复杂 [图4-4(a)]，正常情况下要想合成是非常困难的。该药物的天然丰度低至每 1000kg 被囊动物 1g，无法满足临床前和临床试验的需要，这迫使化学家寻找化学合成途径。西班牙 PharmaMar 公司的研究人员很好地解决了这一难题，他们采用荧光假单胞菌（*Pseudomonas fluorescens*）进行发酵，得到了抗生素 Safracin B，然后用 Safracin B 作为原材料开展了半合成研究，成功地解决了 ET-743 的药源问题，最终大量合成了该化合物。

如前文所述，2007 年 9 月，ET-743 通过 EMA 审批，成为世界上第二个成功上市的海洋抗癌药物，产品名为 Yondelis®（Trabectedin，曲贝替定），主要用于治疗

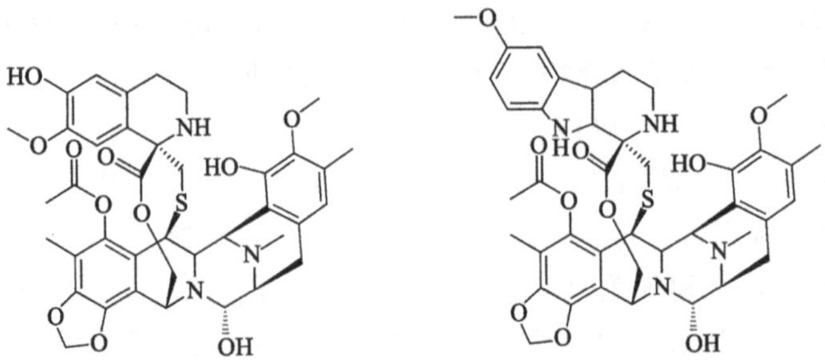

(a) Trabectedin (b) Lurbinectedin

图 4-4 曲贝替定（a）和芦比替定（b）化学结构

晚期软组织肉瘤。2009 年 11 月，Yondelis 和 Doxil（聚乙二醇脂质体阿霉素）联合治疗卵巢癌的疗法获欧盟批准。2015 年 10 月，FDA 批准 Yondelis 用于治疗晚期或转移性脂肪肉瘤和平滑肌肉瘤，其适应人群为前期接受过蒽环类化疗药物治疗的患者。EMA 和 FDA 还批准 Yondelis 作为治疗晚期软组织肉瘤和卵巢癌的孤儿药进行研究。Yondelis 也是治疗其他各种癌症的候选天然药物。

在 Trabectedin 的临床试验中，已经报道了一些中度至高度但可控制的不良事件，如中性粒细胞减少性败血症、横纹肌溶解、肝毒性、心肌病、毛细血管渗漏综合征和胚胎-胎儿毒性，这些不良事件在治疗过程中应进行监测。这种药物被代谢成许多不同的取代化合物，大部分通过粪便和尿液排出体外。据报道半衰期约为 26h。

Trabectedin 阻断细胞周期 G2—M 期的细胞。除了一般的细胞毒性机制外，Trabectedin 还具有非典型细胞类型特异性细胞毒性。与正常的癌细胞相比，核苷酸切除修复（nucleotide excision repair，NER）缺陷的细胞对 Trabectedin 的敏感性低，而同源修复（HR）缺陷的细胞对 Trabectedin 的敏感性高约 100 倍；然而，在非同源末端连接修复的细胞中，没有观察到这种差异。Trabectedin 通过干扰 DNA 修复机制和抑制主动转录过程来抑制肿瘤细胞增殖的非典型机制。

在破坏肿瘤微环境中存在的肿瘤相关巨噬细胞（TAMs）和单核细胞的肿瘤促进功能后，Trabectedin 也增强了部分或间接的抗肿瘤活性。肿瘤相关巨噬细胞产生多种生长因子（如表皮生长因子、成纤维细胞生长因子和血管内皮细胞生长因子）、细胞外基质降解酶和免疫抑制细胞因子，这些都是肿瘤增殖和逃避免疫系统检测所必需的。Trabectedin 对肿瘤相关巨噬细胞和单核细胞表现出选择性细胞毒性，间接抑制肿瘤生长。

五、芦比替定

芦比替定（Lurbinectedin，Zepzelca™）是 Trabectedin 的合成类似物，其中四氢异喹啉环被四氢 β-碳碱取代［图 4-4(b)］。Lurbinectedin 被授予孤儿资格，并于

2020 年被美国 FDA 批准用于治疗成人转移性小细胞肺癌（SCLC）。在临床试验中观察到的重要不良事件是骨髓抑制、肝毒性和胚胎-胎儿毒性。在给药前和给药期间应实施适当的监测方案，如血细胞计数和肝功能检查。与 CYP450 3A 抑制剂一起使用，药物在体内的半衰期（51h）增加，药物主要通过粪便和尿液排出体外。

一项关于 Lurbinectedin 对多种肿瘤（如 SCLC、卵巢癌和乳腺癌）作用的临床研究结果显示，其药代动力学特征更好，这可能允许使用更高的治疗浓度而毒性更小。Lurbinectedin 的作用方式与 Trabectedin 相似，通过诱导烷基化依赖性 DNA 损伤、抑制活性转录、调节 DNA 修复途径和调节肿瘤微环境发挥作用。然而，单核细胞对 Lurbinectedin 更敏感。选择性抑制 RNA 聚合酶Ⅱ转录在 SCLC 中已被证明是非常有效的，但另一个严峻的挑战是对抗肿瘤抑制基因 *RB1* 和 *TP53* 的功能缺失驱动突变以及 *MYC* 基因的扩增。靶向治疗和免疫治疗有望延长 SCLC 患者的无进展生存期。

六、甲磺酸艾瑞布林

1986 年，日本学者 Y. Hirata 和 D. Uemura 从日本太平洋海岸广泛分布的大田软海绵（*Halichondria okadai*）中分离得到了一种聚醚大环内酯，命名为软海绵素 B（Halichondrin B）[图 4-5(a)]，其是一种只含有 C、H 和 O 的天然产物。并发现 Halichondrin B 对小鼠体内外的癌细胞都表现出很强的抑制作用。在对其进行全合成的研究过程中，得到了一种类似物——甲磺酸艾瑞布林（Eribulin Mesylate，E7389）[图 4-5(b)]，研究发现 E7389 的分子量虽然只有 Halichondrin B 的 70%，但抗癌活性却与 Halichondrin B 相同。

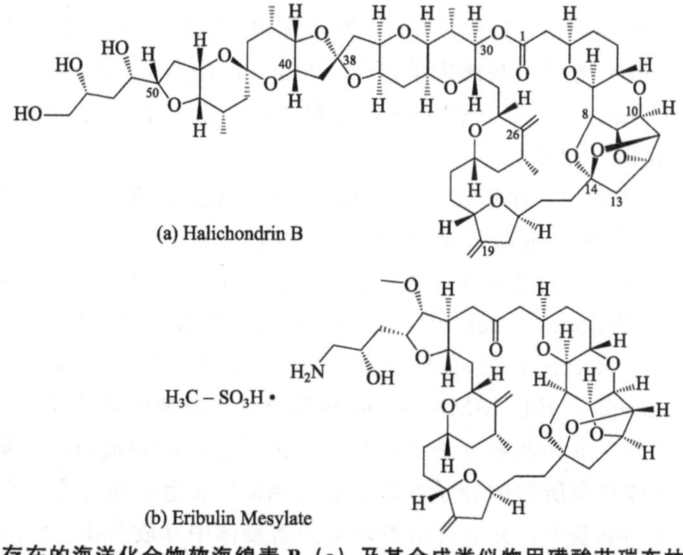

图 4-5　天然存在的海洋化合物软海绵素 B（a）及其合成类似物甲磺酸艾瑞布林（b）的结构

甲磺酸艾瑞布林分子中含有的 19 个手性碳原子是由小分子化合物经过 62 步化学反应合成而来的，它是迄今为止采用纯化学合成的方法成功生产的结构最为复杂的药物之一。2010 年 11 月，甲磺酸艾瑞布林获得 FDA 批准上市，商品名为 Halaven，用于治疗至少已经接受了蒽环霉素和紫杉烷两种化疗方案的转移性乳腺癌晚期患者。甲磺酸艾瑞布林是首个用于治疗转移性乳腺癌后，可以延长患者生存期的单药化疗药物。2016 年 FDA 批准其可用于不能通过手术移除的（不可切除）或晚期（转移性）脂肪肉瘤的治疗。

甲磺酸艾瑞布林是微管蛋白的动力学机械独特性抑制剂，主要结合到微管蛋白正端的少数高亲和力位点。它通过与微管蛋白作用，强力抑制微管的聚合，使纺锤体不能形成，并能抑制同位素标记的长春碱-美登木素部位和 GTP 在微管上的结合，从而使细胞分裂停止在有丝分裂中期，触发癌细胞的凋亡来发挥抗癌作用。

七、抗体-药物偶联物

基于抗体的癌症治疗是最先进和最成功的技术之一。这种方法的基本原理是肿瘤细胞的细胞表面抗原表型与正常细胞不同，肿瘤细胞选择性地表达、过表达或表达突变的细胞表面抗原，这些抗原被单克隆抗体（mAb）选择性靶向。这些单克隆抗体单独作为激动剂或拮抗剂，并在结合后中和酶。单克隆抗体可与细胞毒素结合，选择性地杀死肿瘤细胞，通常被称为抗体-药物偶联物（antibody-drug conjugate，ADC）。

如前文所述，在 20 世纪 70 年代，Pettit 等从印度洋无壳软体动物截尾海兔（Dolabella auricularia）的抗肿瘤活性成分中鉴定出至少 18 个含氨基酸的线性肽类化合物。其中 Dolastatin 10 常作为海兔毒素的代表，其由 4 个氨基酸组成。Dolastatin 10 的衍生物单甲基澳瑞他汀 E（Monomethyl auristatin E，MMAE）和 F（Monomethyl auristatin F，MMAF）分别通过二肽交联剂与抗体分子偶联，形成抗体-药物偶联物（ADC）。

抗体-药物偶联物是一种非常成功的靶向细胞毒素递送系统，特别是在增加靶细胞的药物浓度，导致细胞凋亡和细胞死亡方面。维布妥昔单抗（Brentuximab Vedotin，Adcetris®）、泊洛妥珠单抗（Polatuzumab Vedotin，Polivy®）和恩诺单抗（Enfortumab Vedotin，Padcev®）是由海洋衍生小管结合药物 MMAE 分别与抗 CD30、CD79b 和 Nectin-4 的单抗连接，而贝兰他单抗莫福汀（Belantamab Mafodotin，Blenrep®）是由 MMAF 与抗 BCMA（B 细胞成熟抗原）的单抗连接而成（图 4-6）。平均 3.5 个药物分子结合在一个抗体上，药物通过可水解的片段与抗体结合，以及其他稳定所需的分子片段。在 mAb 与细胞表面抗原结合后，抗体-药物偶联物被内化到细胞中，并通过水解转运到溶酶体中释放药物。MMAE 破坏微管蛋白聚合并阻止细胞分裂，导致细胞凋亡和细胞死亡，而 MMAF 载荷与微管蛋白结合并在 G2 和 M 期之间的 DNA 损伤检查点停止细胞周期，导致细胞凋亡。

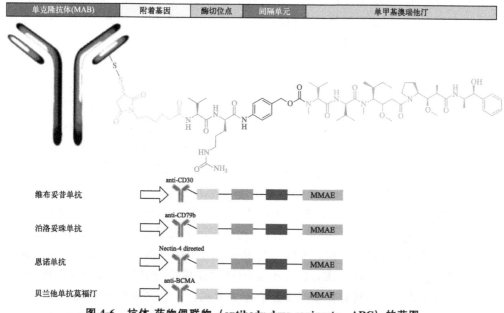

图 4-6　抗体-药物偶联物（antibody-drug conjugate，ADC）的草图
抗体连接到一个附着基团，该附着基团进一步连接到酶裂解位点，药物与裂解位点结合

1. 维布妥昔单抗

维布妥昔单抗（Brentuximab Vedotin，Adcetris®）是一种含有抗 CD30 抗体的 ADC，于 2011 年被美国 FDA 批准用于治疗各种 T 细胞淋巴瘤，是近 30 年来首个获得批准的靶向性治疗药物。维布妥昔单抗已被用于治疗复发的经典型霍奇金淋巴瘤（cHL）、全身间变性大细胞淋巴瘤（sALCL）、原发性皮肤间变性大细胞淋巴瘤（pcALCL）或表达蕈样真菌病（MF）的 CD30 成年患者。

CD30 是一种细胞表面糖蛋白，属于肿瘤坏死因子受体超家族（TNFRSF8，成员 8）。CD30 在正常细胞上的表达仅限于一小部分活化的 B 淋巴细胞和 T 淋巴细胞、自然杀伤细胞和一些病毒［如人类免疫缺陷病毒（HIV）、人类嗜 T 淋巴细胞病毒-1（HTLV-1）或 EB 病毒（EBV）］感染细胞。CD30 在 cHL、sALCL、MF 和 pcALCL 等癌症的造血恶性细胞中也有特征性表达。CD30 在正常细胞和造血恶性细胞上的差异表达指导研究人员探索其作用机制及其在靶向癌症治疗中的应用。在临床试验中，化疗、放疗和抗 CD30 抗体（单独治疗或与免疫毒素偶联治疗）的成功率低于维布妥昔单抗，可显著延长无进展生存期。

接受维布妥昔单抗治疗的患者需要持续观察，因为已经观察到多种但大多可控的毒性，包括周围神经病变、过敏反应和输液反应、血液毒性、机会性感染、肿瘤溶解综合征、肝毒性、肺毒性、严重皮肤反应、胃肠道并发症和胚胎-胎儿毒性。自由循环的细胞外 CD30 阳性囊泡携带抗体偶联药物可与表达 CD30 配体的细胞结合，导致细胞死亡，这可能是脱靶结合和毒性的原因（体外研究）。维布妥昔单抗的疗效优于经典治疗方案，但神经病变和其他不良事件可能会限制其的长期使用。

2. 泊洛妥珠单抗

泊洛妥珠单抗（Polatuzumab Vedotin，Polivy®）是一种含抗 CD79b 抗体的 ADC，于 2019 年获得美国 FDA 和 EMA 的批准。泊洛妥珠单抗联合苯达莫司汀和利妥昔单抗产品用于治疗复发或难治性弥漫大 B 细胞淋巴瘤（DLBCL）的成人患者。CD79b 在大多数成熟 B 细胞上表达。然而，它在 DLBCL 细胞上普遍表达，使其成为疾病治疗的靶点。其他淋巴瘤，如套细胞淋巴瘤（MCL）、Burkitt 淋巴瘤（BL）和滤泡性淋巴瘤（FL），也被证明表达 CD79b。在所有非霍奇金淋巴瘤中，31% 为 DLBCL，50%～70% 的患者通过苯达莫司汀和利妥昔单抗联合治疗治愈，但一小部分患者的疾病复发，预后不佳。与维布妥昔单抗类似，泊洛妥珠单抗也向表达 CD79b 的细胞释放 MMAE，CD79b 是泊洛妥珠单抗特异性的细胞表面糖蛋白。与经典的苯达莫司汀和利妥昔单抗联合治疗方案相比，泊洛妥珠单抗联合苯达莫司汀和利妥昔单抗的完全缓解率高出两倍，这是后一种治疗方案获得批准的基础。尽管泊洛妥珠单抗（Polatuzumab Vedotin）治疗有望带来更好、更长久、更健康的生活，但与维布妥昔单抗（Brentuximab Vedotin）相似，具有毒性，应谨慎使用。

3. 恩诺单抗

恩诺单抗（Enfortumab Vedotin，Padcev®）是一种含抗 Nectin-4 抗体的 ADC，于 2019 年被美国 FDA 批准用于治疗晚期或转移性尿路上皮癌。恩诺单抗通过一个蛋白酶可裂解的连接子附着到 MMAE 上。它还含有一种针对 Nectin-4 的全人源单克隆抗体，Nectin-4 是一种在尿路上皮癌中高水平表达的细胞外黏附蛋白。与泊洛妥珠单抗（Polatuzumab Vedotin）类似，恩诺单抗内化到细胞后，通过蛋白水解裂解将 MMAE 释放到表达 Nectin-4 的细胞中。随后，细胞内的微管网络被破坏，阻止细胞周期并诱导细胞凋亡。恩诺单抗对中度至重度肝损伤患者无效。此外，它还可能引起明显的高血糖，在某些情况下导致糖尿病酮症酸中毒，不应用于血糖水平 $>250\mathrm{mg/dL}$ 的患者。

4. 贝兰他单抗莫福汀

贝兰他单抗莫福汀（Belantamab Mafodotin，Blenrep®）是一种含抗 B 细胞成熟抗原（BCMA）抗体的 ADC，于 2020 年获美国 FDA 批准上市。贝兰他单抗莫福汀已被用于治疗复发或难治性多发性骨髓瘤的成人患者，这些患者至少接受过四种先前的治疗，包括抗 CD38 单克隆抗体、蛋白酶体抑制剂和免疫调节剂。它通过抗体依赖细胞介导的细胞毒性、G2/M 细胞周期阻滞和细胞凋亡治疗具有上述特征的患者。BCMA 在 CD138 阳性骨髓瘤细胞上唯一表达，而贝兰他单抗是一种靶向 BCMA 的去糖基化单克隆抗体，并与微管干扰物单甲基澳瑞他汀 F（MMAF）偶联。贝兰他单抗 Fc 区的去糖基化增强了抗体依赖性细胞介导的细胞毒性。由于其不良反应的风险和作用时间长，每 3 周给药一次，因此贝兰他单抗的治疗指数较窄。由于在贝兰他单抗的临床试验中报道角膜病变的高风险，其发生率约为 71%，因此必须进行高度护理。

八、普拉泰

普拉泰（Plitidepsin，Aplidine®）是一种合成的环状肽，最初是 1991 年从地中海海鞘（*Aplidium albicans*）中提取的，该化合物虽然只比膜海鞘素 B（didemnin B）少 2 个氢原子，即膜海鞘素 B 中的末端乳酸酰基被氧化丙酮酸酰基取代，但其抗癌活性却比膜海鞘素 B 强 6~10 倍，且毒性较弱。Plitidepsin 是 didemnin B 的类似物（图 4-7）。2018 年，Plitidepsin 联合地塞米松被澳大利亚药品管理局（TGA）批准用于治疗复发和难治性多发性骨髓瘤。该药于 2003 年被 EMA 授予孤儿药地位，用于治疗白血病，但 EMA 未批准该药与地塞米松联合治疗复发和难治性多发性骨髓瘤，理由是"药物风险超过其益处"。在 EMA 拒绝 Aplidine 上市许可后，PharmaMar SA 公司提起诉讼，欧盟普通法院撤销了 EMA 的决定，该申请于 2020 年 10 月延期审查。最近，在临床前研究中，Aplidine 对新型冠状病毒感染（COVID-19）的有效性是瑞德西韦的大约 28 倍。

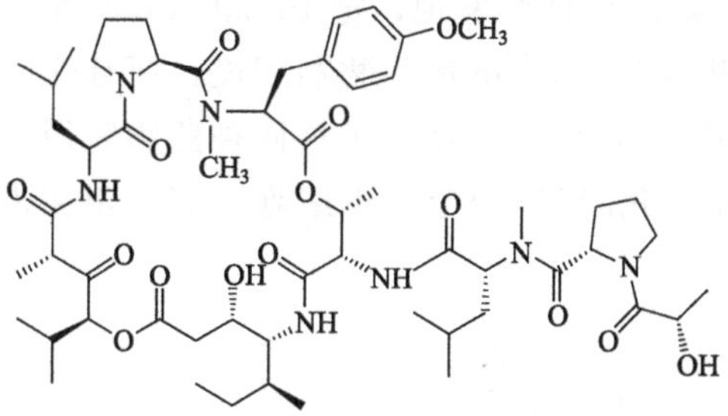

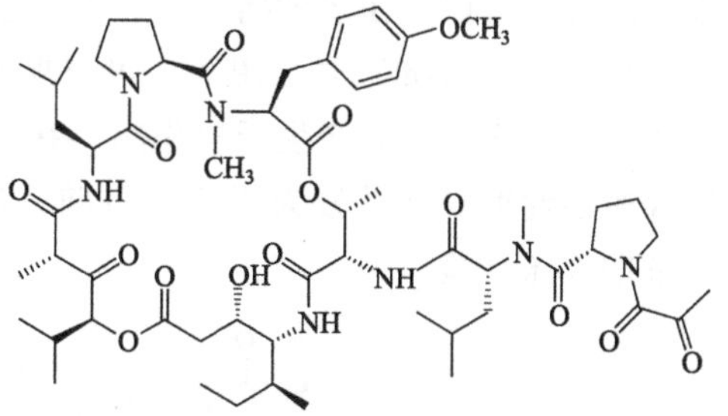

图 4-7 膜海鞘素 B 和 Plitidepsin 的化学结构

基于 Aplidine 在复发和难治性多发性骨髓瘤患者中的 II 期试验的成功结果，进行了Ⅲ期试验。与单用地塞米松治疗（中位生存期 6.7 个月）相比，该药联合地塞米松治疗患者的生存期有显著改善（中位生存期 11.6 个月）。大多数与多重抑郁相关的不良事件是可控的，耐受性良好。常见的不良反应有恶心、疲劳和肌痛。严重的不良事件与血液学异常有关，如贫血和淋巴细胞减少，需要持续观察。

多发性骨髓瘤细胞通常会产生大量错误折叠的蛋白质，这会耗尽用于合成新蛋白质的游离氨基酸。错误折叠蛋白质的沉积对骨髓瘤细胞是有毒的。这些癌细胞设计出破坏和回收这些错误折叠蛋白质的机制，以获得游离氨基酸并产生新的蛋白质。小脑识别错误折叠的蛋白质并将其重定向到蛋白酶体降解。eEF1A2 蛋白通常在骨髓瘤细胞中过表达，与错误折叠的蛋白质结合，并重定向它们进行蛋白酶体降解。当蛋白酶体不能很好地发挥作用或受到抑制时，eEF1A2 在与它们结合后形成一簇错误折叠的蛋白质，这些蛋白质随后在自噬过程中被聚合体破坏。

Plitidepsin 与 eEF1A2 结合，使其与错误折叠蛋白质结合效率低下，从而抑制错误折叠蛋白质的破坏和细胞凋亡。十年来，这种药物的治疗效果和毒性之间的权衡一直存在争议，这使得研究人员的意见产生分歧。然而，该药物的独特机制有望用于多发性骨髓瘤的治疗。

九、普纳布林

普纳布林（Plinabulin，NPI-2358）是在从海洋焦曲霉菌（*Aspergillus ustus*）中分离得到的天然产物 Phenylahistin 结构的基础上，经构效关系研究，合成出的二酮哌嗪类微管蛋白抑制剂（图 4-8）。Plinabulin 可以选择性地作用于内皮微管蛋白中秋水仙碱的结合位点，抑制微管蛋白的聚合，阻断微管装配，从而起到破坏内皮细胞骨架、抑制肿瘤血流的作用，同时，Plinabulin 对正常的血管系统不会造成伤害，因此它可以用在多种癌症的治疗上。Ⅰ期临床试验发现，把 Plinabulin 与多烯紫杉醇（Docetaxel）联合用药，可以明显提高 Plinabulin 的生物利用度，而且这两种药物互相之间不会产生干扰作用。在Ⅱ期临床试验中也证实了这两种药物联用后抗肿瘤活性即安全性较为明显。目前，Plinabulin 用于治疗非小细胞肺癌，正在进行Ⅲ期临床试验。

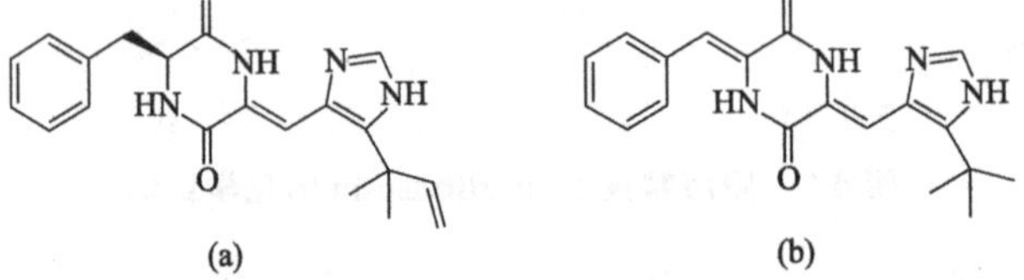

图 4-8 Phenylahistin（a）和普纳布林（b）的化学结构

十、Marizomib

Marizomib（Salinosporamide A，NPI-0052，图 4-9）是一种可逆性的蛋白酶体阻滞剂，是从海洋沉积物中的盐生孢菌属（*Salinispora*）的菌株中分离得到的生物碱类化合物，它与 20S 蛋白酶体亚基的催化核心发生不可逆结合，并对其抑制，从而破坏细胞增殖，诱导细胞凋亡，抑制肿瘤和血管新生，具有较强的细胞毒选择活性。Marizomib 在被发现的第三年，即获美国 FDA 批准作为治疗多发性骨髓瘤的孤儿药进入临床研究，被视为治疗血液系统恶性疾病的希望。Marizomib 对治疗恶性胶质瘤的研究目前已进入Ⅲ期临床试验中。

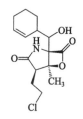

图 4-9　Marizomib 的化学结构

第二节　抗菌、抗病毒功能

海洋生物活性物质是抗菌、抗病毒药物的一个重要组成部分。在抗菌类药物中，最为重要的头孢菌素类抗生素的先导化合物头孢菌素 C 即是从海洋真菌顶头孢霉菌（*Acremonium chrysogenum*）中发现的天然产物，在证实其对耐青霉素葡萄球菌具有抗菌活性后，针对药效学进行的结构改造过程中发现，将头孢菌素 C 水解产生的 7-氨基头孢烯酸再进行结构修饰可以获得明显增强其药物活性的抗菌药物，并且大获成功。目前，头孢菌素组抗生素已成为抗生素药物中的一个最大家族。

对于病毒来说，由于缺乏自身增殖所需的酶、能量和原材料，因此，病毒只有侵入敏感的活细胞内才能利用宿主细胞的各种结构和材料进行合成和自己组装，并以各种方式自细胞释出而感染其他细胞。

抗病毒感染的途径很多，如直接抑制或杀灭病毒、干扰病毒吸附、阻止病毒穿入细胞、抑制病毒生物合成、抑制病毒释放或增强宿主抗病毒能力等。根据治疗疾病的不同，抗病毒药物可分为广谱抗病毒药物、抗 HIV 药、抗疱疹病毒药、抗流感病毒药和抗肝炎病毒药等。

（1）广谱抗病毒药物包括利巴韦林、干扰素、转移因子等。可用于治疗呼吸道合胞病毒感染、支气管炎、病毒性脑炎、丙型肝炎、乙型脑炎等。

（2）抗 HIV 药，即抗艾滋病病毒药物，包括替诺福韦、齐多夫定、扎西他滨、司他夫定、拉米夫定等。

(3) 抗疱疹病毒药，包括阿昔洛韦、更昔洛韦、伐昔洛韦、阿糖腺苷等。阿昔洛韦是常用的抗Ⅰ型和Ⅱ型单纯疱疹病毒药物之一，对水痘-带状疱疹病毒等也有效果。

(4) 抗流感病毒药，包括奥司他韦、扎那米韦、金刚乙胺、金刚烷胺等，如可以治疗流行性感冒。

(5) 抗肝炎病毒药，包括替诺福韦、恩替卡韦、索磷布韦、维帕他韦等。替诺福韦、恩替卡韦用于治疗慢性乙肝患者，索磷布韦、维帕他韦用于治疗慢性丙肝患者。

其中，阿糖腺苷是发现于海洋低等无脊椎动物海绵中的天然产物的合成类似物，是第一个得到许可用于治疗人类系统疱疹感染及第一个成功用于静脉给药的抗病毒药物。

一、头孢菌素类

头孢菌素类（Cephalosporins）药物（图 4-10）是一类广谱抗生素，其抗菌谱比青霉素要广，过敏反应比青霉素类药物少，它对于金黄色葡萄球菌、化脓性链球菌、肺炎双球菌、白喉杆菌、变形杆菌和流感杆菌等都有效。临床上，主要应用于耐青霉素金黄色葡萄球菌以及一些革兰氏阴性杆菌引起的严重感染，比如尿路感染、肺部感染、败血症、脑膜炎及心内膜炎等。头孢菌素是海洋生物来源并且成功开发的第一个"海洋新抗"，它的面世也开创了海洋新抗生素药物研发的先河。

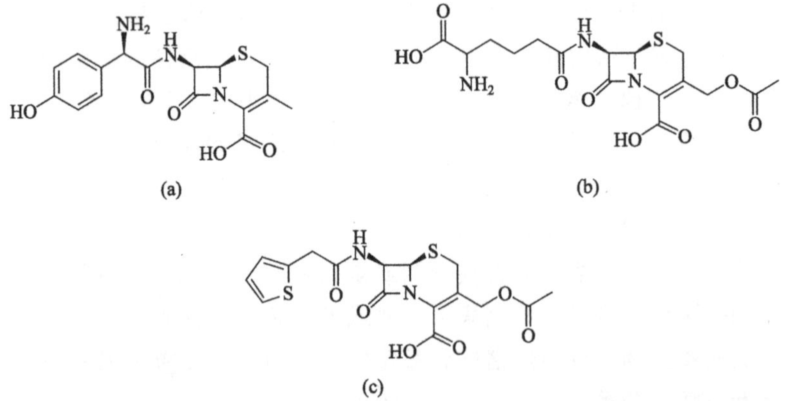

图 4-10 头孢菌素（a）、头孢菌素 C（b）和头孢噻吩（c）的结构

同青霉素的发现一样，头孢菌素类化合物的发现也有一个有趣的故事。故事的主角是意大利卡利亚里大学的医学教授 Giuseppe Brotzu（1895—1976），是他从撒丁岛入海排污河中的顶头孢霉菌发酵液中提取出来这类化合物。当时正是"第二次

世界大战"结束的时候，意大利许多城市因为卫生条件落后而发生了伤寒流行，但在卡利亚里有一个地区，虽然人们在一个排污的河流中游泳并吃河里的生鱼，却少有生病者。Brotzu注意到了这一现象，当时对青霉素已经有了一定的了解，并对微生物学有一定研究。于是怀疑河中有对抗病菌的物质，而且很可能是由河中的微生物所产生。于是，用琼脂糖培养基培养河水，分离得到了一种顶头孢霉菌(*Cephalosporium acremonium*)。发现这些顶头孢霉菌能够分泌一种物质，可以有效抵抗伤寒杆菌，但这种物质不稳定，并且难以纯化。他经过多次试验，使用过滤、离心、提取（采用水、乙醇、丙酮等多种溶剂）等多种方法，最后得到了一种混合状态的物质。他把包含了有效物质的混合物用于临床试验，结果令人振奋，即提取得到的这类物质具有显著的活性，特别是对葡萄球菌感染及伤寒有特效。

由于缺乏经费，1948年Brotzu把自己的研究结果发表在一个小型杂志上，但未能引起意大利科学界的注意。幸运的是，Brotzu把一份头孢制剂和相关说明送给了撒丁岛上的盟军军医Blyth Brooke，希望能够引起重视。Brooke咨询了英国医学研究委员会，委员会中的一位学者推荐了钱恩的诺奖伙伴兼同事弗洛里。1948年7月，弗洛里收到了Brooke的信件。当时弗洛里和他的团队正在进行新型抗生素筛选的研究，他立即联系Brotzu并得到了菌株，然后组织了牛津大学的Guy Newton(1919—1969)和Edward Abraham(1913—1999)等人展开研究。经过6年研究，他们从上述提取的化合物中分离获得了3种头孢类化合物：头孢菌素P、头孢菌素N、头孢菌素C，其中头孢菌素C的活性极大地引起了他们的兴趣。1957年，Bendan Kelly和他的同事们还得到了一种突变菌株，可以大量产生头孢菌素C。

牛津大学成功提炼出对β-内酰胺酶稳定的头孢菌素C，但它却没有足够的效力用于临床。真正得到应用的是来自头孢菌素C的一种衍生物，即头孢菌素起作用的核心——7-氨基头孢烯酸（简称7-ACA）。头孢菌素C水解得到的7-ACA，与青霉素的核心，即6-氨基青霉烷酸(6-APA)具有相似性，其才是一系列头孢菌素类药物的主角。1959年，Guy Newton和Edward Abraham使用霍奇金博士发明的X射线晶体学方法，对这种新抗生素的化学结构进行了鉴定。然后他们就头孢菌素C和头孢菌素的核心结构7-ACA申请了专利。通过专利许可费，两人获得了巨额的利润，他们把大部分利润捐献了出来，并设立了多个基金会从事慈善工作。到20世纪末，牛津大学已经得到了他们3000万英镑的捐赠。头孢菌素的专利许可费总计达到了惊人的1.5亿英镑。

葛兰素和礼来等药企对7-ACA的支链进行修饰，最后得到可以临床使用的抗生素。第一种头孢类抗生素是头孢噻吩(cephalothin)，由礼来公司于1964年上市，商品名为Keflin。这时距离Brotzu教授发现顶头孢霉菌已经过去了约20年的时间。葛兰素研发的头孢噻啶(cephaloridine)也于同年上市，虽然一度因为可以肌注、血药浓度高等更受欢迎，但因不宜口服等因素，逐渐让位，在今天主要作为兽药用于动物感染。第一代头孢菌素类药物的早期品种都是作为注射制剂使用。1967年，礼来公司推出了第一个可口服的头孢菌素类药物——头孢氨苄（cephalexin），并相继问世一系列口服头孢菌素类药物，如头孢拉定（cefradine）和头孢羟氨苄（cefadroxil）等。

此后，礼来公司不断推出头孢菌素类药物，该公司也因抗菌药物开发上的连续成功，迅速从一个小药厂成长为全球知名的大制药公司。最有名的是1979年推出的第二代头孢菌素类药物——头孢克洛（cefaclor），到1985年，其取代头孢氨苄成为当年全球最畅销的抗生素，至今头孢克洛仍是世界上最为畅销的口服抗生素之一。第二代注射用头孢类抗生素的代表有葛兰素开发的头孢呋辛（cefuroxime）和默沙东开发的头孢西丁（cefoxitin）等。

第三代头孢类抗生素的代表，注射用的当属罗氏公司开发、最早于1982年在瑞士成功上市的头孢曲松（ceftriaxone）。20世纪90年代初，头孢曲松在全球多个国家和地区获批上市，由于其出色的抗菌活性和较高的性价比，成为头孢菌素类药物发展史上的里程碑式药物，年销售额一度高达10亿美元。第三代口服头孢菌素类药物的代表是头孢克肟（cefixime）。

第四代头孢类抗生素的特点是增强了对革兰氏阳性球菌的活性，如于20世纪90年代初上市、注射用的头孢匹罗（cefpirome）和头孢吡肟（cefepime）等。

第五代头孢类抗生素的特点是对G^+菌活性强于前四代，尤其是对耐甲氧西林金黄色葡萄球菌（MRSA）、多重耐药肺炎链球菌更有效，如于2010年上市的头孢洛林酯（ceftaroline fosamil）等。

第一代至第五代代表性头孢菌素类抗生素及其特性比较如表4-2所示。

表4-2　第一代至第五代代表性头孢菌素类抗生素

分类		应用的主要品种
第一代	注射用	头孢噻吩（cephalothin）、头孢噻啶（cephaloridine）、头孢唑林（cefazolin）
	口服用	头孢氨苄（cephalexin）、头孢拉定（cefradine）、头孢羟氨苄（cefadroxil）、头孢曲秦（cefatrizine）
第二代	注射用	头孢替安（cefotiam）、头孢呋辛（cefuroxime）、头孢西丁（cefoxitin）
	口服用	头孢克洛（cefaclor）、头孢呋辛酯（cefuroxime axetil）、头孢替安酯（cefotiam hexetil）
第三代	注射用	头孢噻肟（cefotaxime）、头孢唑肟（ceftizoxime）、头孢曲松（ceftriaxone）、头孢哌酮（cefoperazone）、头孢他啶（ceftazidime）
	口服用	头孢克肟（cefixime）
第四代	注射用	头孢匹罗（cefpirome）、头孢吡肟（cefepime）、头孢唑啉（cefazolin）、头孢噻利（cefoselis）
第五代	注射用	头孢洛林酯（ceftaroline fosamil）、头孢吡普（ceftobiprole）

第一代头孢菌素对除了肠球菌属、MRSA和表皮葡萄球菌属以外的多数G^+球

菌有抗菌活性，对大肠埃希菌、肺炎克雷伯杆菌和奇异变形杆菌也有一定活性，但对其他肠杆菌及铜绿假单胞菌无效。它们对 β-内酰胺酶的抵抗力差，有肾毒性。

第二代头孢菌素对 G^+ 球菌活性比第一代低，但对多数 G^- 杆菌具有较强活性，尤其对流感嗜血杆菌、肠杆菌属和吲哚阳性变形杆菌的抗菌活性更强，但对铜绿假单胞菌无效。它们对 β-内酰胺酶较稳定，头孢呋辛尤为突出。肾毒性有所降低。

第三代头孢菌素无论在抗菌谱或抗菌力方面均优于第二代，对 G^- 菌包括肠杆菌、沙雷菌、吲哚阳性变形杆菌及铜绿假单胞菌均有较好的效果，但对 G^+ 球菌尤其是金黄色葡萄球菌的活性没有第一代强，并有内出血的副反应。它们对 β-内酰胺酶稳定，无肾毒性。

第四代头孢菌素对 G^+ 球菌活性优于第三代，对 G^- 菌、厌氧菌、铜绿假单胞菌有强效，对第三代的耐药株也有作用。它们对 β-内酰胺酶稳定，无肾毒性。

第五代头孢菌素对 G^+ 菌活性优于前四代，尤其对 MRSA 和多重耐药肺炎链球菌有效，对 G^- 菌活性与第四代类似。它们对 β-内酰胺酶的稳定性很高，无肾毒性。

二、阿糖腺苷

阿糖腺苷（Vidarabine，Ara-A，Vira-A®，图 4-11）为白色针状结晶或结晶性粉末，无臭无味，微溶于水（0.45mg/mL）、甲醇，几乎不溶于乙醚。阿糖腺苷即 9-β-D-呋喃阿拉伯糖基腺嘌呤（9-β-D-Arabinofuranosyladenine），与阿糖胞苷来源相同，为海绵来源核苷类化合物的嘌呤核苷类衍生物。它是第一个全身给药的抗病毒性核苷类似物，也是第一个得到许可用于治疗人类系统疱疹感染并成功用于静脉给药的抗病毒药物。阿糖腺苷有选择性地抑制 DNA 病毒，但对 RNA 病毒几乎没有抑制作用。

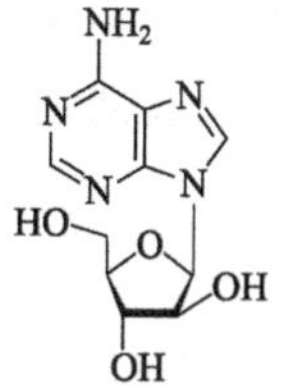

图 4-11 阿糖腺苷的化学结构

阿糖腺苷主要是作为一种潜在的抗癌药物合成的，但在 1976 年被美国 FDA 正式批准作为一种眼膏（3%），用于治疗单纯疱疹病毒（HSV）、角膜结膜炎和由 HSV1/2 引起的复发性上皮性角膜炎引起的对碘苷耐药的浅表性角化病。然而，由于有更好的商业替代品，该药在市场上停售。由于其溶解度相对较低，机体清除率高，未能达到治疗活性浓度，且腺苷脱氨酶可迅速将其脱氨为非活性形式的阿拉伯糖基次黄嘌呤，将其临床应用限制在有限的病理条件下。

三、卡拉胶

卡拉胶（Carragelose®）是德国 Marinomed 公司研发的创新型抗病毒鼻腔喷剂，

作为非处方药在欧盟上市,用于治疗成人、1岁以上儿童、妊娠及哺乳女性的普通感冒。卡拉胶来源于红藻科可食用红色海藻的提取物卡拉胶(carrageenans),又称为麒麟菜胶、石花菜胶、鹿角菜胶、角叉菜胶,主要是Ⅰ型卡拉胶(iota-carrageenan),它的化学结构是由六碳半乳糖及脱水半乳糖所组成的多聚糖类硫酸盐(图4-12)。该药通过抑制病毒附着和进入细胞、减少病毒复制,从而缓解病毒引起的症状。

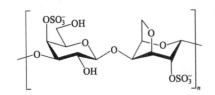

图4-12 Ⅰ型卡拉胶的化学结构

四、聚甘古酯

聚甘古酯(Polymannuroguluronate sulfate)又称911、泼力沙滋,是中国海洋大学研制开发的国家一类抗艾滋病(acquired immune deficiency syndrome,AIDS)海洋新药。研究表明,911的抗AIDS作用与抑制反转录酶和干扰病毒与细胞的吸附作用有关,并可抑制低毒的HIV-1的增殖;911能够抑制炎症细胞因子TNFα、IL-6及IL-1β的释放,从而对抗艾滋病及其并发的脑病;911在体内对鼠白血病病毒的增殖具有明显的抑制作用。911是我国迄今为止第一个具有自主知识产权的抗艾滋病一类新药,具有作用环节多、疗效显著、成本低、毒副作用少的特点,目前已完成Ⅱ期临床研究。

第三节 心脑血管疾病防治功能

心脑血管疾病是心脏血管和脑血管疾病的统称,泛指由于高脂血症、血液黏稠、动脉粥样硬化、高血压等所导致的心脏、大脑及全身组织发生的缺血性或出血性疾病。心脑血管疾病是一种严重威胁人类,特别是50岁以上中老年人健康的常见病,具有高患病率、高致残率和高死亡率的特点。即使应用目前最先进、完善的治疗手段,仍有50%以上的脑血管意外幸存者生活不能完全自理。全世界每年死于心脑血管疾病的人数高达1500万,居各种死因首位。心脑血管疾病是全身性血管病变或系统性血管病变在心脏和脑部的表现。其病因主要有四个方面:①动脉粥样硬化、高血压性小动脉硬化、动脉炎等血管性因素;②高血压等血流动力学因素;③高脂血症、糖尿病等血液流变学异常;④白血病、贫血、血小板增多等血液成分因素。

治疗心脑血管疾病需要降血脂、抗凝血、减少血液的黏稠度、降血压、扩张血管等。药物只要能够较好地满足这些需求中的一项或几项,就可以达到治疗心脑血管疾病的目的。目前，治疗心脑血管疾病的海洋药物主要来自海洋动物和海洋植物。

一、藻酸双酯钠

藻酸双酯钠是藻酸丙酯的硫酸酯钠盐（propylene glycol alginate sodium sulfate，PSS）的简称，是1985年由中国海洋大学管华诗院士研制开发的世界上第一个海洋类肝素糖类药物。其是在褐藻酸钠分子的羟基和羧基上，分别引入磺酰基及丙二醇基所形成的双酯钠盐。褐藻酸钠（$C_6H_7O_6Na$）$_n$ 主要由褐藻酸的钠盐组成，由 β-D-甘露糖醛酸（M单元）与 α-L-古洛糖醛酸（G单元）依靠 β-1,4-糖苷键连接并由不同比例的GM、MM和GG片段组成的共聚物。PSS具有较强的聚阴离子性质，可以使富含电荷的细胞表面增强相互间的排斥力，阻抗红细胞之间或红细胞与管壁之间的黏附，改善血液的流变学性质。PSS具有较强的抗凝活性，其抗凝效价相当于肝素的1/3～1/2，能阻止血小板对胶原蛋白的黏附，抑制由血管内膜受损和腺苷二磷酸（ADP）凝血酶激活等所致的血小板聚集。PSS还能显著降低内皮素（ET-1）、P-选择素（P-selectin）、血管内皮生长因子（VEGF）和血小板活化因子（PAF）的含量，进而起到抑制局部血栓形成、恢复脑部组织供血的作用。PSS还能提高组织型纤溶酶原激活剂（t-PA）含量，降低组织型纤溶酶原抑制剂（t-PAI）含量。PSS具有明显的降血脂作用，治疗后降低血浆中的总胆固醇（TC）、甘油三酯（TG）、低密度脂蛋白（LDL）和极低密度脂蛋白（VLDL），并升高血清高密度脂蛋白（HDL），能抑制动脉粥样硬化病变的发生和发展，对外周血管有明显的扩张作用，能有效改善微循环，抑制动脉和静脉内血栓的形成。

PSS临床主要用于缺血性心、脑血管系统疾病和高脂血症的预防和治疗。此外还用于高血脂、糖尿病及其并发症、皮肤病、肾病等。作为一种在临床上实践多年的药物，PSS常与其他药物联用治疗一系列临床疾病，如与他汀类药物联用治疗高脂血症、与奥扎格雷钠联用治疗脑梗死、与二甲双胍联用治疗糖尿病等。

二、甘糖酯

甘糖酯（propylene glycol mannuronate sulfate，PGMS）是在对PSS进行较系统的构效关系研究的基础上，通过褐藻酸钠水解、酯化而成的聚甘露糖醛酸丙酯的硫酸钠盐，是一种低分子海洋类肝素药物。PGMS具有明显地降低血浆中TC、TG、VLDL、C-反应蛋白的作用，并能升高HDL的水平。宫海英等通过临床观察36例高脂血症患者口服甘糖酯进行治疗的前后对照试验，证实甘糖酯确有降低VLDL、升高HDL的作用。PGMS在改善血脂的同时亦能较好地改善血液流变学的各项指标，可减少诱发和加重心力衰竭的可能。

姜国辉等通过试验发现，PGMS可通过抑制凝血系统和激活纤维蛋白溶解系统而发挥其抗血栓作用。PGMS的抗血栓作用比等抗凝效价肝素稍强，而其体外溶栓作用则明显优于肝素。翁进等进行相关试验结果显示，很小剂量（1.6μg/mL）的PGMS即可明显促进内皮细胞的生长。与之相反，PGMS不引起平滑肌细胞增殖，提示PGMS可发挥良好的抗动脉粥样硬化作用。

PGMS在临床上主要用于高脂血症、脑血栓、脑动脉硬化、冠心病等缺血性心脑血管疾病的防治。

三、甘露醇烟酸酯

甘露醇烟酸酯（Mannitol nicotinate），是把从海藻中提取得到的甘露醇和烟酸，再进行酰氯化和酯化后得到的药物（图4-13）。它具有扩张血管、促进脂肪代谢、降低血脂的作用，可用于治疗原发性高血压，尤其对比较难控制的舒张压效果不错。临床上常用于治疗冠心病、脑血栓、动脉粥样硬化，亦用于高血脂、高血压的辅助治疗。

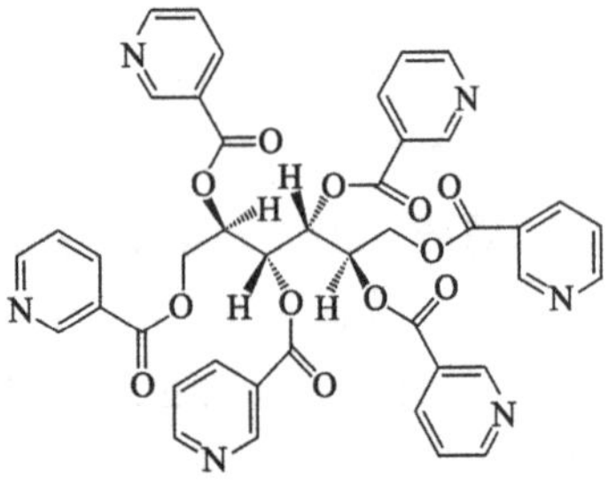

图4-13 甘露醇烟酸酯的化学结构

四、多烯鱼油类

多烯鱼油类药物是指从鱼油中提取的一类活性物质，含有大量的不饱和脂肪酸——二十碳五烯酸（EPA）和二十二碳六烯酸（DHA），临床上主要用于高脂血症的治疗，也可用于冠心病、脑栓塞防治，还对高血压、血管性偏头痛有效。商品名有多烯康、多烯酸乙酯胶丸、omega-3脂肪酸乙酯（Lovaza®/Omacor®/Omtryg®）、伐赛帕（Vascepa®）等。

omega-3-脂肪酸乙酯（Lovaza®/Omacor®/Omtryg®）、二十碳五烯酸乙酯（Vascepa®）和omega-3-羧酸（Epanova®）均被批准用于治疗高甘油三酯血症（图4-14）。这些物质的不同之处在于脂肪酸的形式和它们在每1g胶囊中的含量。Lovaza®、Omacor®和Omtryg®含有EPA和DHA乙酯的混合物，Vascepa®以EPA乙酯作为主要成分，Epanova®含有EPA和DHA羧酸的混合物。EPA和DHA的生物利用度在Vascepa®中最高。这些配方中也存在其他非活性成分，如生育酚、明胶、甘油、麦芽糖醇、山梨醇和纯净水等。这些配方有助于降低甘油三酯和极低密度脂蛋白水平。这些作用的机制尚不清楚，但迄今为止提出的潜在机制包括抑制二酰基甘油酰基转移酶、增加血浆脂蛋白脂肪酶活性、减少脂肪生成和促进肝脏中的 β-氧化。

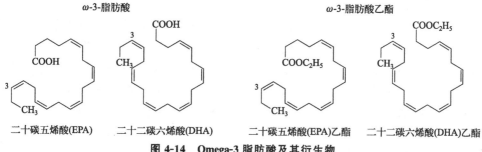

图 4-14　Omega-3 脂肪酸及其衍生物

Omegaven® 是一种以鱼油为基础的乳剂，被批准用于治疗儿科患者的肠外营养相关性胆汁淤积症（parenteral nutrition-associated cholestasis，PNAC），作为热量和脂肪酸的来源。发生 PNAC 的主要危险因素是早产和低出生体重。该药物以乳剂注射剂的形式静脉注射。目前还不知道该药是否能预防 PNAC。治疗成功的机制尚不清楚，因为研究人员还没有确定是抗炎作用还是药物中 omega-3/omega-6 脂肪酸成分的比例起作用。建议在治疗过程中进行常规实验室检测，以监测患者体内必需脂肪酸的水平，因为其经常低于正常水平。

五、几丁糖脂

几丁糖脂（sulfated carboxymethyl chitosan），即 PS916，是一种低分子量的海洋硫酸多糖。它是以海洋动物蟹类外壳中所含的甲壳质为基础原料，经过脱乙酰化、羧甲基化和硫酸酯化后制得的一种低分子类肝素化合物。化学名称为 3-O-硫酸基-6-O-硫酸基/羧甲基-β-(1,4)-D-2-氨基-2-脱氧-葡聚糖钠盐。

研究表明，PS916 具有一定的调血脂、抗氧化及防止动脉粥样硬化形成的作用。PS916 能够通过降低血清 TC、TG、VLDL，升高 HDL，减少过氧化脂质（LPO）代谢产物丙二醛（MDA）生成，减轻肝脏脂肪样变，减少动脉粥样斑块的形成。体外研究发现，PS916 对碱性成纤维细胞生长因子（bFGF）和白细胞介素-1（IL-1）诱发的平滑肌细胞增殖具有明显抑制作用。PS916 能明显降低高脂血症大鼠血浆中游离含硫氨基酸的含量。此外，PS916 还具有抗肿瘤的活性，其与一种或几种多糖联合用药有明显的抗肿瘤作用，并在 PS916 质量分数在 70%～80% 时药理作用最强。经过系统的临床前药学与生物学研究，PS916 于 2001 年 8 月经国家食品药品监督管理局批准作为 I 类新药进入临床研究，目前正在进行 III 期临床研究。

六、角鲨烯

角鲨烯（squalene），又名鲨烯、三十碳六烯和鱼肝油萜，是一种高度不饱和烃类化合物。如前文所述，其最初是1906年由日本学者Tsjuinoto从黑鲨鱼肝油分离得到，后来人们又相继在其他动物、植物和微生物体内提取到角鲨烯，但仍以深海鲨鱼肝脏中的角鲨烯含量最为丰富。研究表明，角鲨烯可以抑制胆固醇的合成、降低胆固醇和甘油三酯含量、增加高密度脂蛋白水平，从而促进血液循环使血管疏通，强化某些降胆固醇药物药效，预防及治疗因血液循环不良引起的冠心病、心肌梗死等疾病，最终延缓动脉粥样硬化形成。角鲨烯也可以通过反馈调节加快胆固醇转变成胆汁酸排出体外，从而降低血清中胆固醇的含量。此外，角鲨烯还具有增强机体免疫力、抗辐射、抗衰老、抗肿瘤等多种药理作用。它还能改善心脑血管病的缺氧状态，对于高胆固醇血症以及放化疗引起的白细胞减少症也能起到辅助治疗和免疫调节作用。商品名有角鲨烯、鲨鱼肝油等，多为胶丸或胶囊。

第四节 抗炎镇痛功能

炎症是机体对刺激的一种防御反应，表现为红、肿、热、痛和功能障碍。炎症可以是由感染引起的感染性炎症，也可以不是由于感染引起的非感染性炎症。通常情况下，炎症是有益的，是人体自发的防御反应，但是有时候炎症也是有害的，例如对人体自身组织的攻击、发生在透明组织的炎症等。疼痛则是由组织损伤或潜在组织损伤引起的不愉快感觉及情感体验，也是机体对有害刺激的一种保护性防御反应。具有抗炎镇痛功能的海洋生物活性物质主要有假蕨素A（抗炎）、芋螺毒素（镇痛）和河豚毒素（镇痛）等。

一、假蕨素A

1983年，美国斯克里普斯海洋研究所的Fenical研究小组在对海洋生物进行生物活性筛选时，从巴哈马海域的一种加勒比海柳珊瑚（*Pseudopterogorgia elisabethae*）中提取了一系列能有效抗炎的化合物假蕨素A-C（Pseudopterosin A-C），从化学结构上看类似三环二萜的苷，拥有四个手性中心。后来，加州大学圣迭戈分校对此类化合物申请了专利。1994~1995年间，这种化合物成为整个加州大学财政收入中最赚钱的十大专利之一，为学校带来了68万美元的收入。后来的生物活性研究证明，假蕨素类化合物具有防止皮肤衰老作用,世界著名化妆品公司雅诗兰黛就将假蕨素 A(图 4-15)用于系列产品中。早在 20 世纪 90 年代假蕨素类的化学衍生物 Methopterosin(OAS-1000)就曾经作为创伤及接触性皮炎治疗药物进入临床开发阶段,可以阻止发炎、肿胀等身体自然的免疫反应,从而加速痊愈过程,有望研制成一种新型清创药物。

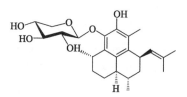

图 4-15 假蕨素 A 的化学结构

二、齐考诺肽

齐考诺肽(Ziconotide,Prialt®)是天然 ω-芋螺毒素(ω-conotoxin)的等价合成肽类化合物,易溶于水,于 1987 年通过固相合成获得,其结构中含有 2 个罕见的二硫醚(disulfide)结构(图 4-16)。Ziconotide 是 1979 年美国犹他大学菲律宾裔科学家 Olivera 研究小组的 McIntosh 发现的。Ziconotide 后被开发成镇痛药物,商品名为 Prialt®,2004 年 2 月被美国 FDA 批准上市,2005 年 2 月被 EMA 批准上市,从临床研究到批准上市历经约 30 年。在对上千种芋螺毒素进行了 30 年的研究后,Ziconotide 是唯一被批准用于临床的芋螺毒素。

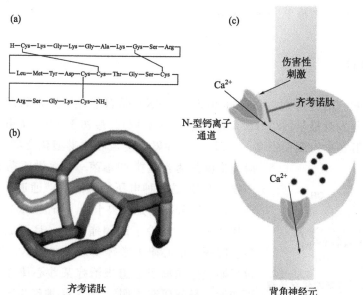

图 4-16 二硫键交联的齐考诺肽线性模型(a)、
齐考诺肽的三维打结模型(b)和齐考诺肽阻断 N 型钙通道示意图(c)

研究表明，齐考诺肽通过阻断脊髓 N 型电敏感钙离子通道，抑制主要传出神经元在中枢神经末端释放与疼痛相关的神经递质，进而缓解疼痛。Elan 公司生产的齐考诺肽通过鞘内注射用于治疗慢性严重疼痛，包括癌症、艾滋病（AIDS）、外伤、背部手术和某些神经系统疾病引发的疼痛。齐考诺肽是目前唯一一个经 FDA 和 EMA 批准的无阿片类成分的鞘内注射镇痛药，其镇痛效果是吗啡的上千倍，但没有吗啡的成瘾性，已被推荐作为一线药使用。齐考诺肽是第一个海洋来源的肽类药物，也是继吗啡之后临床研究最为彻底的一个镇痛药。该药物研发成果曾经登上 1990 年美国 *Science* 杂志封面。

齐考诺肽是一种 N 型电压门控钙通道阻滞剂，可抑制前去甲肾上腺素和神经肽的释放，缓解疼痛（图 4-16）。经鞘内注射后，齐考诺肽在脑脊液中的中位半衰期约为 4.5h，并在 24h 内被完全清除。齐考诺肽通过内肽酶和外肽酶代谢。临床试验中报告的最常见不良事件是头晕、恶心、眼球震颤、精神错乱、步态异常、记忆障碍、视力模糊、头痛、虚弱、呕吐和嗜睡。大多数与齐考诺肽单药治疗相关的不良事件为轻到中度，并且会随着时间消失。在某些情况下，对慢性疼痛患者的治疗也停止了。因此，在使用齐考诺肽治疗前，必须对患者的心理状态进行先验评估。齐考诺肽已经在临床使用了十多年，由于其与其他阿片类药物相比具有较高的获益-风险比，因此在癌症相关和一些非癌症相关的疼痛治疗中具有优先地位，即使在今天也是如此。由于这类多肽药物对受体、离子通道和酶具有选择性，未来可能会成为各种疾病的治疗药物清单中的一部分。

三、河豚毒素

河豚毒素（河鲀毒素，Tetrodotoxin，TTX）是自然界中发现的毒性较高的物质之一，也是发现最早的小分子海洋毒素（图 4-17）。最初于 1909 年由日本学者田原唇先从河豚鱼中发现而得名。TTX 是一种氨基全氢喹唑啉型化合物，据 2015 年研究推测其为寄生类产毒菌——海洋弧菌的次级代谢产物。TTX 是一种电压敏感的 Na^+ 通道外口特异性阻滞剂，其麻醉作用是普鲁卡因（Procaine）的 4000 倍，可代替吗啡、杜冷丁起镇痛作用，且不成瘾，并有解痉、降压、抗心律失常等功效。在医学方面，TTX 通过阻断快速钠离子通道来治疗某些心律失常具有潜在可能性。最新研究表明，TTX 是神经生理学、肌肉生理学和钠离子通道药理学研究中的一种非常有用的工具。已经证明 TTX 可有效治疗某些疾病，如癌症晚期造成的疼痛等。TTX（Tectin®）用于治疗慢性疼痛，已

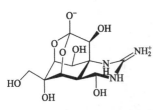

图 4-17　河豚毒素的化学结构

被美国 FDA 批准进入Ⅲ期临床研究。TTX 还可缓解由海洛因戒断所引发的头痛等"戒毒综合征",河豚毒素(替曲朵辛)治疗中度或重度癌症相关疼痛也已进入Ⅲ期临床研究。

第五节 抗阿尔茨海默病功能

阿尔茨海默病(Alzheimer's disease,AD),是老年人群中发病率最高的神经退行性疾病之一,在老龄人口日益增多的现代社会可能会引发严重的经济和社会问题。AD 发病与年龄密切相关,病因并不明确,主要认为与大脑内 β-淀粉样蛋白(β-amyloid,Aβ)沉积形成的老年斑和 Tau 蛋白过度磷酸化导致的神经原纤维缠结引起的神经元凋亡有关。目前尚无治疗 AD 特效药物,现有药物仅能减轻 AD 症状,无法对因治疗。美国 FDA 仅批准乙酰胆碱酯酶(AChE)抑制剂和 N-甲基-D-天冬氨酸受体(NMDAR)拮抗剂用于治疗 AD。但这些药物仅能缓解 AD 症状,无法修复神经损伤,且不能阻止病情恶化。

具有抗阿尔茨海默病(AD)功能的海洋生物活性物质主要有以下几种。

一、甘露寡糖二酸

甘露寡糖二酸(oligomannuronates,GV-971)是抗 AD 一类新药(图 4-18)。GV-971 以 β-淀粉样蛋白(Aβ)为作用靶点,通过与 Aβ 特异结合,抑制纤丝形成,促进纤丝解体,从而拮抗 Aβ 神经毒性,进而发挥抗阿尔茨海默病作用;GV-971 对不同类型 AD 模型动物的学习记忆功能均具有明显的改善作用,特别是在 APP/PS1 双转基因鼠模型中表现出非常好的疗效。GV-971 通过靶向 Aβ 的前体蛋白(amyloid precursor protein,APP)跨膜区,专一性抑制 Aβ1—42 的生成,下调 Aβ42/Aβ40,可减少线粒体内 Aβ 及其寡聚体含量,从而发挥线粒体功能保护作用。最新研究发现,GV-971 还可以通过调节肠道菌群失衡、重塑机体免疫稳态,进而降低脑内神经炎症,阻止阿尔茨海默病的进程。

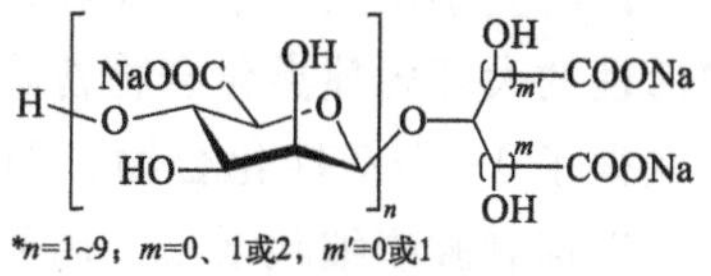

图 4-18 甘露寡糖二酸的化学结构

$*n=1\sim9;\ m=0、1或2,\ m'=0或1$

2019 年 11 月,国家药品监督管理局有条件批准了甘露特纳胶囊(商品名"九期一",代号 GV-971)的上市注册申请,用于轻度至中度阿尔茨海默病(以下简称 AD)患者,改善其认知功能。该药由中国海洋大学、中国科学院上海药物研究所、上海绿谷制药有限公司联合研发,是一种以海洋褐藻提取物为原料制备获得的低分子酸性寡糖化合物，是我国自主研发并拥有自主知识产权的创新药。该药的成功上市，填补了 17 年来抗 AD 领域无新药上市的空白，将为数千万 AD 患者和家庭带来福音。GV-971 于 1997 年由中国海洋大学立项研发，历经 20 多年，终获成功。

二、复方海蛇胶囊

复方海蛇胶囊于 2002 年通过国家食品药品监督管理总局批准生产，其主要成分为南海半环海蛇（27.3%）、玉足海参（18.2%）、远志、石菖蒲。它是我国自主研发的以海洋生物提取物为主要成分的脑神经系统治疗药物，可以用于增龄相关记忆障碍、健忘症、阿尔茨海默病、帕金森病等疾病。复方海蛇胶囊的主要功效成分海蛇酶解产物（海蛇活肽），具有抗凝、抗血小板聚集作用，可改善自由基代谢，降低血黏度，改善微循环。此外，海蛇活肽可通过血脑屏障，促进培养的新生大鼠脑神经元细胞的生长，可调节鼠脑乙酰胆碱水平，降低谷氨酸水平。复方海蛇胶囊应用于多种鼠的学习记忆能力与运动协调能力的衰退模型，均显示有良好的防治作用。

三、苔藓抑素 1

长期以来，草苔虫一般只被用来作为底栖鱼类、软体动物等的饵料，对它的药用价值一直鲜有发现和应用，直到 1968 年，美国亚利桑那州立大学的 Pettit 研究小组获得了突破，首次发现总合草苔虫（*Bugula neritina*）具有抗肿瘤活性。1982 年，该研究小组从采集于加利福尼亚海域的总合草苔虫中分离得到第一个具有抗肿瘤活性的大环内酯类化合物苔藓抑素 1（Bryostatin 1）。迄今为止，已从总合草苔虫中获得了 18 个活性化合物，即 Bryostatin 1—18。苔藓抑素 1 具有多种生物活性，如可以抑制肿瘤细胞增长、调节机体免疫力、促进血小板凝集、促进生血和增强记忆力等。Bryostatin 1 复方治疗顽固恶性肿瘤已经进入了 II 期临床试验，令人遗憾的是，它会带来肌痛的副作用，大约有 30% 的患者已经因此退出了试验。

Bryostatin 1 可诱导蛋白激酶 C（PKC）膜转位，上调 PKC 表达，改善突触可塑性和认知障碍。它还可提高树突棘素和突触素水平，抑制 Aβ 分泌、降低糖原合成酶激酶 3β（GSK3β）活性、阻止 Tau 蛋白超磷酸化，从而对抗突触损伤。在 Neurotrope 公司进行的为期 15 周的随机、双盲、单剂量 II 期临床试验中，Bryostatin 1 表现出良好的安全性和耐受性，能有效改善中度至重度 AD，显示出优良的抗 AD 应用前景。

四、GTS-21（DMXB-A）

GTS-21（DMXB-A）是一种合成衍生物，它是由来自特殊的纽形动物门（Phylum Nemertea）的海生纽虫（ribbon worm）中的生物碱与2,4-二甲基氧苯甲醛缩合而成，是一种烟碱型乙酰胆碱受体（nAChR）家族α7亚型的选择性部分激动剂。研究表明，α-烟碱型乙酰胆碱受体可以与尼古丁的分解代谢副产物可替宁特异性结合，因此GTS-21具有戒除尼古丁依赖的作用。此外，GTS-21在一系列认知和神经保护模型中具有疗效，通过Ⅰ期临床试验评估，GTS-21表现出相对良性的副作用特征，并提供了一些在记忆和注意力任务中具有积极作用的证据。研究人员推测，GTS-21将为吸烟者和非吸烟者中的精神分裂症患者的认知提供临床改善，还可以帮助保持戒烟并改善精神分裂症患者的其他症状。目前该研究处于治疗阿尔茨海默病的Ⅱ期临床试验中。

五、高牛磺酸

高牛磺酸（Homotaurine，Tramiprosate）是1970年由日本科学家Miyazawa带领的科研团队首次从红藻舌状蜈蚣藻（*Grateloupia livida*）中提取的氨基磺酸盐化合物，类似于牛磺酸，但比牛磺酸多一个亚甲基（图4-19）。由于其与神经递质γ-氨基丁酸（GABA）结构相似，所以可与GABA受体结合促进神经间信号传递，从而改善认知障碍；同时，它还能降低海马Aβ水平、阻止Aβ斑块形成、对抗Aβ神经毒性。Bellus Health公司进行的为期78周的随机、单盲临床Ⅲ期研究发现，高牛磺酸能有效改善轻度至中度AD，展示出良好的开发前景。

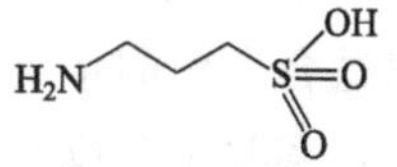

图4-19 高牛磺酸的化学结构

六、利福霉素

利福霉素（Rifampicin）临床用于肺结核和艾滋病治疗。Rifampicin可抑制tau寡聚体和Aβ纤维组装，降低Aβ神经毒性；通过抑制NF-κB减轻神经炎症、抑制AChE改善认知障碍。三个月随机、三盲临床Ⅱ期试验发现Rifampicin可显著改善轻度至中度AD患者认知能力。但为期一年的随机、双盲临床Ⅱ期试验发现Rifampicin未改善AD症状，提示其可能短期对抗AD。

第六节　免疫调节功能

免疫系统是人体进行自我防卫的重要系统。病原体等有害物质进入体内后，免疫系统便自动进行免疫调节，通过识别、阻挡或吞噬抗原，维护人体内环境的稳定。海洋生物在免疫调节中具有特殊的生理功能，具有免疫调节作用的海洋生物主要有海参、海胆、海星、牡蛎、鲍鱼、乌贼、贻贝、扇贝、毛蚶、文蛤、鱿鱼、海蜇、鲨鱼、海带、螺旋藻、紫菜、龙须菜以及海洋微生物等。

一、血蓝蛋白

血蓝蛋白（keyhole limpet hemocyanin，KLH）是一种大型、桶状、多亚基的携氧金属蛋白，存在于海洋软体动物大锁孔帽贝（*Megathura crenulata*，keyhole limpet）的血淋巴中。KLH本身并不是一种药物，但它被批准通过在人类患者中引起适当的免疫反应来制备治疗癌症和其他免疫疾病的治疗剂。血蓝蛋白是一种免疫调节剂，自从其惊人的免疫刺激特性在实验动物甚至人类中被记录以来，50多年中，血蓝蛋白对免疫学研究和全球免疫药物市场作出了宝贵的贡献。

KLH存在KLH1和KLH2两种异构体，单体分子质量分别为390kDa和360kDa。KLH由20个单体组成，每个单体含有7~8个功能域。每个结构域包含两个铜离子（Cu^{2+}）并结合一个O_2分子。巨大的二十聚体结构被大量糖基化，这使得它适合理想的半抗原偶联，并且它被用作疫苗载体分子。由于其糖基化复杂且体积大，实验室合成几乎是不可能的。因此，商业化生产是通过纯化动物的血淋巴来实现的。KLH是免疫原性的，但不会引起人类的不良免疫反应，因此作为免疫调节剂使用是安全的。Biosyn公司的Immucothel®是一种商业亚基产品，已被用作在适当离子存在下KLH重新结合的组成部分。Immucothel®于1997年被批准用于治疗膀胱癌，并在荷兰、奥地利、阿根廷和韩国上市。Vacmune®是Biosyn公司的另一种免疫血蓝蛋白商业产品，用作疫苗开发的蛋白质载体。市售的KLH通常用于产生针对大复合物中存在的小分子片段的抗体。所产生的抗体已被用作生产已获批准和上市的抗体药物Digifab®（羊地高辛免疫Fab）的治疗剂。由KLH产生的其他商业产品已用于分析各种免疫学试验中的抗体滴度，包括Immune Activator™和KLH-Immune Activator®等。积极探索和优化KLH的免疫刺激和免疫调节特性，可能在未来实现对癌症等疾病的治疗。

二、珍珠

珍珠是一种古老的有机宝石，分为淡水珠和海水珠两种。淡水珠一般生长在褶纹冠蚌中，海水珠一般生长在马氏珠母贝、大珍珠贝和企鹅珍珠贝等软体动物体内。由于贝体内受到异物刺激，分泌出珍珠质进行层层包裹，随着异物上珍珠质日益增多，就形成人们常见的珍珠。珍珠的化学成分主要有碳酸钙、碳酸镁、氨基酸及多种微量元素等。

珍珠药用在我国已有2000余年历史，其性味甘、咸、寒，归心、肝经，功效为安神定惊、明目消翳、解毒生肌。古医籍《名医别录》《本草经集》《海药本草》《开宝本草》《本草纲目》《雷公药性赋》等都对其疗效有明确记载，被誉为"眼科圣药"。现代药理研究表明，珍珠具有提高人体免疫力、明目、祛斑美白、抗炎、抗疲劳、抗氧化、延缓衰老、补钙等功效。目前，以珍珠为主要成分的药物有130余种、保健食品有360余种，广泛应用于临床的珍珠类药物有珍珠层粉、珍珠明目滴眼液、复方珍珠解毒口服液、珍珠胃安丸、复方珍珠暗疮胶囊、珍珠层粉和珍珠末等（具体见表4-3）。

表4-3 以珍珠为主要成分制成的功能产品

名称	成分	功能主治
珍珠西洋参枸杞胶囊	枸杞子提取物、珍珠粉、西洋参提取物	增强免疫力
珍珠层粉	珍珠粉	安神，清热，解毒，制酸
珍珠明目滴眼液	珍珠液、冰片	清热泻火，养肝明目
复方珍珠解毒口服液	珍珠层粉、地黄、土茯苓、金银花、龟甲、甘草	清热凉血，养阴解毒
珍珠胃安丸	珍珠层粉、甘草、豆蔻姜、陈皮、徐长卿	行气止痛，宽中和胃
珍珠灵芝片	灵芝浸膏、女贞子、郁金、香附、墨旱莲、陈皮、珍珠层粉	养心安神，滋补肝肾
三黄珍珠膏	硫黄、雄黄、藤黄、珍珠、麝香	解毒消肿，去腐生肌，止痛
维生素E珍珠粉软胶囊	红花、珍珠粉、紫苏叶油、维生素E	祛黄褐斑
复方珍珠暗疮胶囊	珍珠层粉、金银花、蒲公英、木通、当归尾、地黄、黄芩、玄参、黄柏、大黄（酒炒）、猪胆汁	清热解毒，凉血通脉

三、海参

海参（*Holothuria*，sea cucumber）是无脊椎动物棘皮动物门海参纲（Holothuroidea）动物的泛称。海参是著名的海珍品，同人参、燕窝、鱼翅齐名，也是名贵药材。海参中含有海参多糖、海参皂苷、海参胶原蛋白、海参脑苷脂、神经节苷脂、脂肪酸等多种生理活性物质。依照不同种类和来源,如生活的海域、环境不同,所摄食物各异,其营养价值和功效存在一定差异。现代药理研究表明,海参具有抗肿瘤、调节免疫力、保护心血管、抗氧化等多种药理作用。

目前,以海参开发的产品多为功能性食品,如海参胶囊、海参肽胶囊、海参牡蛎片等,用于提高机体免疫力、抗氧化、抗疲劳等(具体见表4-4)。

表4-4 以海参为主要成分制成的功能产品

名称	成分	保健功能
海参胶囊	海参冻干粉	免疫调节,抗疲劳
海参肽软胶囊	鲜海刺参	免疫调节,抗疲劳
海参牡蛎胶囊	海参提取物、牡蛎提取物	增强免疫力
海参西洋参胶囊	海参冻干粉、西洋参提取物	增强免疫力
海参氨糖软骨素胶囊	氨基葡萄糖盐酸盐、硫酸软骨素钠、葡萄籽提取物、胶原蛋白、维生素C、海参冻干粉	增强免疫力
鲍鱼海参海胆口服液	鲍鱼、海参、海胆	缓解体力疲劳,增强免疫力

四、鲍鱼

鲍鱼(Abalone),其名为鱼,实则非鱼,属于原始海洋贝类,单壳软体动物。鲍鱼是中国传统的名贵食材,位列八大"海珍"之一,素称"海味之冠"。不仅如此,鲍鱼还具有极高的药用价值。《本草纲目》中记载:"鲍鱼性平,味甘、咸,可明目补虚、清热滋阴、养血益胃、补肝肾",故有"明目鱼"之称。鲍壳,又称石决明,是著名的中药材。《中国药典》(2020版)中记载,石决明的主要功效包括平肝潜阳、清肝明目,用于头痛眩晕、目赤翳障、视物昏花、青盲雀目。《黄帝内经》中记载:以鲍鱼汁治疗血枯。

以鲍鱼开发的保健食品主要有鲍鱼海参海胆口服液和深奥活力胶囊(鲜刺参、山药、女贞子、鲜鲍鱼、葡萄籽提取物、β-环状糊精)等,用于提高机体免疫力、抗氧化、抗衰老等。

五、牡蛎

牡蛎(*Ostrea gigas thunb.*)俗称海蛎子、蚝等,隶属软体动物门双壳纲珍珠贝目,是世界上第一大养殖贝类,是人类可利用的重要海洋生物资源之一。牡蛎的药用和食用价值早已被人们所认识,其味美肉细,易于消化。干肉中含有蛋白质

45%~52%、脂肪 7%~11%、总糖 19%~38%，此外，还含有丰富的维生素 A、维生素 B_1、维生素 B_2、维生素 D 等，含碘量比牛乳或蛋黄高 200 倍。浓缩后称为"蚝油"；肉可鲜吃或制成干品，即传统名产品"蚝豉"。蛎肉还有"养血，补血，滋阴"之功效，《本草纲目》中记载了牡蛎治虚弱、解丹毒、止渴等药用价值。我国最早的药用专著《神农本草经》始载牡蛎等贝类中药 7 种。主治惊痫、眩晕、自汗、盗汗、遗精、淋浊、崩漏、带下、瘰疬等。牡蛎壳中含有 90% 以上的碳酸钙，是一种宝贵资源，可应用于诸多领域，如医药、食品保健及制作各种添加剂等。现代药理研究表明牡蛎具有增强免疫力、保肝、抗肿瘤、抗衰老、降血糖等多种生物活性。

以牡蛎为主要成分开发的保健食品种类较多，大约 100 余种，主要有金牡蛎胶囊、壳聚糖牡蛎片、海参牡蛎胶囊和海洋鱼低聚肽牡蛎口服液等，用来提高机体免疫力、缓解体力疲劳、护肝、改善睡眠和增加骨密度等（具体见表 4-5）。

表 4-5 以牡蛎为主要成分制成的功能产品

名称	成分	保健功能
金牡蛎胶囊	牡蛎粉、淀粉	免疫调节
壳聚糖牡蛎片	壳聚糖、牡蛎肉提取物	增强免疫力
牡蛎牛磺酸软胶囊	牡蛎肉提取物、牛磺酸、柠檬酸锌	缓解体力疲劳
海洋鱼低聚肽牡蛎口服液	海洋鱼皮胶原低聚肽、牡蛎提取物、枸杞提取物、维生素 C、葡萄糖酸亚铁	缓解体力疲劳
牡蛎牛磺酸维生素 C 胶囊	牡蛎提取物、牛磺酸、维生素 C	对化学性肝损伤有辅助保护功能
珍珠牡蛎黄精胶囊	大豆异黄酮、珍珠粉、牡蛎粉、黄精提取物、刺五加提取物、远志提取物、柏子仁提取物、酸枣仁提取物	改善睡眠，增加骨密度

六、贻贝

贻贝（*Mytilus edulis*）亦称海虹，也叫青口，是一种双壳类软体动物。贻贝有很高的药用与食疗功效。据《本草纲目》记载，贻贝肉能治"虚劳伤惫，精血衰少，吐血久痢，肠鸣腰痛"。现代研究表明，贻贝活性多糖、功能性多肽、牛磺酸、多不饱和脂肪酸含量丰富。贻贝多糖能抑制鸡胚流感病毒的增殖。贻贝酶解多肽对降血压有较为显著的效果。贻贝富含牛磺酸，含量占总蛋白的 3.6%，对老年人在防治心血管系统疾病方面具有较广泛的作用。另有研究还发现，从贻贝中提取的多糖、活性多肽还具有抗氧化、抗菌、抗衰老等多种功能。

贻贝胶囊是把贻贝肉或贻贝活性物质的冻干粉，再与其他制剂配伍而得的。贻贝类制剂多为保健品，如希递康免疫胶囊（香菇、海带、枸杞子、紫贻贝，增强免疫力)、宜清胶囊(紫贻贝、山楂、泽泻、荷叶,辅助降血脂)、海贻贝胶囊和新西兰绿唇贻贝胶囊(改善关节健康、关节疼痛和关节炎)等。

七、螺旋藻

螺旋藻(*Spirulina*)是一类低等的原核生物,是由单细胞或多细胞组成的丝状体,体长200~500μm,宽5~10μm,圆柱形,呈疏松或紧密的有规则的螺旋形弯曲,形如钟表发条,故而得名。螺旋藻约有38种,多数生长在碱性盐湖。目前国内外均有大规模人工培育,主要为钝顶螺旋藻、极大螺旋藻和印度螺旋藻三种。其可食用,营养丰富,蛋白质含量高达60%~70%,此外,还含有脂肪、碳水化合物、叶绿素、类胡萝卜素、藻青素、多种维生素等。螺旋藻具有提高免疫力、降血脂、降血糖、抗辐射损伤、抗菌、减轻癌症放化疗的毒副反应、保护胃黏膜等作用。

市面上的各种螺旋藻药物有10余种,保健食品有250余种,一般用在提高机体免疫力、辅助治疗相应疾病方面,大多制成片剂或胶囊使用。

八、海带

海带(*Laminaria japonica*),又名纶布、昆布、江白菜,是多年生大型食用藻类。海带中含有丰富的海带多糖(褐藻胶、褐藻糖胶和褐藻淀粉)、膳食纤维、碘、甘露醇和多酚等活性成分,具有调节免疫、降血脂、降血压、抗氧化、抗突变等多种药理活性。

以海带为主要成分开发的保健食品有10余种,主要有海带壳聚糖壳寡糖胶囊(壳聚糖、壳寡糖、海带提取物、硬脂酸镁,增强免疫力)、希递康免疫胶囊(香菇、海带、枸杞子、紫贻贝,增强免疫力)、金海康胶囊(海带多糖、海龙提取物、β-胡萝卜素,增强免疫力、抗突变)、雅特冲剂(海带,降血压)、舒通诺口服液(海带、阿斯巴甜,降血脂)等。

九、海胆

海胆(Echinoidea, sea urchin)是棘皮动物门下的一个纲,是一类生活在海洋浅水区的无脊椎动物,也是生物科学史上最早被使用的模式生物之一。海胆以其生殖腺供食,其生殖腺又称海胆卵、海胆籽、海胆黄、海胆膏,色橙黄,味鲜香,占海胆全重的8%~15%。其生殖腺中所含的二十碳五烯酸占总脂肪酸的30%以上,可预防心血管病。海胆不仅是一种上等的海鲜美味,还是一种贵重的中药材。海胆卵的主要营养成分为卵磷脂、蛋白质、核黄素、硫胺素、脂肪酸等。海胆卵所含的脂肪酸对预防某些心血管疾病有很好的作用。中医认为海胆卵味咸，性平，具有软坚散结、化痰消肿之功效。目前以海胆开发的功能性食品主要有鲍鱼海参海胆口服液（抗疲劳、提高机体免疫力）、海胆王片（抗疲劳）、金海胆胶囊（抗疲劳、抗衰老）等。

第七节 抗氧化功能

人体因为与外界的持续接触，包括呼吸（氧化反应）、外界污染、放射线照射等因素，不断地在人体内产生自由基。科学研究表明，癌症、衰老或其他疾病大都与过量自由基的产生有关联。抗氧化剂是指能够以低浓度有效抑制自由基氧化反应的物质，其作用机制可以是直接作用在自由基，或是间接消耗掉容易生成自由基的物质，防止发生进一步反应。人体在不可避免地产生自由基的同时，也在自然产生着抵抗自由基的抗氧化物质，以抵消自由基对人体细胞的氧化攻击。虽然人体自身会合成一部分抗氧化物质，但这不足以维持机体的需要，因此很大程度上依赖于食物供给。补充抗氧化剂有助于机体减少自由基的产生或加速其清除，以对抗自由基的副作用。具有抗氧化功能的海洋生物活性物质主要有多糖及其衍生物、不饱和脂肪酸（EPA、DHA、角鲨烯）、维生素类（维生素C、维生素E、β-胡萝卜素）、虾青素、海藻多酚、牛磺酸等。

海洋动物、植物及微生物均能产生多糖，从海藻（如螺旋藻、海带）、虾蟹甲壳（甲壳素及其衍生物）与海洋微生物中提取的多糖多具有良好的抗氧化活性。凤尾鱼、鲱鱼、鲭鱼、鲑鱼、沙丁鱼、鲟鱼、湖鳟鱼、金枪鱼和鲨鱼等富含多不饱和脂肪酸，如EPA、DHA等。

一、海胆色素A

海洋药物Histochrome®是一种特殊的天然抗氧化剂。该药的活性物质为海胆色素A(Echinochrome A, Ech A, 7-乙基-2,3,5,6,8-五羟基-1,4-萘醌)，分子量为266，是海胆(*Scapechinus mirabilis*)中含量最多的类醌色素（图4-20）。

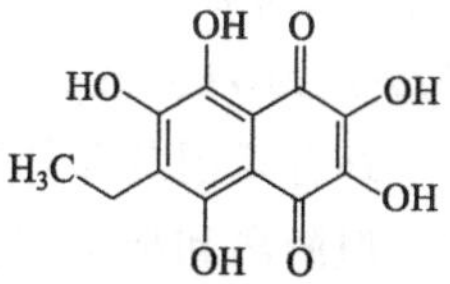

图4-20 Echinochrome A 的化学结构

Boguslavskaya等通过抑制异丙苯低温氧化的模型对Ech A和棘色素spinochromes A-E的抗氧化活性进行了初步研究。Ech A与过氧自由基的反应速率常数为4L/(mol·s)，而与丁基羟基甲苯（BHT）反应的速率常数为2.2L/(mol·s)。

研究结果表明，海胆类醌类色素是一类新的天然抗氧化剂。此外，据报道，Ech A 通过多种机制显示其抗氧化特性，包括清除活性氧（ROS）、与脂质过氧化自由基相互作用、螯合金属离子、抑制脂质过氧化和调节细胞氧化还原电位等。Histochrome® 基于 Ech A 的独特性质，可同时阻断自由基反应的各个环节。其自 1999 年以来一直用于临床，在俄罗斯被批准用于治疗心肌梗死和眼科疾病。

尽管 Ech A 看起来像一个简单的分子，但它并没有那么简单。首先，它是高度含氧的，氧占分子质量的 42%，这与大多数其他次生代谢物，尤其是陆生代谢物不同。其次，Ech A 具有乙基侧链，使分子具亲脂性并能够进入膜结构。由于这些结构特征，Ech A 在生理条件下也可以电离，形成八种可能的原聚体结构。这种结构的唯一性可能解释了 Ech A 的各种强烈效应。

在过去的几十年里，作为 Ech A 的药物配方，尽管 Histochrome 具有多种药理作用，但它在俄罗斯的临床应用有限。在大多数研究中，将 Histochrome 治疗效果与标准治疗和其他抗氧化药物（在一些研究中）进行了比较，并证明了其优势。研究结果为拓展 Ech A 的临床应用提供了重要的理论依据。为了扩大其临床应用，需要对各种新的分子靶点及其抗氧化和抗炎特性进行深入的研究。另外，Ech A 新药物剂型的开发应考虑添加各种成分，以增加其在水中的溶解度，并在保持或增强其药理特性的同时提供药物的靶向和控制释放，以扩大药物的应用范围。

二、虾青素

虾青素（Astaxanthin,3,3-二羟基-β,β-胡萝卜素-4,4-二酮）是一种酮类胡萝卜素，属于叶黄素家族，由雨生红球藻/湖生红球藻（*Haematococcus pluvialis/lacustris*）、色绿球藻（*Chromochloris*）、绿球藻（*Chlorococcum*）、栅藻（*Scenedesmus*）、肠浒苔（*Enteromorpha intestinalis*）、石莼（*Ulva lactuca*）、链藻（*Catenella repens*，属红藻），以及血红裸藻（*Euglena sanguinea*），还有其他的微生物如农杆菌（*Agrobacterium aurantiacum*）、产类胡萝卜素副球菌（*Paracoccus carotinifaciens*）、法夫酵母（*Phaffia rhodozyma*）和破囊壶菌（*Thraustochytrium*）等合成。

虾青素因其深红色和比合成虾青素高约 20~50 倍的抗氧化性能而占有特殊地位，但游离和酯化虾青素的抗氧化性能仍存在争议。天然虾青素的这些独特特性是其市场价值高的主要原因之一，其市场价值从每千克 6000 美元到 7150 美元不等，虾青素的商业市场显示出巨大潜力，估计到 2027 年将增长到 34 亿美元。然而，廉价的化学虾青素满足了 95% 的市场需求。考虑到这种价格差异，用天然虾青素替代合成虾青素并不符合成本效益，因此需要提高虾青素产量的策略和技术来降低其生产成本。这包括光生物反应器和经济高效的下游加工和/或重新考虑除了雨生红球藻之外的虾青素来源。雨生红球藻是虾青素的主要生产者（约占干重的 4%），并且已经在工业规模上进行了养殖。

虾青素与其他类胡萝卜素一样，其特点是多烯系统，允许分子以顺式和反式异构体形式存在。顺式构型相对于反式异构构型稳定性较差。自然界中发现的大多数类胡萝卜素都具有反式构型。此外，虾青素在 C3 和 C3′ 位置具有手性碳，允许存在两个对映体（3R，3′R 和 3S，3′S）和一个中位构型（3R，3′S）(图 4-21)。虾青素的另一种化学修饰是与一种或两种脂肪酸酯化。这些化学特性赋予虾青素典型的分子构型，这可能会影响它们的吸光性、化学稳定性和生物利用度。例如，含有不饱和脂肪酸和短链的单酯化虾青素在人体消化系统中被快速水解，这表明游离虾青素的生物利用度比单酯化和双酯化虾青素更高。

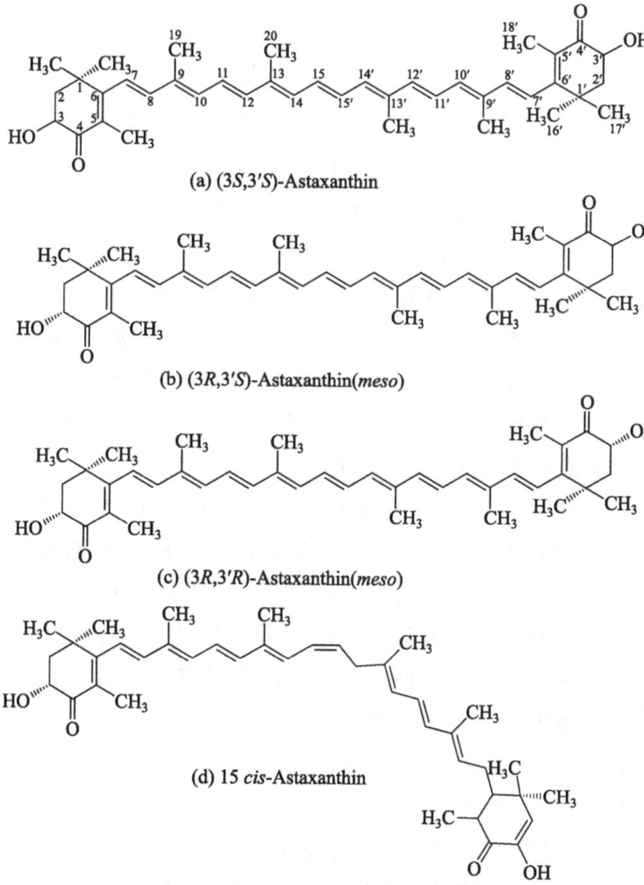

图 4-21 虾青素的不同异构体

雨生红球藻的虾青素主要为 3S,3′S 异构体，其中 70% 为单酯化、25% 为二酯化、5% 为 3′-OH 基团修饰的游离形态，而法夫酵母的虾青素因其生物合成而为 3R,3′R 未酯化形式。产类胡萝卜素副球菌合成的虾青素是经 3,3′-OH 基团修饰的

100%自由形态。需要注意的是，合成虾青素是由石油化工产品通过多步骤产生的，包括角黄素（canthaxanthin）的羟基化、玉米黄素（zeaxanthin）的氧化和维蒂希（Wittig）反应。合成虾青素是立体异构体的混合物，有 $1(3R,3'R)$、$2(3R,3'S)$ 和 $1(3S,3'S)$ 非酯化形式。

只有天然虾青素被认为对人类使用和消费是安全的。由于虾青素在制药、营养保健品、化妆品、膳食和水产养殖等领域的广泛应用，许多公司生产天然虾青素。因为化学合成虾青素有化学残留，不适合人类食用，没有被批准直接食用，尽管它们被推荐用于水产养殖。

类胡萝卜素通过阻断细胞血管紧张素转换酶（ACE2）受体、调节炎症和调节过氧化物酶体增殖物激活受体（PPARγ）表达，对病毒性和细菌性疾病具有潜在作用。因此，它们具有抗炎特性，有助于减少氧化应激，防止细胞因子的入侵。在健康人群中，连续 3 个月服用足剂量的虾青素（4～12mg/d）可预防许多常见感染。据报道，在人体研究中，虾青素比其他几种类胡萝卜素如番茄红素、叶黄素、玉米黄质、α-胡萝卜素和 β-胡萝卜素具有更高的抗氧化活性。雨生红球藻虾青素饲喂大鼠增强了抗氧化作用。虾青素被细胞表面的脂蛋白脂肪酶完全消化，并由肝脏排出体外。欧洲食品安全局和美国 FDA 已分别将虾青素的人体安全食用剂量从 4mg/d 提高到 12mg/d，前提是在 30 天内摄入。一项赭曲霉毒素（OTA）诱导的小鼠肺损伤模型研究表明，虾青素通过核因子（Nrf2/NF-κB）途径保护器官免受氧化损伤和炎症，这与维持先天免疫有关。类胡萝卜素在降低 C 反应蛋白（CRP）和白细胞介素-6（IL-6）的血清浓度方面也显示了总体效果。在可用的类胡萝卜素补充剂中，虾青素对人类显示出最有希望的抗炎作用。

虾青素减少氧化应激和自由基的能力是维生素 C 的 65 倍、胡萝卜素的 54 倍、生育酚的 100 倍。它对巨噬细胞活化、核因子 κB（NF-κB）磷酸化、Janus 激酶、信号转导和转录激活因子（STAT）、IL-6、IL-1β、环氧化酶-2 和 TNF-α 因子均有抑制作用。由于虾青素能够在细胞膜的脂质双分子层内结合，因此与其他抗氧化剂相比，虾青素显示出更大的生物活性。虾青素的多烯链结构将自由基困在细胞膜内，而其末端环则从细胞膜内和细胞膜表面清除自由基。

此外，据报道，虾青素在谷胱甘肽过氧化物酶 1、过氧化氢酶、抗氧化酶、Nrf2 靶向蛋白和血红素氧化酶 1（HO-1）的辐照细胞中表达上调。它阻断活性氧（ROS）的形成，并触发氧化应激反应酶的表达，包括 HO-1，HO-1 受转录因子如 Nrf2 的进一步调节。Nrf2 被虾青素激活，从而保护小鼠免受氧化应激。

活性氧（ROS）水平升高与炎症、氧化损伤、病毒感染和复制密切相关。据推测，调节病毒感染患者的 ROS 水平可有效对抗高度炎症，减少免疫系统恶化，保护组织免受氧化损伤，同时抑制病毒复制。虾青素的化学性质和分子结构解释了其较强的抗氧化活性。具有全反式异构体的虾青素的天然形式比其他类胡萝卜素如 β-胡萝卜素、玉米黄质和角黄素以及维生素 C 和维生素 E 具有更好的抗氧化性能。先前对全反式天然虾青素异构体的体外和体内研究表明其具有抗氧化作用和对脂质过氧化的强抑制作用。Liu 等通过 DPPH 自由基清除活性测试证实，在人神经母细胞瘤 SH-SY5Y 细胞中，顺式虾青素（9-cis 异构体）体外抗氧化活性比全反式异构体高。

虾青素在促进免疫应答中起着至关重要的作用，是一种多靶点的药理活性类胡萝卜素，有助于治疗神经系统疾病，如帕金森病（PD）、阿尔茨海默病（AD）、抑郁症、衰老以及脑和脊髓损伤。它还对神经退行性疾病、胃肠道疾病、糖尿病和肾脏炎症等多种疾病具有抗炎作用，这使其成为一种潜在的抗炎药。虾青素还有助于 Th1 细胞因子的产生，如 IL-2 和小鼠干扰素 γ（IFN-γ）。它还降低 NF-κB 和其他下游介质如 IL-1β、IL-6、基质金属蛋白酶（MMP-9）。此外，它还调节磷酸肌醇 3 激酶（PI3K）/Akt、ERK/MAPK 和上游巨噬细胞迁移抑制因子（MIF）。

皮肤暴露在紫外线辐射下会增加皮肤中活性氧水平，从而导致氧化应激增加，进而引发多种氧化作用，如 DNA 损伤，会损害皮肤及其生理功能。紫外线辐射通过引发连锁反应，导致脂质产生过氧化物和其他自由基，并破坏 DNA，进而促进癌细胞的发展，诱发皮肤癌。研究表明，虾青素的口服和吸收，以及在组织中的积累，可以保护皮肤免受辐射、衰老和皮肤病的侵害。虾青素的不同化学形式决定了它的功能。连续给药两周（10mg/mL）后，13-顺式虾青素在啮齿动物皮肤和眼睛中的积累量高于全反式和 9-顺式同分异构体。此外，如果将虾青素纳入日常饮食，有可能改善皮肤质量，增加皮肤弹性，减少面部皱纹和色素沉着。

尽管眼睛的主要功能是吸收光，但长期暴露于光下可能引起氧化应激，导致晶状体、视网膜和眼组织发生破坏性的结构和功能变化。此外，眼睛长期暴露在光线下还可能诱导和增加 ROS 水平，激活与炎症相关的细胞通路。有研究表明，虾青素可以穿过血脑屏障，在动物视网膜中积累。因此，虾青素的消耗可以通过改善视网膜血液流动来减少氧化性炎症和弱视，从而帮助维持眼睛健康。研究发现，口服虾青素纳米粉后，光敏性角膜炎小鼠的角膜组织愈合，炎症减轻。研究提示，炎症减轻是由于角膜组织中环氧合酶-2（COX-2）、磷酸化 κB-α 抑制剂（p-κB-α）、肿瘤坏死因子-α（TNF-α）和 CD45 的表达减少所致。虾青素还能够促进眼部血液循环，有助于治疗眼疲劳。

虽然大量研究表明虾青素可作为一种有效的抗氧化剂、抗炎剂、免疫系统调节剂和降血糖剂，在医疗保健和对抗某些疾病方面具有很大的潜力，但仍需通过对照试验来验证其在治疗许多疾病中的有效性。目前，研究人员正在进行临床试验，以研究虾青素对炎症和氧化应激的显著作用。

未来，虾青素可能在治疗和预防心血管、肺部和神经系统疾病方面发挥与他汀类药物同样重要的作用。然而由于其在高温、低 pH 和光照条件下的不稳定性、疏水性和有限的生物利用度，使得其普及受到限制。

虾青素由于其不稳定的性质，在生物医学上的应用受到限制，但包封等方法可用于长时间保持这种生物分子的生化活性。对虾青素的运输、代谢和相互作用的研究还有待深入探讨。虾青素从天然来源获得，对许多疾病都有很大的健康益处。因此，创新生物相容和低成本的提取方法是必需的，以在营养保健行业可持续利用虾青素。

第八节　其他生理功能

一、肾病防治功能

肾海康（海昆肾喜®）（简称 FPS）是一种主要用于慢性肾衰竭治疗的国家二类海洋中药。FPS 主要成分是 α-(1→2)-L-岩藻糖-4-硫酸酯，含有少量的 α(1→3) 或 α(1→4) 岩藻糖分支，硫酸酯主要是在 C4 位的羟基上。其也称为褐藻糖胶、岩藻聚糖硫酸酯或岩藻聚糖（Fucoidan）等，是褐藻特有的一种化学组分。

慢性肾衰竭（chronic renal failure，CRF）药理学研究证明，FPS 具有利水消肿、祛湿化浊、活血化瘀的作用。动物试验证明，FPS 可减轻慢性肾衰竭实验模型大鼠的肾小球肥大、肾小管间质损害，抑制模型大鼠的体液免疫，增加肾脏血流量，且有利尿和减低血总胆固醇、血液黏稠度的作用，使慢性肾衰竭大鼠血清肌酐、尿素氮水平明显减低，血清白蛋白水平明显增加。在治疗过程中，无明显消化道症状和过敏反应。因此，肾海康对早、中期 CRF 患者可明显改善症状，有良好疗效。

近几年的研究还发现，FPS 可以抑制腺癌细胞在纤维连接蛋白上的黏附，从而达到抗肿瘤作用，同时 FPS 还可以降低晚期癌症病人使用化学疗法所带来的毒副作用；剂量依赖性地使用 FPS 可以抑制丙型肝炎病毒的复制子表达，有利于慢性丙型肝炎的治疗；FPS 还有刺激酯质分解的作用，可应用于肥胖的治疗和预防。随着研究的不断深入，FPS 必将成为一种临床上多用途的重要药物。

二、肝病防治功能

海麒舒肝胶囊（海克力特）是采用昆布、麒麟菜的提取物作为主要原料，再经过降解、分级、纯化，最后进行硫酸化反应得到。其主要成分为昆布多糖硫酸酯（LAMS）、琼枝硫酸多糖（GSPSA）和异枝硫酸多糖（SSPSA）。临床上，海麒舒肝胶囊适用于脂肪肝、急慢性肝炎、中毒性肝损伤（酒精、化学及药物性肝损伤）、肝硬化，以及各种原发性及转移性肿瘤、放化疗联合用药及肿瘤手术后的治疗。

海克力特护肝、抗肿瘤的作用机理有：它能稳定细胞膜，保护肝细胞不受损害；捕捉氧自由基，减轻有毒物质引起的脂质过氧化反应，清除肝内有毒物质；抑制肝内粒细胞介导的炎性反应，对抗 TNF-α 诱导的肝细胞凋亡，减轻肝细胞损伤；刺激肝细胞内 DNA 和蛋白质的生物合成，修复损伤肝细胞，保护肝功能；具有极强的抗病毒作用；提高机体免疫力，诱导病毒感染的肝细胞产生凋亡；抑制肿瘤组织新生血管生成，达到抗肿瘤作用；抑制肿瘤细胞的促凝活性，改善肿瘤细胞外环境；抑制肿瘤增殖、浸润及转移等。

在海麒舒肝胶囊的活性评价过程中，发现其具有良好的抗人乳头瘤病毒（HPV）活性，这有待进一步研究和临床推广。

三、胃病防治功能

1. 海螵蛸

海螵蛸，中药名，别名乌鲗骨、乌贼鱼骨、乌贼骨，为乌贼科动物无针乌贼（*Sepiella maindroni* de Roehebrune）或金乌贼（*Sepia esculenta* Hoyle）的干燥内壳。中医上海螵蛸常被用作止血药，具有止血、制酸止痛、接骨、骨缺损修复、抗肿瘤、抗溃疡、抗辐射等作用。明代李时珍在《本草纲目》中记载："乌贼骨，厥阴血分药也，其味咸而走血也。故血枯血瘕，经闭崩带，下痢疳疾，厥阴本病也；寒热疟疾，聋瘿，少腹痛，阴痛，厥阴经病也；目翳流泪，厥阴窍病也。厥阴属肝，肝主血，故诸血病皆治之。"并在书中收录了古代 20 多个海螵蛸的药方。海螵蛸用在治疗胃部疾病上，疗效最为显著，对于胃炎、胃痛、胃泛酸、胃溃疡及十二指肠溃疡等症都有很好的疗效。国内市场上的一些中成药，如胃康灵、胃灵、胃舒宁等胃药中，都把海螵蛸作为主要成分。临床上用于治疗胃脘疼痛，胃酸过多，消化道溃疡，急、慢性胃炎，胃、十二指肠溃疡，胃出血等。

2. 海盘车

海盘车，中药名，别名海星，为海盘车科动物罗氏海盘车（*Asterias rollestoni* Bell）和多棘海盘车（*Asterias amurensis* Lütken）的全体。海星是一种呈扁五角星形的海洋无脊椎动物，研究表明，其含有大量的海星皂苷、甾体、脂肪酸、神经酰胺、多肽、氨基酸、糖类等化学成分，具有溶血、抗肿瘤、抗病毒、抗菌、抗溃疡以及抗炎、麻醉和降血压等作用。如从罗氏海盘车提取的海星总皂苷能提高胃溃疡的愈合率。我国有把海星作为主要成分，并配合其他中药制成海洋胃药，该药具有益气健脾、温中止痛的效果，临床用于脾胃虚弱、胃寒作痛、嗳气吞酸等症，以及胃、十二指肠溃疡等见有上述证候者。

四、降血糖功能

具有降血糖作用的海洋生物活性物质主要有海藻提取物（多糖）、螺旋藻多糖、羊栖菜提取物（多糖）、毛蚶水解液、文蛤提取物、西施舌、鲨肝刺激物质和甲壳胺等。开发的保健食品主要有：

1. 健脾消渴散（降糖宁®）

健脾消渴散（降糖宁®），是一种由昆布、麦麸和黑豆组成的中成药，具有明显的降血糖、延缓糖吸收、增强饱腹感以及润肠通便等作用，可用于糖尿病的辅助治疗。

2. 海麦舒冲剂（三康®）

海麦舒冲剂（三康®）是一种由羊栖菜提取物、大豆、麦麸、荞麦、黑芝麻、枸杞和乳酸钙组成的保健食品，用于调节血糖。

研究表明，羊栖菜能明显降低大鼠的血糖浓度，剂量-效应关系明显。羊栖菜降血糖作用可能是羊栖菜中的膳食纤维、微量元素铬和羊栖菜多糖等活性物质综合作用的结果。羊栖菜提取物对正常小鼠无降血糖作用，但它有预防糖尿病动物血糖水平升高的作用。高剂量的多糖和醇提物均能明显降低四氧嘧啶糖尿病小鼠血糖水平。羊栖菜多糖能增强糖尿病小鼠的负荷糖耐量，明显提高糖尿病小鼠对糖的耐受能力。

五、温肾壮阳功能

1. 海马（Hippocampus）

本品为海龙科动物线纹海马（*Hippocampus kelloggi* Jordan et Snyder）、刺海马（*Hippocampus histrix* Kaup）、大海马（*Hippocampus kuda* Bleeker）、三斑海马（*Hippocampus trimaculatus* Leach）或小海马（海蛆）（*Hippocampus japonicus* Kaup）的干燥体。海马是一种名贵的强壮补益中药。中医理论认为，海马具有强身健体、补肾壮阳、舒筋活络、消炎止痛、镇静安神、止咳平喘等功效。现代科学研究证实海马含有氨基酸、活性多肽、甾体类、脂肪酸和微量元素等多种化学成分，具有性激素样作用以及抗炎、抗氧化、抗肿瘤和提高机体免疫力等多种药理活性。

以海马入药的中成药主要有海马补肾丸、海马强肾丸、海马三肾丸、海马多鞭丸、海马万应膏、海马香草酒、海马舒活膏、麝香海马追风膏、精制海马追风膏和海马巴戟胶囊等。以海马为主要成分制成的保健产品有十余种，通常用于免疫调节、抗疲劳和延缓衰老等方面，大多制成胶囊、口服液或酒的形式。

2. 海龙（Syngnathus）

本品为海龙科动物刁海龙［*Solenognathus hardwickii*(Gray)］、拟海龙［*Syngnathoides biaculeatus*(Bloch)］或尖海龙（*Syngnathus acus* Linnaeus）的干燥体。海龙是另一种强壮补益中药，中医认为海龙、海马"性温味甘，暖水脏，壮阳道，消瘕块"，故有温肾壮阳、散结消肿之功效。现代科学研究表明，海龙含有氨基酸、蛋白质、甾体类化合物、脂肪酸及其酯类等多种化学成分，具有性激素样作用以及抗肿瘤、抗疲劳等药理活性。

以海龙入药的中成药或保健食品主要有金海龙胶囊、海龙胶口服液、海龙蛤蚧口服液等。

第五章
海洋生物活性物质的制备技术

海洋生物所蕴含的许多活性成分是未知的,所以进行海洋生物活性物质提取、分离的过程比较复杂,与陆地生物有些不同,在提取、分离有效活性成分的过程中,最好采用生物活性试验来追踪(如抗肿瘤筛选模型、抗菌筛选模型等),以确保其有效成分部位所在,最后获得有效单一化合物。如果有效成分是已知的,一般是先查阅有关资料,搜集、比较该种或该类成分的各种提取方案,再根据具体条件来选择分离纯化方法。海洋天然产物可简单分为小分子化合物(分子量小于1000的各种天然产物)和大分子化合物(多糖、蛋白质和核酸),小分子物质和大分子物质分离纯化的方法有一定的差别。

海洋生物活性物质的制备主要包括以下工艺流程:海洋生物材料采集与预处理→提取活性成分→活性成分的分离纯化→成品化。

第一节 海洋生物原料的破碎技术

海洋生物生活在海中,有的还生活在深海,原料的采集相对困难,往往需要使用船只甚至大型船,采集深水生物有时还要使用潜水器。海洋生物活性物质生产原料的选择要考虑其来源、目的物含量、杂质的种类、价格等,其原则是要选择目的物含量高、杂质含量少、产地较近、易于获得、易于提取的无害生物材料,还要注意海洋植物类原料的季节性、动物类原料的年龄与性别、微生物生长的对数期长短。另外,环境对很多生物活性物质的影响有时比遗传因素还要大。不同的海域,由于其水质、水温、潮汐等条件的差异,其中海洋生物所含的活性物质的种类和含量会有较大的差异。因此,采集原料时不仅要记录原料的地理位置,还要记录所采集生物的性别、生长阶段等原始数据。

对海洋生物原料进行预处理的目的是在保护成分生物活性的同时将目标成分从原料中释放出来,并除去颗粒性杂质,对初级提取液进行必要的稀释或浓缩,制备出澄清的初级提取液,以利于下一道工序的进一步处理。原料预处理主要是粉碎或匀浆。对干燥的固体型原料通常先进行粉碎，以便增加溶剂与固形物的接触面积，促进有效成分浸出，但干式粉碎必须将原料的水分尽量除去或者预先对原料进行脱脂处理。

新鲜海洋生物原料则需匀浆处理，并且要在尽可能低的温度下操作，或者要加防腐剂进行处理，以防有效成分被破坏分解。大多数目的物的生物活性极易被原材料中的酶类削弱或去除，所以在原料预处理时应采用适当的手段防止其降解和失活。常用的物理方法是保持低温，如在 2~8℃ 条件下组织或细胞内的多数酶类的活性受到抑制；常用的化学法为添加适宜的酶抑制剂，可抑制组织或细胞内多数酶的活性。

对于一些植物性原料，特别是一些藻类植物以及目的产物为胞内产物的微生物物料，由于它们具有细胞壁的结构，使用普通粉碎或匀浆的方法很难达到理想效果。为了提高目的物的收率，需要对其进行细胞破碎（cell disruption）的操作。

一、细胞破碎的理论基础

1. 细胞的结构

细胞的结构（cell structure）因细胞种类而异。动物、植物和微生物细胞的结构相差很大，而原核细胞（prokaryotic cell）和真核细胞（eukaryotic cell）又有所不同。动物细胞没有细胞壁，只有由脂质和蛋白质组成的细胞膜，易于破碎。植物和细菌、真菌细胞的细胞膜外还有一层坚固的细胞壁，破碎困难，需采用较强烈的破碎方法。

革兰氏阳性菌的细胞壁主要由肽聚糖层组成，而革兰氏阴性菌的细胞壁在肽聚糖层的外侧还有分别由脂蛋白和脂多糖及磷脂构成的两层外壁层。革兰氏阳性菌的细胞壁较厚，约为 20~80nm，肽聚糖含量占到 40%~90%。而革兰氏阴性菌的肽聚糖层较薄，仅为 1.5~2.0nm，在肽聚糖层外面还有一较厚的外壁层（约 8~10nm），主要成分为脂蛋白、脂多糖和其他脂类，因此，革兰氏阴性菌细胞壁中脂类含量较高。所以，革兰氏阳性菌的细胞壁比革兰氏阴性菌的坚固，较难破碎。

酵母细胞壁的厚度为 0.1~0.3μm，最里层是由葡聚糖的细纤维组成，它构成了细胞壁的刚性骨架，使细胞具有一定的形状，覆盖在细纤维上面的是一层糖蛋白，最外层是甘露聚糖，由 1,6-磷酸二酯键共价连接，形成网状结构。酵母的细胞壁比革兰氏阳性菌的细胞壁厚，更难破碎。其他真菌的细胞壁亦主要由多糖构成，此外还有少量蛋白质和脂质等成分。

植物细胞壁的厚度约为 0.1μm 到几微米，由胞间层、初生壁和次生壁三部分构成，主要成分为纤维素和果胶。

原核细胞和真核细胞的细胞膜均由脂质和蛋白质构成，二者之和占细胞膜构成成分的 80%～100%。原核细胞和真核细胞的内部结构相差很大，原核细胞结构简单，无细胞核，一般由细胞质和核糖体构成。真核细胞的细胞质内包含丰富的细胞器，如线粒体、核糖体、叶绿体、内质网和高尔基体等。生物活性成分存在于细胞壁、细胞膜、细胞质（包括线粒体、核糖体、内质网和高尔基体等细胞器）中。细胞破碎的目的就是使细胞壁和细胞膜受到不同程度的破坏（增大通透性）或破碎，释放其中的目的产物。

2. 细胞破碎和产物释放原理（principles of cell disruption and product release）

细胞破碎主要采用各种机械破碎法和非机械破碎法，或机械破碎法和非机械破碎法结合。机械破碎法细胞所受的机械作用力主要有压缩力和剪切力。非机械破碎法是利用化学或生物化学试剂（酶）改变细胞壁或细胞膜的结构，增大胞内物质的溶解速率；或者完全溶解细胞壁，形成原生质体后，在渗透压作用下使细胞膜破裂而释放胞内物质。

二、机械破碎技术

1. 高压匀浆法

高压匀浆法（high-pressure homogenization），又称高压剪切破碎。高压匀浆法的破碎原理是：细胞浆液通过止逆阀进入泵体内，在高压下迫使其在排出阀的小孔中高速冲出，并射向撞击环上，由于突然减压和高速冲击，使细胞受到高的液相剪切力而破碎。高压匀浆器的操作压力通常为 50～70MPa。在操作方式上，可以采用单次通过匀浆器或多次循环通过等方式，也可连续操作。为了控制温度的升高，可在进口处用干冰调节温度，使出口温度调节在 20℃左右。在工业规模的细胞破碎中，对于酵母等难破碎的及浓度高或处于生长静止期的细胞，常采用多次循环的操作方法。

高压匀浆法适用于酵母和大多数细菌细胞的破碎，料液细胞质量浓度可达 200g/L 左右。团状菌和丝状菌易造成高压匀浆器堵塞，一般不宜使用高压匀浆法。

2. 磨切法

磨切法（grinding method）工业上常用的有绞肉机、球磨机、万能磨粉机等。实验室常用的有匀浆器、乳钵、高速组织捣碎机等。

珠磨是常用的一种方法，它是将细胞悬浮液和剪碎的组织与玻璃小珠、石英砂或氧化铝等研磨剂一起快速搅拌，使细胞获得破碎。在工业规模的破碎中，常采用高速珠磨机（high speed bead mill）。其工作原理为：进入珠磨机的细胞悬浮液与玻璃小珠、石英砂和氧化铝等研磨剂一起快速搅拌和研磨，通过剪切和碰撞作用，使细胞破碎，释放出内含物。在珠液分离器的协助作用下，研磨剂被滞留在破碎室内，浆液流出，从而实现连续操作。

珠磨法细胞破碎效果随细胞种类而异，但均随搅拌速率和悬浮液停留时间的增大而增大。珠磨破碎操作的有效能量利用率仅为1%左右，破碎过程会产生大量热能，因此，在设计操作时应充分考虑换热能力问题。珠磨法适用于绝大多数微生物细胞的破碎，但与高压匀浆法相比，影响破碎率的操作参数较多，操作过程的优化设计较复杂。

3. 超声波破碎法

超声波破碎法（ultrasonic disruption）是利用超声波振荡器发射的超声波处理细胞悬浮液。超声波振荡器有不同的类型，常用的为电声型，它是由发生器和换能器组成，发生器能产生高频电流，换能器的作用是把电磁振荡转换成机械振动。超声波振荡器可分为槽式和探头直接插入介质两种，一般破碎效果后者比前者好。

超声波破碎细胞的机制可能与超声波引起空穴现象有关。在相当高的输入声能下，液体各个成核部位形成许多小气泡。在声波膨胀相中，这些气泡会增大，而在压缩相中气泡会被压缩，直到不能再压缩时，气泡破裂，释放出猛烈的震波。这种震波通过介质传播。在气泡发生空穴现象的破碎期间，大量声能被转化成弹性波形式的机械能，引起局部的剪切梯度使细胞破碎。超声波破碎法的特点为：①处理少量样品时，操作简便，损失少，更适合实验室规模；②超声破碎时会产生大量的热，需对物料进行冷却；③在大规模操作中，声能传递和散热均有困难。

三、非机械破碎技术

1. 酶溶法

酶溶法（enzymatic lysis）是利用溶解细胞壁的酶处理菌体或植物细胞，使细胞壁受到部分或完全破坏后，再利用渗透压冲击等方法破坏细胞膜，进一步增大胞内产物的通透性。溶菌酶（lysozyme）适用于革兰氏阳性菌细胞的分解，应用于革兰氏阴性菌时，需辅以乙二胺四乙酸（EDTA）使之更有效地作用于细胞壁；放线菌细胞壁结构类似于革兰氏阳性菌，以肽聚糖为主要成分，也能采用溶菌酶；酵母和霉菌的细胞壁不同于细菌，需采用不同的酶，常用蜗牛酶、纤维素酶、多糖酶等或几种酶的混合物；植物细胞壁的主要成分是纤维素，常用纤维素酶和半纤维素酶裂解。

酶溶法可分为外加酶法和自溶法两类。外加酶法是根据不同物种细胞壁的结构和化学组成，外加不同的降解酶，并确定相应的加酶次序，使细胞壁破裂，释放出胞内物质。外加酶法的优点为：①可从细胞内不同位置选择性地释放目的产物，条件温和；②核酸泄出量少，细胞外形完整，可进行原生质体融合实验。其缺点为：①酶价格高，限制了其大规模应用；②通用性差，不同菌种需选择不同的酶，不易确定最佳的破壁条件；③存在产物抑制现象，使胞内物质释放率低。

自溶法（autolysis）是动物组织或细胞在存放过程中因自身的酶促反应而自溶，以及微生物生长过程中，通过控制一定的发酵条件，使微生物自身代谢出所需的溶酶来达到破壁的目的。自溶法的优点是可用于大规模生产。其缺点为：①对于不稳定的微生物易引起目的产物的变性；②自溶后细胞悬浮液黏度增大，过滤速率下降。

2. 化学渗透法

用某些化学试剂溶解细胞壁或抽提细胞中某些组分的方法称为化学渗透法（chemical permeation）。例如，酸、碱、某些表面活性剂及脂溶性有机溶剂（如丁醇、丙酮和氯仿）等，都可以改变细胞壁或膜的通透性，从而使细胞内容物有选择地渗透出来。

① 酸碱处理。酸碱用来调节溶液的 pH，改变细胞所处的环境，从而改变两性产物蛋白质的电荷性质，使蛋白质之间或蛋白质与其他分子之间的作用力下降而易于溶解并释放到溶液中去，便于后面的提取。碱能溶解细胞壁上的脂类物质或使某些组分从细胞内渗漏出来。

② 有机溶剂处理。有机溶剂如丁酯、丙酮、甲苯、氯仿、二甲苯等，能溶解细胞壁上脂类物质，造成细胞壁的破裂，细胞内的产物就可释放到水相中。

③ 表面活性剂处理。表面活性剂是两性化合物，分子中有一个亲水基团和一个疏水基团，在适当的 pH 和离子强度下，它们聚集在一起形成微胶束，疏水基团在胶束的内部将溶解的脂蛋白包在中心，而亲水基团则指向外层，这样使膜的通透性发生改变或使之溶解，该法特别适用于膜结合的酶的溶解。天然的表面活性剂有胆酸盐和磷脂等；合成的表面活性剂可分为离子型和非离子型，离子型如十二烷基硫酸钠（SDS，阴离子型）、十六烷基三甲基溴化铵（阳离子型），非离子型如 Triton X-100 和吐温（Tween）等。一般来说，离子型的表面活性剂比非离子型的表面活性剂更有效，但也容易使蛋白质变性。

除此之外，用螯合剂［如乙二胺四乙酸(EDTA)］和盐类试剂（改变离子强度）处理细胞，也可有效溶解细胞，增大细胞壁的通透性。变性剂如盐酸胍和脲等，能破坏氢键作用，降低胞内产物之间的相互作用，使之容易释放。

化学渗透法的优点为产物释放具有选择性，处理后的浆液黏度低，易于固液分离；缺点是通用性差、时间长、效率低，且有些化学试剂有毒，影响后续处理。

3. 渗透压法

渗透压法（osmotic shock），即渗透压冲击，是在各种细胞破碎法中最为温和的一种，适用于易于破碎的细胞，如动物细胞和革兰氏阴性菌。具体是将细胞放在高渗透压的溶液（如一定浓度的甘油或蔗糖溶液）中，由于渗透压的作用，细胞内的水分向外渗出，细胞发生收缩，当达到平衡后，将介质快速稀释，或将细胞转入水或缓冲液中，由于渗透压的突然变化，胞外的水迅速渗入胞内，引起细胞快速膨胀而破裂。

4. 冻融法

冻融法（freezing and thawing），即将细胞放在低温下冷冻（约 $-15℃$），然后在室温中融化，反复多次而达到破壁作用。由于冷冻，一方面能使细胞膜的疏水键结构破裂，从而增加细胞的亲水性能，另一方面胞内水结晶，形成冰晶粒，引起细胞膨胀而破裂。反复冻融法适用于细胞壁较脆弱的菌体，特点是破碎率较低，需反复多次，可能引起某些蛋白质变性。

5. 干燥法

干燥法（dryness）即将细胞用不同的方法干燥，细胞膜渗透性发生变化而破裂，然后用丙酮、丁醇或缓冲液等溶剂抽提胞内物质。抽提时 pH 为 $8\sim9$，此时溶解蛋白质较多，抽提的温度为 $40\sim50℃$，对不稳定的产物需用低温处理。

细胞干燥的方法有空气干燥、真空干燥、冷冻干燥等。干燥法条件变化剧烈易引起蛋白质变性。提取不稳定生物化学物质时，常加某些试剂进行保护，如半胱氨酸、巯基乙醇和亚硫酸钠等还原剂。

无论机械法还是非机械法破碎细胞，都有其自身的局限性和不足，应根据破碎细胞的目的、回收目的产物的类型和它在细胞中所处的位置，选用合适的方法，达到选择性地分步释放目的产物的要求。其一般原则为：若提取的产物在细胞质内，需用机械法；若在细胞膜附近则可用较温和的非机械法；若提取的产物与细胞膜或细胞壁相结合时，可采用机械法和非机械法相结合的方法，以促进产物溶解度的提高或缓和操作条件，而保持产物的释放率不变。

上述非机械破碎法（生物、物理和化学渗透法）的处理条件比较温和，有利于目的产物的高活力释放回收，但这些方法破碎效率较低、产物释放速率低、处理时间长，不适于大规模细胞破碎的需要，多局限于实验室规模的小批量使用。

第二节　海洋生物活性物质的提取技术

一、提取技术的分类

提取是指利用液体或超临界流体为溶剂提取原料中目标产物的操作。提取操作中至少有一相为流体（液体或超临界流体），一般称该流体为萃取剂（extractant），从原料中提取出来的物质称为溶质。根据萃取剂的种类和形式不同，提取法可分为浸提法、超临界流体萃取法、双水相萃取法、超声辅助萃取法和微波辅助萃取法等技术。

1. 浸提法

浸提法（leaching），亦称浸取法、液固萃取法，是指用溶剂（常称为浸取剂）使固体原料中的有效成分溶解并释放出来的过程。浸提法所使用溶剂既可以是极性的水，也可以是非极性的乙醚、石油醚、二氯甲烷等有机溶剂。常用有机溶剂的极性大小顺序为：甲醇＞乙醇＞丙酮＞正丁醇＞乙酸乙酯＞乙醚＞氯仿＞苯＞环己烷＞石油醚。

用何种溶剂来提取应根据所提取海洋生物活性物质的性质来决定。不管使用何种溶剂，操作方法大致都可以分为以下几种方式。

（1）煎煮法

煎煮法（decoction）即用水从固体原料中萃取有效成分的方法。具体是将原料适当地切碎或粉碎，加适量水浸没原料，充分浸泡后加热至沸腾，保持微沸一定时间，一般重复2~3次。经离心分离或过滤后，分离并收集各次提取液，浓缩至适宜浓度。

煎煮法适用于有效成分能溶于水，对湿、热均稳定且不易挥发的原料。但提取液中杂质较多，易腐败变质。含淀粉类、黏液质等成分的原料，一些不耐热及挥发性成分在煎煮过程中易被破坏或挥发而造成有效成分的损失。

（2）浸渍法

浸渍法（maceration）是将原料用适当的溶剂在常温或温热条件下萃取出有效成分的一种方法。具体是取适量粉碎后的原料，置于有盖容器中，加入适量的溶剂，搅拌或振荡，浸渍至规定时间使有效成分浸出，经离心分离或过滤后，分离并收集各次提取液，浓缩至适宜浓度。

浸渍法有冷渍和热渍之分，冷渍适用于提取遇热易被破坏的物质及含淀粉、树胶、果胶、黏液质的样品；热渍由于提高了提取成分的溶解度，因此提取效果较冷渍好。

（3）渗滤法

渗滤法（percolation）是将原料粉末湿润膨胀后装于渗滤器内，萃取溶剂从渗滤器上部添加，溶剂渗过原料层，在往下流动过程中将有效成分溶出的方法。不断加入新溶剂，可以连续收集浸提液，由于原料不断与新溶剂或含有低浓度提取物的溶剂接触，始终保持一定的浓度差，浸提效果要比浸渍法好，提取较完全，但溶剂用量大，对原料的粒度及工艺要求较高。

（4）水蒸气蒸馏法

水蒸气蒸馏法（steam distillation）即将原料粗粉或碎片浸泡润湿后，加热蒸馏或通过水蒸气蒸馏，原料中易挥发成分随水蒸气蒸馏而带出，经冷凝后分层收集。此法适用于具有挥发性、能随水蒸气蒸馏而不被破坏、难溶或不溶于水的海洋生物活性成分的提取分离。这些化合物与水不相混溶或仅微溶，且在约100℃时有一定的蒸气压，当水蒸气加热沸腾时，能将该物质一并随水蒸气带出。例如植物中的挥发油，某些小分子生物碱如麻黄碱、槟榔碱等，以及某些小分子的酸性物质如丹皮酚等均可应用本法提取。

2. 超声辅助萃取法

超声辅助萃取（ultrasonic-assisted extraction，UAE）是将超声波产生的空化、振动、粉碎、搅拌等综合效应应用到天然产物成分提取工艺中，通过破坏细胞壁，达到提取细胞内容物的过程。

超声波为频率高于20kHz以上的声波，这是人类听觉检测的阈值。超声波的输出源通常是一个振动体，它使周围的介质发生振动，然后超声波将能量传递给其他相邻的粒子。在超声过程中起重要作用的主要物理参数包括功率、频率和振幅。超声波在介质中传播的能级可以用超声波功率（W）、超声波强度（W/cm^2）或声能密度（W/cm^3 或 W/mL）来表示。超声波可以在介质中产生空化、振动、破碎、混合等综合效果。这些作用可以打破细胞壁并成功应用于天然产物成分提取过程。超声波的有效频率一般在20~50kHz。

3. 微波辅助萃取法

微波辅助萃取（microwave-assisted extraction，MAE）是一种结合了微波和传统溶剂萃取的相对较新的萃取技术。在提取过程中应用微波加热溶剂和植物组织，强化传热、传质过程，增加提取的动力学效果，称为微波辅助提取。与从各种基质，特别是天然产物中提取化合物的传统方法相比，微波辅助提取具有许多优点，例如提取时间更短、溶剂更少、提取率更高和成本更低等。

微波是波长介于1mm~1m，频率介于3×10^6~3×10^9Hz的电磁波，微波辅助提取过程中，微波透过对微波透明的萃取剂到达萃取物料的内部，由于物料的维管束和腺细胞系统含水量高，故能吸收微波并很快升温，使细胞内部的压力增大。当内部压力超过细胞壁可承受的能力时，细胞壁破裂，于是位于细胞内部的有效成分自由流出，进入萃取剂而被溶解。过滤除去残渣，即可达到萃取的目的。

微波辅助提取在天然产物提取中的应用始于 20 世纪 80 年代后期，通过技术发展，现已成为当今流行且具有成本效益的提取方法之一，并且已经出现了几种先进的微波辅助萃取仪器和方法，例如加压微波辅助萃取（PMAE）和无溶剂微波辅助萃取（SFMAE）。

4. 超临界流体萃取法

超临界流体萃取（supercritical fluid extraction，SFE）是利用流体（溶剂）在超临界区内，它与待分离混合物中的溶质（目的产物）具有超常的相平衡行为、传递特性和对溶质的特殊溶解能力等特性而达到溶质分离的一项技术。因此，利用这种超临界流体作为溶剂，可从多种液态或固态混合物中萃取出待分离的组分。

对一般物质，当液相和气相在常压下平衡时，两相的物理性质如黏度、密度等相差很显著。在较高压力下，这种差别逐渐缩小，当达到某一温度与压力时，两相差别消失，合并成一相，这时称为临界点，其温度和压力分别称为临界温度（T_c）和临界压力（p_c）。一种物质均具有其固有的临界温度和临界压力，在压力-温度相图上称为临界点。在临界点以上的物质处于既非液态也非气态的超临界状态，称为超临界流体（supercritical fluid，SCF）。

以水为例说明超临界状态。温度超过 374.4℃，水分子有足够的能量来抵抗压力升高的压迫，使分子之间保持一定的距离，而不变成液体状态。无论压力有多高，水分子之间的距离尽管会缩小，水蒸气的密度尽管会增大，但无论如何，分子之间都有一定的距离。水蒸气的压力大到使其密度与液态的水相接近，它也不会液化。这时的温度称为水的临界温度（374.4℃），与临界温度相对应的压力称为水的临界压力（22.2MPa），水的临界温度和临界压力就构成了水的临界点。水处于温度 374.4℃以上、压力 22.2MPa 以上的状态时，就称这种水处于超临界状态，也可以称之为超临界水。超临界状态下水是一种特殊的气体，它的密度与液态水相接近而又保留了气体的性质，把它称为"稠密的气体"。为了与水的一般形态相区别，这种水既不称为气体也不称为液体，而称为"流体"，即水的超临界流体。

除了水有超临界状态外，稳定的纯物质都可以有超临界状态（稳定是指它们的化学性质是稳定的，在达到临界温度前不会分解为其他物质），都有固定的临界点，即临界温度（T_c）、临界压力（p_c）。只要是温度超过临界温度、压力超过临界压力的物质都是超临界流体。在临界点上的流体都有临界密度（D_c）。超临界流体的"超"字，它并没有规定超临界流体的温度、压力一定要超过临界点多少或不超过多少。只要是超过了临界点就是超临界流体。常见的超临界流体还有二氧化碳、乙烷、丙烷等。

超临界流体的特性有：①超临界状态下的流体对溶质的溶解度大大地增加了，一般可达几个数量级，而在某些条件下甚至可达到按蒸气压计算的 10^{10} 倍；②超临界流体的密度与液体很接近，而它又具有气体扩散性能；③在超临界状态下气体和液体两相的界面消失，表面张力为零，反应速度最大，热容量、热传导率等出现峰值；④在临界点附近，压力和温度的微小变化可对溶剂的密度、扩散系数、表面张力、黏度、溶解度、介电常数等带来明显的变化。超临界流体的这些特殊性质，使其成为良好的分离介质和反应介质，根据这些特性发展起来的超临界流体技术在分离、提取、反应、材料等领域得到了越来越广泛的开拓利用。

虽然超临界流体的溶解度效应是普遍存在的，但选用什么介质作超临界萃取溶剂，要根据实际应用的需要做多方面的考虑：①从生产成本上考虑，要尽量减少溶剂的使用量；②要足以得到纯度较高的萃取物；③临界压力和临界温度不要太高；④要有化学稳定性，不腐蚀设备，廉价易得，使用安全。可以作为超临界流体的物质虽然多，但仅有极少数符合要求。临界温度在 0～100℃ 以内、临界压力在 2～10MPa 以内且蒸发潜热较小的物质有二氧化碳（T_c 31.1℃，p_c 7.38MPa）、丙烷（T_c 96.9℃，p_c 4.26MPa）等。考虑到廉价易得、使用安全等因素，则二氧化碳是最适合用于萃取的超临界流体。

超临界二氧化碳萃取（SFE-CO_2）的优点有：①超临界二氧化碳的萃取能力取决于流体的密度，可以容易地改变操作条件（压力和温度）而改变它的溶解度并实现选择性提取，渗透力强，提取时间大大低于使用普通有机溶剂；②二氧化碳无味、无臭、无毒、化学惰性，不污染环境和产品，符合现代社会对生产过程及产品质量越来越高的要求；③操作温度接近室温，特别适合遇热分解的热敏性物料；④二氧化碳廉价易得，不易燃易爆，使用安全；⑤溶剂回收简单方便，节省能源；⑥超临界二氧化碳萃取集萃取、分离于一体，大大缩短了工艺流程，操作简便；⑦检测、分离方便，能与 GC、IR、MS 等现代分析手段结合起来使用，能高效快速地进行药物、化学或环境分析。

超临界二氧化碳的局限：①对油溶性成分溶解能力较强，而对水溶性成分溶解能力较低；②设备造价较高而导致产品成本中的设备折旧费比例过大；③更换产品时清洗设备较困难。

超临界二氧化碳萃取分离的原理比较简单，是利用溶质在不同条件下在超临界二氧化碳中溶解度的不同而进行的溶解分离。其基本操作过程为：取一定量的样品装入萃取釜，密封、加热萃取釜至给定的温度。将超临界二氧化碳由高压泵注入萃取釜，当压力达到给定值后，打开萃取釜和分离器之间的阀门，超临界二氧化碳穿过萃取釜时溶解被萃取物，然后经过减压阀进入到分离器中。减压后，流体失去溶剂能力，被萃取物在分离器中析出，完成萃取分离过程。

超临界二氧化碳萃取过程受很多因素的影响，包括被萃取物质的性质和超临界二氧化碳所处的状态等。被萃取物的极性、物理形态、粒度等会影响其在萃取过程中的表现，而萃取系统中超临界二氧化碳所处的状态如二氧化碳的温度、压力、流量和夹带剂等因素对萃取过程也有很大的影响。

超临界二氧化碳（SFE-CO_2）特别适用于热敏性、易挥发、易氧化成分的分离，可实现对海洋天然小分子化合物的纯化与精制。海洋生物中 n-3 高度不饱和脂肪酸，特别是二十碳五烯酸（EPA）和二十二碳六烯酸（DHA），因具有防治心血管疾病等的显著功效而引起世界范围内的研究开发热潮。但 EPA、DHA 为热敏性物质，且易发生氧化，获取高纯度的 DHA、EPA 制品是个难题。SFE-CO_2 技术在分离萃取高纯度 EPA、DHA 的研究方面国内外报道不少，特别是 SFE 技术和其他相关方法，如精馏塔技术、尿素包合技术、银盐树脂色谱分离技术等的联用，大大提高了 EPA、DHA 的分离纯度，因此，SFE-CO_2 技术可望解决高纯度 EPA、DHA 制备的难题。SFE 技术还可用来分离提取其他海洋生物活性物质，如海洋生物毒素、萜类化合物、海洋天然色素、某些稀有氨基酸等。随着研究和应用的进一步深入，SFE 技术在海洋生物活性物质提取方面将发挥越来越大的作用。

5. 双水相萃取法

许多蛋白质都有极强的亲水性，不溶于有机溶剂，而且在有机溶剂中蛋白质较易变性失活，因此普通的有机溶剂萃取有一定的应用局限性。如果在一定的条件下，水相可以形成两相甚至多相，则水溶性的酶、蛋白质等生物活性物质就能从一个水相转移到另一水相，较易得到分离纯化。双水相萃取技术（aqueous two-phase extraction，ATPE）是针对生物活性大分子物质的分离提取开发的一种新型液-液萃取技术。

早在 1896 年，Beijerinck 观察到当把明胶与琼脂或把明胶和可溶性淀粉的水溶液混合时，先得到一浑浊不透明的溶液，随后分成两相，上相含有大部分明胶，下相含有大部分琼脂或可溶性淀粉。2.2％的葡聚糖水溶液与等体积的 0.72％甲基纤维素钠的水溶液相混合并静置后，可得到两个水相，上相含有大部分甲基纤维素钠，下层含有大部分葡聚糖，两相中 98％以上的成分是水。这种现象称为聚合物的不相溶性，从而产生了双水相体系（aqueous two phase system，ATPS）。

双水相萃取技术作为一种新型的萃取分离技术，对海洋生物大分子等的提取和纯化呈现出很大的优势，如：①两相均为水相，且含水量高，萃取体系接近生理环境，不会使蛋白质等生物大分子失活或变性；②分相时间短，萃取效率显著提高，同时也降低了生物活性物质因长时间操作而造成的不稳定现象的发生率；③界面张力小，有助于两相之间的传质；④细胞可以不经破碎或收集等步骤，直接应用双水相系统提取所需的蛋白质或酶等大分子；⑤不存在有机溶剂残留问题，所用高聚物一般无毒，对身体无害；⑥操作条件温和，整个操作过程可以在常温常压下进行，而且易于工艺放大和连续操作。

当两种聚合物互相混合静置平衡后，是否分层或混为一相，主要取决于两种因素：一是体系熵的增加，二是分子间的作用力。根据热力学第二定律可知，混合是熵增加的过程，而熵的增加涉及分子数量，与分子大小无关。当分子的物质的量相同时，大分子与小分子间的混合，熵的增加是相同的。但分子间的作用力可看作是分子中各基团间相互作用力之和，分子量较大，分子间的作用力也越大。因此，当两种高分子聚合物相互混合时，由于分子量较大，熵和分子间作用力相比，后者决定混合效果。两种被混合分子间如存在空间排斥力，它们的基团结构无法相互渗透，则一种聚合物分子的周围将聚集同种分子而排斥另一种聚合物分子，在达到平衡后就有可能分成两相，两种聚合物分别进入到两相中，形成双水相。这种两种分子相互排斥的现象称为聚合物的"不相溶性"，双水相体系的形成就是依据这一特性的。

当两种高分子聚合物水溶液相互混合时，随它们之间相互作用的不同会出现三种不同情况：①如果两种聚合物分子之间存在很强的斥力，则它们混合平衡后就会形成双水相，两种聚合物分别富集于上、下两相；②如果两种聚合物之间存在很强的引力，如两种带相反电荷的聚电解质，则它们混合平衡后也会形成两个水相，两种高聚物由于相互吸引而处于一相中，而另一相几乎全部为溶剂水；③如果两种聚合物既不存在较强的斥力，也不存在较强的引力，则两者就能相互混溶形成均相的高聚物水溶液。

能形成双水相的聚合物体系有聚乙二醇（PEG）/葡聚糖（Dex）、聚丙二醇/聚乙二醇、甲基纤维素/葡聚糖等。在两种高聚物形成的双水相系统中，两相不一定都是液相，其中一相可以呈固相或凝胶状，如 PEG 和葡聚糖的双水相系统中，当 PEG 分子的分子量小于 1000 时，富含葡聚糖的一相就会形成固态凝胶状。

聚合物和无机盐的混合溶液也能形成双水相，这是由于盐析作用，如聚乙二醇和磷酸钾、聚乙二醇和磷酸铵、聚乙二醇和硫酸钠等相互混合就能形成两相。

得到广泛应用的双水相体系有 PEG/Dex 体系和 PEG/盐体系等。分离某一海洋生物大分子，两相系统的选择原则必须有利于目标物质的萃取和分离，同时又要兼顾聚合物的物理性质。例如，甲基纤维素和聚乙烯醇，因其黏度太大而限制了它们的应用。PEG/Dex 因其无毒性和良好的可调性而得到了广泛的应用。

在双水相萃取操作中，影响分配平衡和萃取效率的因素有很多，其中主要包括：高分子聚合物的类型、分子量和浓度，盐的种类和浓度，体系的 pH 和温度，菌体或细胞的种类和浓度等。加上各因素间又相互影响，因此定量地将蛋白质的一些分子性质与分配系数关联起来是困难的，最佳的双水相操作条件需要依靠实验来获得。

双水相萃取技术已广泛应用于生物化学、细胞生物学、生物化工和食品化工等领域，取得了较好的分离纯化效果，主要分离纯化的物质包括蛋白质、酶、多糖、核酸、抗生素、色素等。特别是胞内酶的提取和精制，双水相体系的组成主要为PEG/盐体系，酶主要分配在上相，菌体在下相或界面上，料液中湿细胞含量可达20%，酶的收得率高达90%以上。

6. 深共晶溶剂萃取法（deep eutectic solvents extraction，DESE）

深共晶溶剂（deep eutectic solvent，DES），与离子液体（IL）具有类似性质，在室温下呈现液体状态，其概念最早由 Abbott 等在 2003 年提出。主要由氢键供体和氢键受体组成二元和三元体系的深共晶溶剂，所形成的深共晶溶剂最显著的物理性质就是溶剂熔点的降低。作为一种新型的可替代离子液体的绿色试剂，其用途较为广泛，可用于天然有机成分的分离，如分离萃取几丁质、海藻多酚等物质。常见的氢键受体（HBA）包括季铵盐（氯化胆碱）、两性离子（甜菜碱）等，氢键供体（HBD）包括有机酸、多元醇和糖，它们可以与 HBA 中的阴离子形成氢键，如图 5-1 所示。水分子可以作为一些 DES 的成分之一。

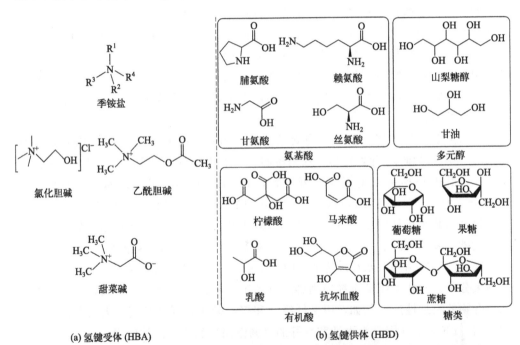

图 5-1 制备天然深共晶溶剂常用的氢键受体（HBA）和氢键供体（HBD）的化学结构

DES 的形成与组分之间的相互作用密切相关，但其具体机制尚不清楚。大多数观点认为卤化物盐阴离子与 HBD 之间的氢键是形成 DES 的主导力。氢键降低了组成分子的晶格能，导致混合物具有较低的熔点并保持液态。Dai 等利用核磁共振波谱法观察了 DES 中氢键的存在，证明水也参与了 DES 的形成。HBD 或 HBA 的数量、官能团的空间结构和键的位置对 DES 的形成有显著影响。

DES 的制备方法有加热、冷冻干燥和真空蒸发等。如果 DES 的组分是干性化合物，并且热稳定性好，则可以通过加热制备。通常在特定温度（50~100℃）下，将 HBD 和 HBA 以适当的摩尔比混合，并用磁力搅拌器搅拌，直至形成均匀的透明液体。如果 DES 的成分是热敏性的，它们可以通过蒸发来制备，即将 DES 的成分溶解在水中，通过真空蒸发除去水分。冷冻干燥方法是基于单个热不稳定组分的水溶液。具体是将各组分按适当的摩尔比混合，并用少量的水溶解。然后将混合物冷冻干燥不小于 24h，直到重量保持不变。

DES 是由两种或多种固体按一定摩尔比混合形成氢键相互作用从而形成的新液相。例如，氯化胆碱（熔点 302℃）和尿素（熔点 133℃）以 1∶2 的摩尔比混合，可以得到熔点为 12℃ 的 DES。大多数 DES 的熔点低于 150℃，而熔点低于室温的 DES 已在各种应用中用作廉价和安全的溶剂。DES 的熔点与氢键供体和氢键受体之间形成的氢键有关。氢键越强，熔点越低。Abbott 等发现了有机酸的熔点和分子量之间的相关性。分子量越小，熔点的下降幅度越大。Zhang 等发现氯化胆碱与尿素的摩尔比为 1∶1 和 1∶2 时，生成的 DES 熔点分别在 50℃ 和 12℃ 以上。Qin 等指出氢键受体与氢键供体的摩尔比显著影响 DES 的熔点，最低熔点取决于氢键供体的性质。

作为萃取剂，DES 对天然产物、药物、金属氧化物、二氧化碳等多种成分具有良好的溶解能力。DES 的溶解能力可以通过改变其组分、摩尔比、温度和含水量来调节。由于 DES 中广泛存在氢键结构，导致其黏度高，没有其他溶质的溶解空间，因此需要水来分解氢键结构。Dai 等研究了水含量对 DES 的影响，发现在 DES 中加入少量水可以提高其溶解能力。这可能与氢键体系的变化有关，但最佳含水量取决于 DES 的成分和目标化合物。DES 的溶解能力受温度的影响也较大。如当温度从 40℃ 升高到 50℃ 时，槲皮素在葡萄糖/氯化胆碱中的溶解度提高了 2.3 倍，在丙二醇/氯化胆碱中的溶解度提高了 1.65 倍。Dai 等提出 DES 的溶解能力与溶质极性有关。非极性化合物在纯 DES 中溶解度最高，而中极性化合物在含 5%~10% 水的 DES 中溶解度最高。

作为传统溶剂的新型绿色替代品，DES 已被广泛用于提取天然来源的黄酮类、皂苷类、多糖类、生物碱类、酚酸类、醌类和挥发油等活性成分。在海洋生物活性物质的提取研究中，DES 已被用于从海洋甲壳类动物壳中提取甲壳素、从紫菜中提取藻红蛋白、从海藻中提取褐藻多酚和岩藻黄素等物质。

二、提取操作应注意的问题

提取可以在室温下进行，也可以加热。一般来说，冷提杂质较少，而热提效率较高。有些有效成分在冷时难溶、热时易溶，则必须加热。在不了解有效成分性质之前，一般用温和的条件，不用酸碱，以免破坏有效成分。

提取的关键是选择合适的溶剂，而选择的依据是"相似相溶"原则。已知的海洋天然小分子化合物中，大部分是亲脂性化合物，如聚醚类、大环内酯类、萜类、甾醇和不饱和脂肪酸类等均是极性较低、亲脂基团占优势的有效成分，因此，根据相似相溶原理，在提取此类生物活性物质时，一般应选择极性较低、亲脂性较好的有机溶剂如石油醚、氯仿、乙醚和乙酸乙酯等。在提取亲水性和极性较强的化合物（如生物碱、苷类等）的过程中，经常选择水或醇的水溶液作浸取剂。有些化合物虽然能溶于水，但为了减少杂质（如无机盐、蛋白质、糖等），也常常用亲水性有机溶剂提取，如乙醇、甲醇等。但是，由于存在多种成分间的相互助溶作用，实际提取过程要复杂得多，很难有一个固定的模式。

一般可将海洋生物按极性递增的方式，用不同的溶剂，如石油醚（可提取出叶绿素、油脂、游离甾体及三萜类化合物）、氯仿或乙酸乙酯（可提取出游离生物碱、有机酸等中等极性化合物）、丙醇或乙醇、甲醇（可提取出苷类、生物碱盐等极性化合物）及水（可提取氨基酸、糖等水溶性成分）依次进行提取，这样可使极性和非极性化合物得到初步分离，便于进一步分离纯化。

除了要考虑极性外，理想的有机溶剂还应具备下述条件：①溶剂不能与天然产物发生化学反应，特别是不可逆反应；②溶剂对目标活性物质溶解度大，对杂质溶解度尽可能小；③有机溶剂来源广泛、经济、安全、毒性小等。

为了不影响活性成分的性质，提取液浓缩一般在60℃以下进行，尽可能采用减压浓缩的方式。在将提取液浓缩至小体积时，放置后，要观察有无固体或者结晶析出。如有，就可以将析出物滤出，供进一步分离。滤液再浓缩、放置、观察有无固体再析出，直至母液蒸干。

三、杂质处理的方法

活性成分的分离纯化是一个很复杂的过程，一些杂质给分离纯化过程带来很大麻烦。因此，在提取的时候就应该考虑选择适当的方法避免将杂质提取出来或者将杂质除去，以简化下一步的分离纯化过程。杂质性质不同，去除的方法也不同，但在除去杂质的过程中，一些有效活性成分会伴随杂质一并被除去。因此，在选择去除杂质方法的时候，还要根据研究样品的实际情况进行选择。

1. 叶绿素

叶绿素（chlorophyll）是陆生植物和海洋植物中普遍存在的绿色色素，一般不具有生物活性，能溶于一般有机溶剂，难溶于水。水提液中叶绿素可以用苯或者氯仿抽提除去。如果是用酒精提取，酒精浓缩液加水，放置冰箱，叶绿素常可以沉淀出来。用 70% 左右的酒精提取时，回收酒精至浓缩液中含有 15%～20% 时，放置冰箱，绝大部分叶绿素可沉淀出来。如果叶绿素不能析出，可用苯或汽油抽提除去。使用这种方法时应该注意，有时候酒精提取液在浓缩的时候就会析出沉淀，会同叶绿素一起沉淀下来，这时就要考虑到，样品的有效成分会不会同叶绿素一起沉淀而丢失。

如果生物碱与叶绿素共存，可用酸水处理，生物碱进入酸水，而叶绿素不溶。用铅盐法也可除去叶绿素。叶绿素能溶于碱水，有时可用碱水处理除去叶绿素，但使用这种方法时，要确定样品中的有效成分不溶于碱水或对碱稳定。

2. 油脂、蜡和树脂

一般在提取之前，先用石油醚或苯提取，把油脂、蜡和树脂除去。如果不预先处理，直接用酒精提取，提取液蒸去大部分酒精后用石油醚或苯抽提可除去油脂和蜡等。

3. 无机盐

用有机溶剂提取时，无机盐一般不会被提取出来，但有些无机盐（如硝酸钾）能溶于甲醇或乙醇。少量无机盐通常不影响分离，但有时水提取液中含有大量无机盐，一般可将水提取液蒸干，加无水酒精或甲醇提取有机成分。如果有效成分溶于水但不溶于酒精就不能用这种方法。如果有效成分溶于乙酸乙酯、氯仿等则可用它们来萃取水溶液，无机盐留在水层中。

有效成分是蛋白质、多肽、多糖时，可用透析法除去无机盐和单糖、双糖等。有时也可用离子交换树脂、聚酰胺、活性炭色谱分离法来除去无机盐。

4. 鞣质

鞣质是一种有涩味的、能与生物碱和蛋白质产生水不溶性沉淀的多酚类化合物，其能溶于水和酒精，不溶于苯、氯仿等有机溶剂。因此生药的水或酒精提取液中常含有大量的鞣质，这对提取亲水性活性成分往往影响很大。除去鞣质的方法大致有下列几种：

① 明胶沉淀法。样品水溶液加 4% 明胶水溶液，至沉淀完全，过滤，滤液减压浓缩至小体积。加 3～5 倍酒精，使过量明胶沉淀，然后滤去沉淀。如果过量明胶尚未除尽，可将滤液浓缩后，再用酒精沉淀一次。也可以将加明胶沉淀后的混悬液于水浴上加热，不断搅拌，沉淀逐步凝结，将上清液倾出，减压浓缩，再按前述方法除去过量明胶。

② 生物碱沉淀法。常用的是咖啡因，其他生物碱及吡啶也可以。样品水溶液加

入 1.5%咖啡因水溶液至沉淀完全，过滤，滤液用氯仿振摇，除去过量的咖啡因（注意水溶液中的其他活性成分是否被氯仿提出），即得除去鞣质的水溶液。沉淀中可回收咖啡因和鞣质。将沉淀置于空气中自然干燥或低温烘干，研磨后溶解于 50%～55% 的热甲醇溶液中，用氯仿萃取。咖啡因进入氯仿层，鞣质留在稀甲醇溶液中。如果仅仅需要回收咖啡因，则可将沉淀粉末置于索氏提取器中用氯仿连续抽提，咖啡因即被氯仿提出。

③ 醋酸铅沉淀法。试液中加入饱和醋酸铅水溶液至沉淀完全，鞣质被沉淀出来。

④ 聚酰胺法。鞣质是一类多酚类物质，很容易吸附于锦纶柱上。低分子鞣质的吸附是可逆的，可采用适当的溶剂洗脱除去。高分子鞣质与锦纶的吸附是不可逆的，吸附后很难洗脱。但无论是什么样的鞣质，与锦纶的吸附比其他化合物都强，因此可以用锦纶除去。

⑤ 氨水沉淀法。将含有鞣质的乙醇溶液，加氨水调节到合适的 pH 值至沉淀完全，过滤即可。

第三节 海洋生物活性物质的分离纯化技术

抽提得到的混合物，需要运用多种分离纯化技术才能得到单一化合物。常用于海洋生物活性成分分离纯化的技术主要有下述几种。

一、液-液萃取法

液-液萃取（liquid-liquid extraction），又称有机溶剂萃取或溶剂萃取。在溶剂萃取过程中，通常将供提取的溶液称为料液，一般是水溶液；从料液中提取出来的物质称为溶质；用来萃取产物的溶剂称为萃取剂；溶质转移到萃取剂中与萃取剂形成的溶液称为萃取相；被萃取出溶质后的料液称为萃余相。

有机溶剂萃取是利用物质在两种不互溶或微溶溶剂中溶解度或分配比的不同来达到分离、提取或纯化目的的一种操作方法。作为一种传统的分离技术，由于操作简单，无须特殊的仪器设备，因此，在分离纯化海洋天然小分子物质中发挥着极为重要的作用。若所分离的小分子物质是脂溶性的，可选极性较低、亲脂性较高的有机溶剂如氯仿、乙醚等与水进行萃取；若有效成分是亲水性物质，其水溶液用弱亲脂性的溶剂如乙酸乙酯、丁醇、戊醇等萃取，有时可在氯仿或二氯甲烷中加少量甲醇或乙醇进行萃取；在分离酸性、碱性及两性有机化合物时，溶剂系统的 pH 值应充分考虑，如在分离生物碱时，若采用 pH 梯度萃取，可使强碱性生物碱与弱碱性生物碱得到初步分离。

理论上，如果有效成分在两相中的分配系数差异足够大，一次或几次萃取即可完成分离，但这在实际分离过程中是很少出现的。由于天然产物组成的复杂性，以及各种化合物在两相中的分配系数差距一般比较小，所以有时即使进行几十次甚至上百次的萃取操作也难以分离纯化出单一的化合物。因此，溶剂萃取主要是获得一组或几组性质相近的混合物，从这个意义上讲，溶剂萃取是一种初步分离技术。

二、沉淀法

沉淀是指在溶液中加入沉淀剂使溶质溶解度降低，生成无定形固体从溶液中析出的过程。采用沉淀的手段，主要是为了通过沉淀达到浓缩的目的，或者是通过沉淀，使固液分相后，除去留在液相或沉积在固体中的非必要成分；其次，沉淀可以将已纯化的产品由液态变成固态，从而加以保存或做进一步处理。沉淀法用于分离纯化是有选择性的，即有选择地沉淀杂质或有选择地沉淀所需成分。

生物分子在水中形成稳定的溶液是有条件的，这些条件就是溶液的各种理化参数。任何能够影响这些条件的因素都会破坏溶液的稳定性。沉淀法就是采用适当的措施改变溶液的理化参数，控制溶液各种成分的溶解度，从而将溶液中的欲提取成分和其他成分分离开来的技术。沉淀法是最古老的分离和纯化生物物质的方法之一，目前仍广泛应用于工业上和实验室中。

根据所加入沉淀剂的不同，沉淀法主要分为盐析法、等电点沉淀法、有机溶剂沉淀法、非离子型聚合物沉淀法和金属离子沉淀法等。

1. 盐析法

蛋白质在高离子强度溶液中溶解度降低，以致从溶液中沉淀出来的现象称为盐析。

蛋白质和酶分子表面均分布着—NH_2、—$COOH$ 等亲水基团，它们易溶于水。在水溶液中，蛋白质和酶分子所带的亲水基团与水分子相互作用形成水化层，保护了蛋白质粒子，避免了相互碰撞，使蛋白质形成稳定的胶体溶液。蛋白质和酶为两性分子，其等电点一般不为 pH 7，因而蛋白质和酶分子在纯水中均带有一定数目的相同电荷，彼此相互排斥，使其稳定存在于溶液中。因此，可通过破坏蛋白质周围的水化层和中和电荷降低蛋白质溶液的稳定性，实现蛋白质的沉淀。加入大量中性盐后，由于中性盐构成离子在水溶液中的水合作用夺走了水分子，破坏了水膜，暴露出蛋白质的疏水区域，同时又中和了电荷，使颗粒间的相互排斥力失去，布朗运动加剧，蛋白质分子结合成聚集物而沉淀析出（图 5-2）。

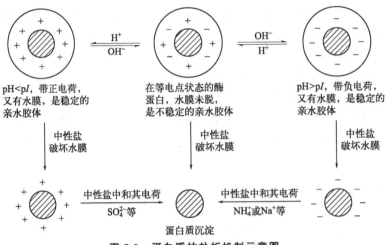

图 5-2 蛋白质的盐析机制示意图

对盐析剂的要求是：①盐析作用强；②有较大的溶解度；③必须是惰性的，即不与目的产物发生化学反应；④来源丰富、经济。可使用的盐析剂有硫酸铵、硫酸钠、硫酸镁、氯化钠、乙酸钠、磷酸钠、柠檬酸钠、硫氰化钾等。其中，硫酸铵具有溶解度大且溶解度受温度影响小、对目的产物稳定性好、价格便宜、沉淀效果好等优点而应用最为广泛。

采用硫酸铵进行盐析时可按两种方式加入：

① 硫酸铵晶体加入法。当盐析要求饱和度高而又不宜增大溶液的体积时，可直接加入硫酸铵晶体。加入时应充分搅拌，使其完全溶解，防止局部浓度过高；剧烈搅拌产生的剪切力可能引起生物大分子结构变化，导致失活，因此搅拌也不能太剧烈。该法的优点在于硫酸铵的加入对料液浓度影响较小。不同饱和度下应加入的硫酸铵用量可以查阅相关分析手册。

② 硫酸铵饱和溶液加入法。实验室和小规模生产中，盐析所需盐浓度不高，且又必须防止局部浓度过高，可采用加入饱和硫酸铵来控制盐浓度。与硫酸铵晶体加入法相比，该法更有利于防止局部浓度过高，但加量较多时，料液会被稀释，从而影响盐析效果。

实际料液中在进行目标蛋白质的盐析沉淀操作之前，所需的硫酸铵浓度或饱和浓度可通过实验确定。操作步骤为：①取部分料液，将其分成等体积的份数，冷却至0℃。②计算达到20%~100%饱和度所需加入硫酸铵的量，在搅拌条件下于料液中加入硫酸铵，加完后继续搅拌1h以上，温度维持在0℃，使沉淀达到平衡。③在5000r/min 条件下离心20min 后，将沉淀溶于2倍体积的缓冲溶液中，测定其中蛋白质的总浓度和目标蛋白的浓度。④分别测定上清液中蛋白质的总浓度和目标蛋白的浓度，比较前后蛋白质是否保持物料守恒，检验分析结果的可靠性。⑤以饱和度为横坐标、上清液中蛋白质的总浓度和目标蛋白的浓度为纵坐标作图。具体饱和度的值应根据同时得到较大纯化倍数和回收率而定。原则上应将需要的纯度放在重要地位,首先注重纯化倍数,再考虑回收率。

盐析沉淀法广泛用于各类蛋白质及酶的初级纯化和浓缩,某些情况下也用于蛋白质和酶的高度纯化。

2. 等电点沉淀法

等电点沉淀(isoelectric point precipitation)是利用蛋白质在 pH 等于其等电点的溶液中溶解度最低的原理进行沉淀分离的方法。氨基酸、蛋白质等是两性电解质,它们所带电荷常与溶液的 pH 有关。一般来说,不管是酸性环境还是碱性环境,只要偏离两性电解质的等电点,它们的分子总会带上正电荷或负电荷,带有相同电荷的分子间存在着较强的排斥作用,只有当它们所带净电荷为零时,分子间斥力降到最低,而吸引力增加,分子互相吸引聚集,使溶解度降低,这时溶液的 pH 即为蛋白质的等电点(pI)。处于等电点状态的蛋白质由于热运动互相碰撞和吸引,进而产生沉淀,因此,调节溶液的 pH 至两性分子的等电点,就可将其从溶液中沉淀出来。

在调节等电点时,如果采用盐酸、氢氧化钠等强酸、强碱,要注意防止酶的失活或蛋白质变性。为了使 pH 缓慢变动,也可用乙酸、碳酸等弱酸和碳酸钠等弱碱。等电点沉淀法适用于疏水性较强的蛋白质,优点是无机酸通常价格便宜、无毒,缺点是蛋白质对低 pH 敏感,易失活。

3. 有机溶剂沉淀法

在酶、蛋白质、核酸、多糖类生化物质的水溶液中加入乙醇、丙酮等水溶性有机溶剂,它们的溶解度会显著降低并从溶液中沉淀出来。有机溶剂沉淀(organic solvent precipitation)的优点是:有机溶剂密度较低,易于沉淀分离,与盐析法相比,沉淀不需脱盐处理。但该法容易引起蛋白质变性,必须在低温下进行,溶剂消耗量大,回收率较盐析法低。另外,应用有机溶剂沉淀时,所选择的有机溶剂应是与水互溶、不与蛋白质发生作用的物质,常用的有机溶剂有乙醇和丙酮等。

乙醇的沉淀作用强、挥发性适中且无毒,常用于蛋白质、核酸、多糖等生物大分子的沉淀;丙酮沉淀作用更强,用量省,但毒性大,应用范围不如乙醇广泛。

有机溶剂沉淀的机理为:①加入有机溶剂使溶液的介电常数减小,增加了酶、蛋白质、核酸等带电粒子之间的作用力,它们相互吸引而聚合沉淀;②有机溶剂的加入也使水的极性减小,使两性电解质在溶液中的溶解度降低;③有机溶剂会降低蛋白质分子的溶剂化能力,破坏蛋白质的水化层,使蛋白质沉淀。

使用有机溶剂沉淀时,操作必须在低温下进行,以减少蛋白质的变性。所用的有机溶剂须预先冷却到-20~-10℃;有机溶剂要缓缓加入,防止溶液局部升温;中性盐会增加蛋白质在有机溶液中的溶解度,溶液中的中性盐浓度越高,沉淀蛋白质所需要的有机溶剂浓度也越大。

4. 非离子聚合物沉淀法

聚乙二醇(PEG)、聚乙烯基吡咯烷酮(PVP)和葡聚糖(Dex)等非离子聚合物(nonionic polymer)能降低水化度,使蛋白质沉淀。PEG结构特点为具有螺旋状结构,其亲水性强,有很广范围的分子量,常用的有PEG 4000、PEG 6000和PEG 20000等。PEG沉淀蛋白质的优点是:沉淀可在室温下进行;产物颗粒大,易于收集;不易使蛋白质变性。其缺点是:沉淀结束后PEG要用萃取或超滤的方法去除。

5. 金属离子沉淀法

许多生物活性物质,如核酸、蛋白质、多肽、抗生素和有机酸等,能与金属离子形成难溶性的复合物而沉淀。根据它们与物质作用的机制不同,可把金属离子分为三类:第一类为能与羧基、含氮化合物和含氮杂环化合物结合的金属离子,如Mn^{2+}、Fe^{2+}、Co^{2+}、Ni^{2+}、Cu^{2+}、Zn^{2+}、Cd^{2+};第二类为能与羧酸结合,但不能与含氮化合物结合的一些金属离子,如Ca^{2+}、Ba^{2+}、Mg^{2+}、Pb^{2+}等;第三类为能与巯基结合的金属离子,如Hg^{2+}、Ag^+、Pb^{2+}。分离出沉淀物后,应将复合物分解,并采用离子交换法或金属螯合剂EDTA等将金属离子除去。

金属离子沉淀法(metal ion precipitation)的优点是在稀溶液中对蛋白质有较强的沉淀能力。实际应用时,金属离子的浓度常为0.02mol/L。复合物中金属离子的去除,可用离子交换法或EDTA金属螯合剂。应用较广的金属离子是Zn^{2+}、Ca^{2+}、Mg^{2+}、Ba^{2+}和Mn^{2+},而Cu^{2+}、Fe^{2+}、Hg^{2+}、Pb^{2+}等较少应用,因为它们会使产品损失和引起污染。Zn^{2+}能沉淀杆菌肽(作用于第4个组氨酸残基上的咪唑基)、尿激酶和胰岛素;Ca^{2+}(如$CaCO_3$)可用于分离乳酸、血清蛋白和柠檬酸;$BaSO_4$在柠檬酸工业中可用于去除重金属离子;$MgSO_4$用以去除DNA和其他核酸。

上述各种沉淀方法中,除有机溶剂沉淀法也能适用于抗生素等小分子外,其他各种方法只适用于蛋白质等大分子。

三、吸附与离子交换

1. 吸附

吸附(adsorption)是利用吸附剂对液体或气体中某一组分具有选择性吸附的能

力，使其富集在吸附剂表面的过程。

吸附的原理为：固体内部分子所受的分子间作用力是对称的，而固体表面分子所受力是不对称的，向内的一面受内部分子的作用力较大，而表面向外一面所受的作用力较小，因而当气体分子或溶液中溶质分子在运动过程中碰到固体表面时就会被吸引而停留在固体表面。

吸附过程通常包括四个过程：①待分离料液与吸附剂混合；②吸附质被选择性吸附到吸附剂表面；③分离料液流出；④吸附质解吸回收。

吸附法的特点为：①常用于从稀溶液中将溶质选择性分离出来，具有集分离与浓缩一体的特点，但吸附容量较小；②吸附一般是可逆的，吸附条件较温和；③可与发酵耦合，从而消除某些产物对微生物的抑制作用；④溶质和吸附剂之间的相互作用及吸附平衡关系通常为非线性关系，基本没有成熟理论指导，一般凭经验和实验来确定吸附和解吸条件，实验工作量较大。

吸附法的优点为操作简单、原料易得、便于生产；缺点为吸附性能不稳定、选择性不高、吸附剂容量有限、收得率不稳定、不能连续操作、强度大等。

吸附剂通常应具备以下特征：对被分离的物质具有较强的吸附能力、有较高的吸附选择性、机械强度高、容易再生、性能稳定且价格低廉。常用的吸附剂种类有活性炭、大孔吸附树脂、氧化铝、硅胶等。

活性炭外观为暗黑色，有片状、粒状和粉状三种。目前工业上大量采用的是粒状活性炭，其具有良好的吸附性能和稳定的化学性质，如可以耐强酸、强碱，能够经受水浸、高温、高压作用，不易破碎。活性炭具有较大的比表面积和特别发达的微孔，通常活性炭的比表面积高达 $500\sim1700m^2/g$。这是活性炭吸附能力强、吸附容量大的主要原因。

活性炭为非极性吸附剂，因此在水中的吸附能力大于在有机溶剂中的吸附能力。针对不同的物质，活性炭吸附遵循的规律为：①对分子的吸附能力远大于对离子的吸附；②对极性基团多的化合物的吸附能力大于对极性基团少的化合物；③对芳香族化合物的吸附能力大于对脂肪族化合物；④对分子量大的化合物的吸附能力大于对分子量小的化合物；⑤温度未平衡前，吸附能力随温度升高而增加。

2. 大孔吸附树脂

大孔吸附树脂（macroporous adsorption resin）是一种不含交换基团的、具有大孔结构的高分子吸附剂。这是一种新型的介于离子交换树脂和活性炭之间的优良吸附剂。通常大孔树脂是聚苯乙烯和二乙烯苯的共聚物，具有多孔性的巨大网状结构。大孔吸附树脂具有脱色、去臭效果理想、吸附容量大、对有机物具有良好的选择性、吸附速率快、易于解吸、再生处理简便、机械强度高、物化性质稳定等优点，特别适用于从水溶液中分离低极性或非极性化合物。不过大孔吸附树脂价格昂贵，吸附效果易受流速以及溶质浓度等因素的影响。

大孔吸附树脂的种类有：①非极性吸附树脂。由苯乙烯交联而成，交联剂为二乙烯苯，又称为芳香族吸附剂。②中等极性吸附树脂。由甲基丙烯酸酯交联而成，交联剂亦为甲基丙烯酸酯，故又称为脂肪族吸附剂。③极性吸附剂。由丙烯酰胺或亚砜聚合而成，通常含有硫氧、酰胺、氮氧等基团。

大孔吸附树脂借助范德华力从溶液中吸附各种有机物，其吸附能力与树脂结构、物理性能以及溶质和溶剂的性质等有关。通常遵循以下规律：非极性大孔吸附树脂可从极性溶剂中吸附非极性溶质；极性大孔吸附树脂可从非极性溶剂中吸附极性物质；中等极性大孔吸附树脂兼具以上两种能力。

常用的解吸方法有：①用低级醇、酮或水溶液解吸，使大孔树脂溶胀，减弱溶质与吸附剂间的相互作用力；②碱解吸附和酸解吸附原理相同，即成盐，主要针对弱酸性溶质或弱碱性溶质；③水解吸附，降低体系中的离子强度，降低溶质的吸附量。

3. 离子交换吸附

离子交换吸附（ion exchange adsorption）是利用离子交换树脂作为吸附剂，将溶液中的待分离组分变成离子态，依据其电荷差异，依靠库仑力吸附在树脂上，而未被离子化的分子不能被交换，则这两种物质被分离。带同种电荷的不同离子虽然都可以结合到同一介质上，但由于各种离子的带电量不同，与介质的结合牢固程度也不同，可利用合适的洗脱剂将吸附质从树脂上洗脱下来，达到分离的目的。

离子交换树脂的结构由三部分组成：①不溶性的三维空间网状结构的树脂骨架，即母体结构；②连接在骨架上的活性基团，它们是带电基团，标志着离子交换树脂的基本性能；③活性基团所带的相反电荷的活性离子，为可移动、能进行交换的活动离子。

按活性基团分类，离子交换树脂可分为阳离子交换树脂（含酸性基团）和阴离子交换树脂（含碱性基团）。前者对阳离子具有交换能力，活性基团为酸性；后者对阴离子具有交换能力，活性基团为碱性。根据其具有离子交换能力的pH范围的大小具体又可以分为：①强酸性阳离子交换树脂，活性基团是磺酸基（sulphonate）、磺丙基（sulphopropyl，SP）和磷酸基（phosphate，P）；②弱酸性阳离子交换树脂，活性基团有羧甲基（carboxylmethyl，CM）、羧基（carboxylate）等弱酸性基团；③强碱性阴离子交换树脂，活性基团为三甲胺基（trimethyl amine）、二甲基-β-羟基乙胺（dimethyl-β-hydroxyl ethylamine）和季铵乙基（quaternary aminoethyl，Q）等强碱性基团；④弱碱性阴离子交换树脂，活性基团为二乙氨基乙基（diethyl aminoethyl，DEAE）、二乙氨基（diethylamine）等弱碱性基团（表5-1）。

第五章 海洋生物活性物质的制备技术

表 5-1 离子交换树脂的性能

性能	阳离子交换树脂		阴离子交换树脂	
	强酸性	弱酸性	强碱性	弱碱性
活性基团	磺酸	羧酸	季铵	胺
pH对交换能力的影响	无	在酸性溶液中交换能力很小	无	在碱性溶液中交换能力很小
盐的稳定性	稳定	洗涤时要水解	稳定	洗涤时要水解
再生	需过量的强酸	很容易	需过量的强碱	再生容易，可用碳酸钠或氨
交换速度	快	慢（除非离子化后）	快	慢（除非离子化后）

按构成树脂骨架的介质材料不同，离子交换树脂可分为以下三大类：

（1）凝胶型离子交换树脂　由苯乙烯、丙烯酸等分别与交联剂二乙烯苯产生聚合反应，形成具有长分子主链及交联横链的外观呈透明状的均相凝胶结构的离子交换树脂统称为凝胶型树脂。一般采用悬浮共缩聚或共聚合工艺合成球状基体，再经化学反应活化处理，导入离子交换基团而制成。常见的凝胶型离子交换树脂，有苯乙烯系列的001（强酸性）、201（强碱性）等。凝胶型离子交换树脂除了有在干态和非水系统中不能使用的缺点外，还存在一个严重的缺点，即使用中会产生"中毒"现象。所谓的中毒是指其在使用了一段时间后，会失去离子交换功能的现象。研究结果表明，这是由于苯乙烯与二乙烯基苯的共聚特性造成的。在共聚过程中，二乙烯基苯的自聚速率大于与苯乙烯共聚，因此在聚合初期，进入共聚物的二乙烯基苯单元比例较高，而聚合后期，二乙烯基苯单体已基本消耗完，反应主要为苯乙烯的自聚。结果，球状树脂内部的交联密度不同，外疏内密。在离子交换树脂使用中，体积较大的离子或分子扩散进入树脂内部。而在再生时，由于外疏内密的结构，较大离子或分子会卡在分子间隙中，不易与可移动离子发生交换，最终失去交换功能，造成树脂"中毒"。大孔型离子交换树脂不存在外疏内密的结构，从而克服了中毒现象。

（2）大孔型离子交换树脂　大孔型离子交换树脂是在凝胶型离子交换树脂的基础上发展起来的一类新型树脂，其外观不透明，表面粗糙，为非均相凝胶结构，它的特点是在树脂内部存在大量的毛细孔。无论树脂处于干态或湿态、收缩或溶胀时，这种毛细孔都不会消失。一般凝胶型离子交换树脂中的分子间隙为2～4nm，而大孔型树脂中的毛细孔直径可达几纳米至几千纳米。分子间隙为2nm的离子交换树脂的比表面积约为$1m^2/g$，而20nm孔径的大孔型树脂的比表面积高达每克几千平方米。

大孔型离子交换树脂具有和大孔吸附剂相同的骨架结构，在大孔吸附剂合成后（加入致孔剂），再引入化学功能基团，便可得到大孔离子交换树脂。通过在合成时加入惰性致孔剂，克服了普通凝胶树脂由于溶胀现象产生的"暂时孔"现象，从而强化了离子交换的功能，减少了凝胶树脂在离子交换过程中的"有机污染"现象（大分子不易洗脱），可以通过致孔剂选择孔径大小、树脂的比表面积，以适应不同的分离要求。大孔型离子交换树脂具有更多的孔道和更大的表面积，这使得离子更容易迁移扩散，富集速率快，耐氧化、耐磨、耐冷热变化等，具有较高的稳定性。大孔型离子交换树脂即使在干燥状态，内部也存在不同尺寸的毛细孔，因此可在非水体系中起离子交换和吸附作用。常用的大孔型离子交换树脂有 D001（强酸性）、D113（弱酸性）、D311（弱碱性）等。

(3) 多糖基离子交换树脂　多糖基离子交换树脂是以多糖类物质（如纤维素、葡聚糖、琼脂糖等）为载体，借助化学方法引入电荷基团而构成。

纤维素离子交换剂是最早用于生物大分子分离的介质，具有松散的亲水网络、大孔隙以及表面积大等优点。常见的离子交换纤维素有二乙氨基乙基纤维素（DEAE-cellulose，DE-52）、羧甲基纤维素（CM-cellulose，CMC）等。

葡聚糖离子交换剂是以交联葡聚糖（Sephadex）G-25 和 G-50 为载体，外形呈珠状，流速比无定形纤维素离子交换剂快，对蛋白质和核酸等大分子物质有较高的结合容量。常见的葡聚糖凝胶离子交换树脂有二乙氨基乙基交联葡聚糖凝胶 A-25（DEAE-Sephadex A-25）、DEAE-Sephadex A-50、羧甲基交联葡聚糖凝胶 C-25（CM-Sephadex C-25）等。

琼脂糖离子交换剂主要是以交联琼脂糖（Sepharose）CL-6B 等为载体，外形呈珠状颗粒，又分为细（高压型）、中粗（快速型）和粗（大颗粒型）三种，加之网孔大，特别适合分离高分子量的蛋白质和核酸等物质，即使在流速快的条件下操作，也不影响分辨率。常见的琼脂糖凝胶离子交换树脂有 DEAE-Sepharose CL-6B、CM-Sepharose CL-6B、CM/DEAE/Q/SP-Sepharose Fast Flow 等。

离子交换树脂的命名参照 GB/T 1631—2008《离子交换树脂命名系统和基本规范》。离子交换树脂的型号以三位阿拉伯数字组成，第一位数字 0~6 分别代表产品的分类（强酸、弱酸、强碱、弱碱、螯合、两性、氧化还原），第二位数字 0~6 分别代表产品的骨架（苯乙烯、丙烯酸、酚醛、环氧、乙烯吡啶、脲醛、氯乙烯），第三位数字为顺序号，用以区别基团、交联剂等的差异。如 001×4 表示为凝胶型强酸性苯乙烯系列，交联度为 4% 的阳离子交换树脂；201×7 表示为凝胶型强碱性苯乙烯系列，交联度为 7% 的阴离子交换树脂。强酸性和强碱性两大类是离子交换树脂中最重要的产品。如果在名称前加字母 D，则表示大孔型树脂，如 D113 表示大孔型弱酸性丙烯酸系阳离子交换树脂、D301 表示大孔型弱碱性苯乙烯系阴离子交换树脂。

离子交换剂与溶液中离子或离子化合物的反应主要以离子交换方式进行，或者借助离子交换剂上电荷基团对溶液中离子或离子化合物的吸附作用进行。这些过程均是可逆的。对于两性离子（如蛋白质、核苷酸、氨基酸等）与离子交换剂的结合能力，主要取决于它们的理化性质和特定条件下呈现的离子状态。当 pH＜pI 时，两性离子能被阳离子交换剂吸附，且 pI 越高，碱性越强，就越容易被阳离子交换剂吸附；反之，当 pH＞pI 时，能被阴离子交换剂吸附。

影响离子交换速率的因素主要有：①颗粒大小，树脂颗粒越小，由于内扩散距离缩短和液膜扩散的表面积增大，使扩散速率越快；②交联度，交联度小，交换速率快。交联度越大，网孔越小，则内扩散越慢；③温度，提高水温能使离子的动能增加，水的黏度减小，液膜变薄，这些都有利于离子扩散；④离子化合价，化合价越高，交换越快；⑤离子大小，离子越小交换越快；⑥搅拌速率，交换过程中的搅拌速率或流速提高，使液膜变薄，能加快液膜扩散，但不影响内孔扩散；⑦溶液浓度，当交换速率为外扩散控制时，浓度越大，交换速率越快。

同一种交换介质对各种离子的亲和能力不同，即对不同的离子有不同的选择性。影响离子交换选择性的因素有：①水合离子半径，半径越小，亲和力越大。带电离子尺寸大小不同，从介质表面进入孔道及在孔内扩散的速率不同，分子越小，在孔道内相对扩散速率就越大，介质对它的选择系数也就越高。②离子化合价，高价离子易于被吸附。离子带电量越高，即离子的价数越高，与介质相中固定离子之间的静电引力就越大，亲和力也越大，越易被交换。也因为高价离子与介质之间的静电力较强，因此在洗脱时，比低价的离子难以洗脱，表现为高价离子先被交换、后被洗脱。溶液中各种离子所带电荷的多少不同，它们对于交换剂的亲和力大小有差异，从柱上洗下来的顺序就有先后之分，从而达到分离的目的。③溶液 pH，溶液 pH 影响交换基团和交换离子的解离程度，但不影响交换容量。④离子强度，离子强度越低越利于交换。⑤有机溶剂，有机溶剂不利于吸附。⑥交联度、膨胀度、分子筛，交联度大，膨胀度小，筛分能力增大；交联度小，膨胀度大，吸附量减少。⑦树脂与粒子间的辅助力，除静电力以外，还有氢键和范德华力等辅助力。

离子交换法按操作方式可分为分批法和柱色谱法两种。分批法又叫静态法，即将离子交换剂浸泡于工作液中缓慢地不断搅拌，达到平衡后，滤出介质进行洗脱。该法交换率低，不能连续进行，但需要的设备简单，操作容易。柱色谱法又称动态法，交换、洗脱、再生等步骤均在柱内进行。该法操作连续、交换完全，适宜多组分分离，交换效率高，应用范围广。

（4）离子交换操作方法　离子交换的操作方法主要包括树脂选择、树脂预处理、缓冲液平衡、吸附、洗脱和再生。

① 树脂选择。树脂的选择要考虑三方面：a.树脂的类型，根据被分离目的产物所带电荷种类、分子大小、物理化学性质及所处的微环境等因素选择合适的离子交换介质。蛋白质等生物大分子是由多种氨基酸组成的，在不同的 pH 条件下显示不同的带电性，而且生物大分子对最适宜的 pH 环境有特定的要求，因此必须首先了解目的蛋白的等电点及适宜的微环境，根据这些条件选择离子交换剂的种类。碱性

生化物质选择酸性阳离子树脂，强碱物质选择弱酸阳离子树脂，弱碱物质选择强酸阳离子树脂，而中等碱性物质可根据交换容量选择强酸阳离子树脂或弱酸阳离子树脂。酸性生化物质则相反。b.交联度的选择，根据生化物质分子量考虑，原则是在不影响交换容量的前提下尽量增大交联度。c.树脂的类型，酸性阳离子交换树脂有 H 型和盐型（Na^+、NH_4^+），碱性阴离子交换树脂有 OH 型和盐型（Cl^-）。对于弱酸或弱碱树脂，选择盐型树脂较好。这是因为盐型树脂电离度大，H 型和 OH 型解离度小。对于强酸和强碱树脂，相应类型都可以，但应考虑生化物质的稳定性。

② 树脂预处理。各种不同类型的离子交换剂在使用前所需要进行的预处理是不同的。物理处理包括水洗、过筛、去杂，以获得粒度均匀的树脂颗粒。化学处理包括转型，即树脂去杂后，离子交换树脂由一种反离子转到另一种反离子的过程，转型后离子交换树脂会按使用要求带上一定种类的离子或基团。

琼脂糖 Sepharose 系列和 Bio-Gel A 系列离子交换剂以及纤维素 DEAE-Sephacel 离子交换剂是以液态湿胶形式出售的，一般无须预处理，使用前倾去上清液，按湿胶与缓冲液以 3∶1（体积比）的比例添加起始缓冲液，搅匀后即可装柱。

葡聚糖 Sephadex 系列的离子交换剂以固态干胶形式出售，使用前需要进行溶胀。溶胀是介质颗粒吸水膨胀的过程，膨胀度与基质种类、交联度、带电基团种类、溶液的 pH 和离子强度等有关。溶胀过程通常应将交换剂放置在起始缓冲液中进行，完全溶胀在常温下需要 1～2 天，在沸水浴中需要 2h 左右，在高温下溶胀还能起到脱气作用。在溶胀过程中应避免强烈搅拌。另外，对干胶进行溶胀时不能使用蒸馏水，因为在溶液离子强度很低的情况下，交换剂内部功能基团之间的静电斥力会变得很大，容易将凝胶颗粒胀破。

以干态形式出售的纤维素系列的离子交换剂，使用前也需进行溶胀。纤维素的微晶结构是不会被静电斥力破坏的，可以用蒸馏水进行溶胀，加热能加快此过程。离子交换纤维素在加工制造过程中会产生一些细颗粒，它们的存在会影响流速特性，应将其除去。具体方法是：将纤维素在水中搅拌后进行自然沉降，一段时间后将上清液中的漂浮物除去，然后加入一定体积的水混合，反复几次即可。

总之，对离子交换剂的处理、再生和转型的目的是一致的，即要求其带上使用时所期望的离子或基团。

③ 缓冲液平衡。离子交换柱色谱至少会使用两种不同的缓冲液，一种用于蛋白质上样并洗去不吸附的杂质，称为起始缓冲液；另一种用于洗脱吸附在柱上的蛋白质，称为洗脱缓冲液。达到最终 pH 和盐浓度的洗脱缓冲液称为极限缓冲液。

为了保证目的蛋白在吸附阶段能结合到交换剂上，起始缓冲液的浓度一般较低（0.01～0.05mol/L）。但过低的起始浓度可能会导致蛋白质在离子交换剂上吸附过于牢固而给洗脱造成困难，同时也应控制吸附阶段的时间。在采用改变 pH 的方法洗脱时，洗脱缓冲液的缓冲成分种类往往与起始缓冲液相同，只是控制比例关系不同造成最终 pH 不同。洗脱缓冲液在浓度方面并没有特殊要求，常与起始缓冲液相同。在采用增加离子强度的方法洗脱时，所用缓冲液在缓冲物质种类、pH 和浓度上往往与起始缓冲液相同，通常是通过向起始缓冲液中添加特定浓度的其他种类盐来增加离子强度。

在离子交换色谱操作中，pH 是一个重要因素，而 pH 的稳定及改变通常是通过缓冲液来实现的，所以缓冲液的选择是影响分离效果的重要因素。pH 和离子强度是选择缓冲液的两个关键因素，它们不仅影响分离介质对目标产物与杂质的分离效果，还影响产品的收得率。选用的 pH 取决于目的产物的等电点、稳定性和溶解度，不仅要使被分离的物质成为可以进行交换的离子，还要维持其较高的活性，同时也应考虑离子交换剂的 pK 值。缓冲物由于本身带电，所以也可以与离子色谱介质结合。这种结合会带来两方面的干扰：一方面降低了缓冲物的浓度，因而降低了缓冲能力；另一方面是与蛋白质竞争，与介质进行交换。如果用阴离子交换色谱介质，应避免使用磷酸盐之类的带负电荷的缓冲液；如果用阳离子交换色谱介质，应避免使用 Tris 之类的带正电荷的缓冲液。

④ 吸附方式。对生物大分子进行分离纯化，可采用两种方式：a. 将目的产物离子化，并交换到介质上，杂质不被吸附从柱中流出，这种方式称为"正吸附"。该法的优点是得到的目的产物纯度高，且可达到浓缩的目的，适宜处理目标产物浓度低且工作量较大的工艺；b. 将杂质离子化后并交换，而目的产物不被交换，直接从柱中流出，这种方式称为"负吸附"。该方法通常可除去 50%～70% 的杂质，适用于目的产物浓度高而杂质含量较低的工作液，但此方式得到的目的产物纯度不高。两种方式的选择要依据样品及具体要求而定。

⑤ 洗脱方式。洗脱的目的是将吸附交换到颗粒内、外表面上的目的产物解吸。不同物质所用的洗脱剂不同，其基本原理是用一种比树脂吸附的物质更活泼的离子或基团将吸附的物质交换下来，使其进入溶液中。离子交换色谱大致有三种洗脱方式：a. 同步洗脱。洗脱剂是同一种物质，可采用稀酸、碱或盐类溶液，也可适当选用有机溶剂，其中以盐溶液为主，根据目的产物的性质及最终得到产物的剂型进行选择。由于被吸附的物质往往不是单一品种，各种物质所带的电荷电量不同，与介质的结合程度也不同，因此即使使用同一种洗脱剂，只要进行分级收集，容易被替换的物质先脱离介质流出，结合力较强的物质后流出，通过分级收集可以把各种物质分离，并得到较纯净的产物。这种方法多用于对其性能了解很清楚的目的产物，或用于分析类产物分离。b. 分步洗脱。分步用不同浓度的盐溶液进行洗脱。在交换吸附过程中多种蛋白质被吸附，如果采用一个恒定的洗脱条件，有时不能将所有组分适当地分开，需要改变洗脱条件，可以是阶段性地改变，即选用不同的洗脱剂或不同 pH 的洗脱剂分阶段进行洗脱，可以根据洗脱液的不同浓度、不同酸度得到不同的洗脱峰。一种盐浓度可以得到一种目标蛋白，适用于已知性质蛋白质的分离。

这种分步洗脱方式尤其适用于规模生产中，操作方便，易于控制。c.梯度洗脱。在离子交换色谱过程中，常用梯度溶液进行洗脱，而溶液的梯度是由盐浓度或酸碱度的变化形成的。这也是相对能力最强的洗脱方式，同时蛋白质一般不拖尾。制备梯度溶液的装置是由两个彼此相通的圆桶容器和一个搅拌器组成。梯度溶液按组成一般分为两种情况：一种是增加离子强度的梯度溶液，该溶液是用一种简单的盐（如 NaCl 或 KCl）溶解于平衡溶液制成的。习惯上不用弱酸或弱碱的盐类。另一种是改变 pH 的梯度溶液，该溶液是用两种不同 pH 或不同缓冲容量的平衡溶液制成的。所用平衡溶液的种类、pH 以及缓冲容量要认真选择。对于增加离子强度的梯度溶液，不论用于何种类型的离子交换剂，其离子强度通常是顺次递增的。而改变 pH 的梯度溶液则不然，如果使用的是阳离子交换剂，pH 是从低到高递增；如果使用的是阴离子交换剂，pH 则从高到低递减。

⑥ 树脂再生。树脂再生是指使离子交换树脂重新具有交换能力的过程。离子交换树脂一般都要多次使用。再生就是处理使用过的树脂，使其重新获得使用性能的过程。再生剂的种类应根据树脂的离子类型来选用，并适当地选择价格较低的酸、碱或盐。钠型阳离子交换树脂可用 NaCl 溶液再生，用量为其交换容量的 2 倍；氢型阳离子交换树脂用强酸（如盐酸或硫酸）再生；氯型阴离子交换树脂主要用 NaCl 溶液来再生，但加入少量碱有助于将树脂吸附的色素和有机物溶解洗出；羟型阴离子交换树脂则用 4% NaOH 溶液再生。

四、膜分离法

膜分离法（membrane separation technology）是利用天然或人工合成的高分子薄膜，以外界能量（如压力差）或化学位差为推动力，对双组分或多组分的溶质和溶剂进行分离、分级、提纯和浓缩的方法。膜分离是一种使用半透膜的分离方法。如果通过半透膜的只是溶剂，则溶液获得了浓缩，此过程称为膜浓缩。如果在分离过程中通过半透膜的不仅是溶剂，而且有选择地让一些溶质组分通过，从而使溶液中不同溶质得到分离，此过程称为膜分离。

膜分离过程的优点之一是其分离效率比较高，并且大多数可以在较温和的条件下进行，操作稳定且压强较低，特别适合生物活性物质的分离，可以最大限度地保存产品的生物活性。另外，膜分离过程的能耗一般较低，一方面是因为分离的条件比较温和，加热或冷却的能耗较小；另一方面是因为膜分离过程一般不涉及相变，而相变的潜热是很大的。除此之外，膜分离过程还有污染小、操作灵活、处理规模和能力易调节、设备操作和维修方便、易于实现自动化等优点。因此，膜分离技术在现代分离技术中是一种效率较高的分离手段，在海洋生物活性物质制备中占有重要地位。

能够应用于海洋生物活性物质分离纯化的膜分离技术主要有:

1. 透析

利用具有一定孔径大小、高分子溶质不能透过的亲水膜,将含有高分子溶质和其他小分子溶质的溶液与水溶液或缓冲液分隔;由于膜两侧的溶质浓度不同,在浓度差的作用下,高分子溶液中的小分子溶质(如无机盐)透过膜向水中渗透,这就是透析(dialysis)。

透析过程中透析膜内无流体流动,溶质以扩散的形式移动。该法常用于除去蛋白质或核酸样品中的盐、变性剂、还原剂之类的小分子杂质,有时也用于置换样品缓冲液。由于透析过程以浓度差为传质推动力,膜的透过量很小,因此不适合大规模生物分离过程,但在实验室中应用较多。透析法在临床上常用于肾衰竭患者的血液透析。

2. 微滤

微滤(microfiltration,MF)是以静压差为推动力,利用膜的"筛分"作用进行分离的压力驱动型膜过程。基于微孔滤膜发展起来的微滤技术是一种精密过滤技术,主要用来从气相和液相物质中截留微米及亚微米级的细小悬浮物、细菌、酵母、红细胞、污染物等以达到净化、分离和浓缩的目的。微滤常用于物料的除菌及澄清过滤,以及超滤、纳滤和反渗透的预过滤。

与常规过滤技术相比,微滤具有以下特点:

① 微滤能截留的粒子很小,已不再是不可压缩的刚性离子。

② 微滤更多见的是采用切向过滤,这样膜表面的粒子层很薄,能大大减少过滤的阻力。

③ 作为微滤推动力的压强差较大,常采用 0.1~0.3MPa,故微滤一般不用真空过滤。

④ 微滤过程中,随着过滤的进行,膜孔逐渐被堵塞,到一定程度时要停下来进行清洗。因此,微滤严格来讲不能算作真正意义上的连续过滤,而是间歇过滤。

⑤ 微滤操作的温度上限原则上取决于膜和物料的耐热程度,有机膜主要是膜的耐热性起制约作用,无机膜则主要由物料的耐热性决定操作温度。

微滤膜是一种孔径为 0.1~10μm、高度均匀、具有筛分过滤特征的多孔固体连续介质。微滤膜主要以筛分截留作用实现分离,使所有比膜孔绝对值大的粒子全面截留,从而实现绝对的过滤效果,因此微滤膜属于绝对过滤材料。

3. 超滤

超滤(ultrafiltration,UF)是利用膜的透过性能,在静压差的推动力下,达到分离离子、分子及某种微粒目的的膜分离技术。超滤膜的孔径为 1nm～0.05μm，其所分离的组分直径为 5～10nm，可分离分子量大于 500 的大分子和胶体。超滤具有以下特点：

① 超滤常采用切向过滤，以减少过滤阻力，因此它也属于增浓过程。

② 超滤常用的操作压为 0.1～0.5MPa，最大可达 1MPa。

③ 一般认为微滤和超滤间的分离界限大致在 0.1μm，但实际上两者的分离范围往往有所重叠，并无严格界限。

④ 在超滤过程中，随着过滤的进行，同样会有膜孔逐渐被堵塞，导致滤液流量下降的现象，到一定程度时必须停下来进行清洗，因此，超滤严格来讲也是间歇过程。

⑤ 超滤常用于分子间的分离，一般的准则是要达到良好的分离，被分离分子间的分子量至少要相差一个数量级。

一般认为，超滤是一种筛分过程。在一定的压力作用下，含有大、小分子溶质的溶液流过超滤膜表面时，溶剂和小分子物质（如无机盐类）透过膜，作为透过液被收集起来；而大分子溶质（如有机胶体）则被膜截留而作为浓缩液回收。

4. 纳滤

纳滤（nanofiltration，NF）是 20 世纪 80 年代后期发展起来的一种介于反渗透和超滤之间的新型膜分离技术，早期被称为"低压反渗透"或"疏水反渗透"。纳滤技术是为了满足工业软化水的需求及降低成本而发展起来的一种压力驱动膜分离过程。纳滤的分离范围介于反渗透和超滤之间，截留相对分子质量范围为 200～2000，纳滤膜的孔径为 1nm，适宜分离大小约为 1nm 的溶解组分，故称之为"纳滤"。

纳滤作为一种新型膜分离过程，在分离性能方面具有以下特点：

① 操作压力低。纳滤膜大多从反渗透膜演化而来，但制作比反渗透膜更精细，只有操作压力≤1.50MPa、截留相对分子质量 200～2000、NaCl 的截留率≤90％的膜才可被认为是纳滤膜。纳滤与反渗透相比，若达到同样的渗透通量，纳滤工艺所需压差要低 0.5～3MPa。

② 具有纳米级孔径。纳滤膜的孔径在纳米级范围内，介于反渗透和超滤之间，且大多数纳滤膜为具有三维交联结构的复合膜。与反渗透膜相比，由于具有尺寸更大的孔结构，因而纳滤膜三维交联结构更疏松，即网络具有更大的立体空间。不少纳滤膜表面荷负电，对不同电荷和不同价态的离子有不同的 Donnan 效应，纳滤膜的这些孔径和表面特性决定了其独特的分离性能。

③ 具有离子选择性。纳滤能截留水溶液中分子量为数百的有机分子；受膜与离子间 Donnan 效应的影响，纳滤膜对不同价态的离子截留能力不同；纳滤对氯化钠的截留率一般只有 40％～90％，对二价离子特别是阴离子的截留率可以大于 99％，

这主要是因为随着料液中二价离子浓度的增加，由于 Donnan 平衡，一价离子将进入透过液侧，由于膜本体带有电荷，因此它在很低压力下仍具有较高的脱盐率。

纳滤可应用于小分子量有机物质的分离、有机物与小分子无机物的分离、溶液中一价盐类与二价或多价盐类的分离、盐与其对应酸的分离等。

5. 反渗透

当溶液与纯溶剂被半透膜隔开，且膜两侧压力相等时，纯溶剂透过半透膜进入溶液侧使溶液浓度降低的现象称为渗透。在这个过程中，单位时间内从纯溶剂侧透过半透膜进入溶液侧的溶剂分子数目多于从溶液侧透过半透膜进入溶剂侧的溶剂分子数目，使得溶液浓度降低。当单位时间内从两个方向通过半透膜的溶剂分子数目相等时，渗透达到平衡。如果在溶液侧加上一定的外压，恰好能阻止纯溶剂侧的溶剂分子通过半透膜进入溶液侧，则此外压称为渗透压。渗透压取决于溶液的系统及其浓度，且与温度有关，如果加在溶液侧的压力超过了渗透压，则使溶液中的溶剂分子进入纯溶剂内，此过程称为反渗透（reverse osmosis，RO）。

反渗透过程是利用半透膜的选择透过性，即允许溶剂（通常是水）透过而截留溶质，以膜两侧压差为推动力，克服溶剂的渗透压，使溶剂透过膜而实现混合物分离的过程。

反渗透膜分离技术的特点如下：

① 在常温下不发生相变化的条件下，可以对溶质和水进行分离，适用于对热敏感物质的分离、浓缩，并且与有相变化的分离方法相比，能耗较低。

② 杂质去除范围广，既可以去除溶解的无机盐类，也可以去除各类有机物杂质。

③ 具有较高的除盐率和水回用率，可截留粒径在几个纳米以上的溶质。

④ 由于利用压力作为膜分离的推动力，因此分离装置简单，容易操作、自控和维修。

⑤ 由于反渗透装置要在高压下运转，因此必须配置高压泵和耐高压的管路。

⑥ 反渗透装置要求进水要达到一定的指标才能正常运行，因此源水在进入反渗透膜器之前要采用一定的预处理措施，为了延长膜的使用寿命，还要定期进行清洗，以清除污垢。

反渗透膜分离属于压力驱动型膜分离技术，操作压力一般为 $1\sim10\mathrm{MPa}$，能够截留组分为 $0.1\sim1\mathrm{nm}$ 的离子或小分子物质。工业上，反渗透膜分离主要应用于海水和苦咸水脱盐制饮用水，制备医药、化学工业中所需的超纯水，处理重金属废水，以及食品工业中的果汁、糖、咖啡的浓缩过程等。

五、色谱分离法

1903年,俄国植物学家茨维特(Tswett)在分离植物色素时提出色谱的概念。在研究植物叶子的色素成分过程中,他将叶子的萃取物倒入填有碳酸钙的直立玻璃柱内,然后加入石油醚使其自由流下,结果色素中各组分互相分离形成不同颜色的谱带。该方法因此得名为色谱法,原意是记录颜色的方法。后来,此法逐渐扩展到无色物质的分离,"色谱"二字虽已失去原来的含义,但仍被沿用至今。

1. 色谱法的基本原理

色谱法(chromatography),又称层析法,是一种基于被分离物质的物理、化学及生物学特性的差异,使它们在某种基质中移动速度不同而实现分离纯化的方法。所有的色谱系统都由两个相组成:一是固定相或称支持剂,它是由色谱基质组成的,它可以是固体物质(如吸附剂、凝胶和离子交换剂等)或液体物质(如固定在纤维素或硅胶上的溶液),这些物质与相关化合物进行可逆的吸附、溶解和交换作用;另一相是流动相,即推动固定相上的物质向一定方向移动的液体、气体或超临界流体,柱色谱时称之为洗脱剂,薄层色谱时称之为展层剂。当待分离的混合物随流动相通过固定相时,由于各组分的性质如溶解度、吸附能力、立体化学特性、分子的大小、带电情况及离子交换、亲和力和特异的生物学反应等方面存在差异,与两相发生相互作用的能力不同,随着流动相向前移动,各组分不断地在两相中进行再分配。与固定相相互作用力越弱的组分,随流动相移动时受到的阻滞作用越小,向前移动的速度越快;与固定相相互作用越强的组分,则向前移动速度越慢。分步收集流出液,可得到样品中所含的各单一组分,从而达到将各组分分离的目的。

2. 色谱法的分类

随着科学技术的不断发展,色谱技术的应用范围越来越广泛,各种新的色谱技术相继出现,因此其分类方法也有多种。

① 根据固定相基质的形式分类,色谱可以分为纸色谱法(paper chromatography)、薄层色谱法(thin layer chromatography,TLC)和柱色谱法(column chromatography)。纸色谱是指以滤纸作为基质的色谱。薄层色谱是将基质在玻璃或塑料等光滑表面铺成一薄层,在薄层上进行色谱。柱色谱则是指将基质填入管中形成柱形,在柱中进行色谱。纸色谱和薄层色谱主要适用于小分子物质的快速检测分析和少量分离制备,通常为一次性使用;柱色谱是常用的色谱形式,适用于样品分离纯化与分析。柱色谱是在一根柱中装入吸附剂,样品加在柱的上部,令溶剂从吸附剂通过,在色谱中展开成含有单独组分的几个带,然后继续加入溶剂洗脱,收集不同流分从而达到分

离的目的。柱的大小视需要而定，粗分离时用粗短柱，细分离时用细长柱较好。常用的吸附色谱、凝胶过滤色谱、离子交换色谱、亲和色谱、高效液相色谱等一般都采用柱色谱形式。

② 根据两相物理状态的形式分类，色谱可以分为气相色谱法（gas chromatography，GC）、液相色谱法（liquid chromatography，LC）和超临界流体色谱法（supercritical fluid chromatography，SFC）。流动相为气体的称为气相色谱，流动相为液体的称为液相色谱，而流动相为超临界流体的称为超临界色谱法。气相色谱具有微量快速的特点，但要求样品能气化和热稳定性高，大大限制了其应用。而液相色谱是生物领域最常用的色谱形式，特别是高效液相色谱的诞生更是为分离纯化天然产物注入了活力。

③ 根据分离的原理不同分类，色谱法主要分为吸附色谱法（adsorption chromatography）、分配色谱法（partition chromatography）、凝胶色谱法（gel chromatography）、离子交换色谱法（ion exchange chromatography）和亲和色谱法（affinity chromatography）等。

3. 薄层色谱法

薄层色谱法（TLC）是将适宜的固定相涂布于玻璃板上，形成一均匀薄层，再通过点样、展开后，与适宜的对照物按同法所得的色谱图作对比，用以进行药品的鉴别、杂质检查或含量测定的方法，属于固-液吸附色谱。该方法是近年来发展起来的一种微量、快速而简单的色谱法，它兼具柱色谱和纸色谱的优点，一方面适用于小量样品（几克到几十微克，甚至 $0.01\mu g$）的分离；另一方面若在制作薄层板时，把吸附层加厚，将样品点成一条线，则可分离多达 500mg 的样品，因此该方法又可用来精制样品。故此法特别适用于挥发性较小或在较高温度易发生变化而不能用气相色谱分析的化合物。

4. 吸附色谱法

吸附色谱法是指混合物随流动相通过吸附剂时，由于该吸附剂对不同物质有不同的吸附力而使混合物分离的方法。该法是最早期的一种色谱分离技术，主要应用于某些分子量不大的物质的分离提纯，个别的如羟基磷灰石也适用于生物大分子的分离提纯，应用范围比较广。

吸附色谱法是基于在溶质和固体吸附剂上的固定活性位点之间的相互作用。吸附剂可以装填于柱中、覆盖于板上或浸渍于多孔滤纸中。吸附剂是具有大表面积的活性多孔固体，如硅胶、氧化铝和活性炭等。活性位点如硅胶的表面硅烷醇，一般与待分离化合物的极性官能团相互作用。分子的非极性部分（如烃）对分离只有较小影响，所以适于分离不同种类的化合物（如分离醇类与芳香烃）。

凡是能够将其他物质聚集到自己表面上的物质都称为吸附剂。常用的吸附剂主要有硅胶、氧化铝、聚酰胺、大孔吸附树脂等。

硅胶是应用最为广泛的一种极性吸附剂，其主要优点是化学惰性和具有较大的吸附量。硅胶的吸附活性取决于含水量，当含水量小于1％时其活性最高、大于20％时吸附活性最低，一般采用含水量为10％～20％的硅胶。用硅胶进行色谱分离时，要提前进行活化和钝化。钝化即降低硅胶活性，实验表明，硅胶加入4％～20％水后，其表面活性部位被钝化，样品溶质在吸附剂上的吸附和解吸过程加快，同时传质作用得到改善，最终柱效大幅度提高。活化是指在150～195℃加热硅胶，活化覆盖有第一层小分子的硅胶，提高硅胶对样品溶质的吸附能力，其缺点是导致硅胶极性上升，产生催化反应或不可逆吸附。

国内硅胶分级惯例为：150～250μm（60～100目）、75～150μm（100～200目）、45～75μm（200～300目）等。色谱硅胶应是中性无色颗粒。硅胶在甲醇、水等强极性溶剂中有一定的溶解性，约为0.01％。当溶液在pH9以上则溶解度急剧上升，因此在选择溶剂时应注意硅胶的这个特性，否则会将流分中溶解的硅胶误认为是分离得到的样品成分。

硅胶色谱适用范围广，能用于非极性化合物，也能用于极性化合物，如芳香油、萜类、甾体、生物碱、强心苷、蒽醌类以及磷脂类、氨基酸等。

硅胶柱制备分为湿法和干法两种。选用合适尺寸的色谱柱，洗净待用。现在可供选择的色谱柱多自带石英砂层，不需再用脱脂棉处理，使用比较方便。

① 湿法制备色谱柱：称量合适量的活化后硅胶，硅胶用量与样品的比例大概为1∶30～1∶60。用洗脱剂（如果是梯度洗脱，则选用第一个梯度的洗脱剂）将硅胶充分溶胀，搅拌均匀至无气泡，有条件可以进行脱气处理。在色谱柱中预先倾入洗脱剂（至柱体积的1/3处），将处理好的硅胶一次性匀速倾入色谱柱，打开阀门，使硅胶沉降，同时轻轻均匀敲打色谱柱，以便硅胶能够沉降紧密。待硅胶高度不再变化时，关上阀门，色谱柱就基本制备完毕。

② 干法制备色谱柱：称取合适量的活化后硅胶，用量同上。打开色谱柱阀门，将硅胶直接一次性匀速倾入色谱柱，倒完之后，再轻轻均匀敲打色谱柱，直至硅胶高度不再变化。将洗脱剂加入色谱柱（开始时要少量沿壁加入，以免将上层硅胶面破坏）直至洗脱剂将柱内硅胶完全浸湿。反复加入洗脱剂冲洗，直至洗脱剂将硅胶充分溶胀。

色谱过程中溶剂的选择是影响色谱分离效果的一个重要因素。通常是根据物质的极性采用相应的极性溶剂来洗脱，在实际吸附色谱中是采用从低极性逐步递增极性的梯度洗脱方式。一般在柱色谱之前，都会借助薄层色谱，选择确定分离纯化所用的洗脱剂。薄层色谱的结果摸索到的分离条件，基本上可以用于柱色谱，两者不同处在于样品与硅胶的用量比例，故通常柱色谱所用的溶剂比薄层色谱展开剂极性略偏小。也可以参考其他研究人员分离同类型物质时所用的溶剂系统条件。

加样也有湿法加样和干法加样两种方式。当样品能够溶解在少量的洗脱剂（或者第一个洗脱剂系统）中时，可以采用湿法上样的方法。将样品溶于尽量少的洗脱剂中直至澄清，用滴管将样品液加在上层硅胶面表层，使样品液逐渐渗透入硅胶柱中，注意用尽量少的溶液溶解样品，尽可能保留加样色带狭窄，再进行展开，避免样品层过度扩散。

如果样品很难溶于洗脱剂，则要选用干法上样的方式。用能够溶解样品的溶剂和干燥的硅胶充分搅拌混合均匀。待溶剂完全挥发干后，在色谱柱上层预先装入适量的已定洗脱溶剂，将样品的干粉一次性倾入，同时轻轻敲打色谱柱，使样品均匀沉降，并在上面覆盖一薄层石英砂，然后再用洗脱剂展开。

5. 分配色谱法

分配色谱法，又称液-液色谱法，是利用样品组分在两种不相溶的液相间的分配来进行分离。一种液相为流动相，另一种是涂渍于载体上的固定相。分离是由于样品在流动相和固定相中相对溶解度的差别。流动相极性小于固定相极性的液-液色谱法称为正相液-液分配色谱法。流动相极性大于固定相极性的液-液色谱法则称为反相液-液分配色谱法。

早期液-液分配色谱法，固定相是简单地吸附在柱上。由于固定相在流动相中的溶解度非常小，洗脱剂必须被固定相饱和，以避免固定相流失。但温度的变化和不同批号流动相的差别常引起柱子的变化。另外，流动相中存在的固定相也使样品的分离和收集复杂化。因此，现在都应用键合固定相，即将固定相化学键合到固体支持剂上，这样就避免了固定相从柱中流出或样品被固定相污染。

将固定液的官能团键合在薄壳或多孔型硅胶载体的表面，而构成化学键合相。以化学键合相为固定相的液-液色谱法称为化学键合色谱法。化学键合色谱法可分为正相色谱法和反相色谱法。

正相色谱法中共价结合到载体上的基团都是极性基团，如一级氨基、氰基、二醇基、二甲氨基和二氨基等。常用的固定相是氨基与氰基化学键合相，适用于分离极性样品。流动相溶剂是与吸附色谱中的流动相很相似的非极性溶剂，如庚烷、己烷及异辛烷等，可加入适量的有机溶剂调节极性，常用的有机调节剂为乙醇、异丙醇、四氢呋喃、三氯甲烷等。

反相色谱法中共价结合到载体上的固定相是一些直链碳氢化合物，如正辛基，常用十八烷基硅烷（octadecyl silane，ODS；或用 C_{18} 表示），还有辛烷基（用 C_8 表示）等。反相色谱法适用于分离非极性样品，流动相的极性比固定相的极性强，使用的流动相主要是水，加入与水互溶的有机溶剂为调节剂，常用的有甲醇、乙腈等。在反相色谱法中，使溶质滞留的主要作用是疏水作用，在高效液相色谱中又被称为疏溶剂作用。所谓疏水作用是指当水中存在非极性溶质时，溶质分子之间的相互作用、溶质分子与水分子之间的相互作用都远小于水分子之间的相互作用，因此溶质分子会从水中被"挤"出去。可见反相色谱法中疏水性越强的化合物越容易从流动相中挤出去，在色谱柱中滞留时间也越长，所以反相色谱法中不同的化合物根据它们的疏水特性得到分离。自1971年Kirkland首次将制备的反相键合固定相用于高效液相色谱（HPLC）分离以来，反相高效液相色谱法（RP-HPLC）已被广泛地应用于生物、化学、制药等诸多领域。据统计，约有80%的分离是在反相模式下进行的。

6. 凝胶色谱法

凝胶色谱（gel filtration chromatography），又称为分子筛色谱（molecular sieve chromatography）或尺寸排阻色谱（size exclusion chromatography）。它是以多孔性凝胶填料为固定相，利用流动相中所含各物质的分子量不同达到物质分离的一种层析技术。由于凝胶过滤具有设备简单、操作方便、重复性好、样品回收率高等优点，因此，此法广泛应用于分离纯化海洋天然产物。

凝胶的种类很多，在分离纯化海洋天然化合物时，常用的凝胶主要有葡聚糖凝胶（Dextran）以及羟丙基葡聚糖凝胶。葡聚糖凝胶中最常见的是Sephadex系列，它是由葡聚糖与3-氯-1,2-环氧丙烷（交联剂）交联而成。Sephadex的主要型号是G-10~G-200，数字越大，吸水率越高，排阻极限越大，分离范围也越大。在Sephadex G-25和G-50加入羟丙基即可构成烷基化葡聚糖凝胶，主要型号为Sephadex LH-20和LH-60。与Sephadex G系列仅具亲水性不同，Sephadex LH-20和LH-60不仅保留了G-25和G-50原有的分子筛特性，可按分子大小分离物质外，也可以有机溶剂为流动相分离脂溶性物质，如胆固醇、脂肪酸、激素等。

用于凝胶色谱的色谱柱，一般柱长度不超过100cm，为得到高分辨率，可以将柱子串联使用。色谱柱的直径和长度比一般在1:25~1:100之间。凝胶型号选定后，将干胶颗粒悬浮于5~10倍量的蒸馏水或洗脱液中充分溶胀。溶胀之后将极细的小颗粒倾泻出去。自然溶胀费时较长，加热可使溶胀加速，即在沸水浴中将湿凝胶浆逐渐升温至近沸，1~2h即可达到凝胶的充分溶胀。加热法既可节省时间又可消毒。将色谱柱与地面垂直固定在架子上，下端流出口用夹子夹紧，柱顶可安装一个带有搅拌装置的较大容器，柱内充满洗脱液。将凝胶调成较稀薄的浆状液盛于柱顶的容器中，然后在微微搅拌下使凝胶下沉于柱内，这样凝胶粒水平上升直到所需高度为止。拆除柱顶装置，用相应的滤纸轻轻盖在凝胶床表面，稍放置一段时间再开始流动。平衡流速应低于层析时所需的流速，在平衡过程中逐渐增加到层析的流速，切勿超过最终流速。平衡凝胶床过夜使用前，要检查层析床是否均匀、有无纹路或气泡。

凝胶床经过平衡后，在床顶部留下数毫升洗脱液使凝胶床饱和，再用滴管加入样品。一般样品体积不大于凝胶床总体积的5%～10%（质量分数）。样品浓度与分配系数无关，虽然样品浓度可以提高，但分子量较大的物质，溶液的黏度将随浓度增加而增大，使分子运动受限，故样品与洗脱液的相对黏度不得超过1.5～2。样品加入后，打开流出口使样品渗入凝胶床内。当样品液面与凝胶床表面平齐时，再加入数毫升洗脱液冲洗管壁，使其全部进入凝胶床。将层析床与洗脱液贮瓶及收集器相连，预先设定好流速，然后分部收集洗脱液并对每一流份做定性、定量测定。

凝胶可以重复使用，不需特殊处理，不影响分离效果。如果不再使用，则可进行回收，一般的方法是：将凝胶用水冲洗干净，滤干，依次用70%、90%、95%乙醇脱水平衡，至乙醇浓度达90%以上，滤干后再用乙醚洗去乙醇，滤干，干燥保存。湿态保存方法是在凝胶浆中加入抑菌剂或用水冲洗到中性，密封后高压灭菌保存。

7. 离子交换色谱法

离子交换色谱法是以离子交换树脂为固定相，依据交换树脂中的可交换离子与流动相中的组分离子进行可逆交换时结合力大小的差别来进行分离的一种色谱方法。由于混合物中不同溶质对离子交换树脂中的官能团具有不同的亲和力（静电作用力），使离子交换树脂中的可交换离子与流动相中具有相同电荷的溶质离子进行可逆交换，从而达到不同物质分离的目的。

离子交换剂包括基质、电荷基团和可交换离子三部分。离子交换剂的基质是指一类不溶于水的惰性高分子聚合物，如树脂、纤维素等。电荷基团与基质以共价键结合，形成一个带电的可进行离子交换的基团。可交换离子则是指结合于电荷基团上的反离子，它能与溶液中其他的离子基团发生可逆的交换反应。

按结合的基团不同，离子交换树脂可以分为阳离子交换树脂和阴离子交换树脂。阳离子交换树脂上具有与样品中阳离子交换的基团。阳离子交换树脂又可分为强酸性树脂和弱酸性树脂。强酸性离子交换树脂所带的基团为磺酸基（$-SO_3H^+$），其中SO_3和有机聚合物牢固结合形成固定部分，H^+是可流动的能为其他阳离子所交换的离子。阴离子交换树脂上具有与样品中阴离子交换的基团。阴离子交换树脂又可分为强碱性树脂和弱碱性树脂。强碱性离子交换树脂所带的基团为季铵碱$[-N(CH_3)_3^+OH^-]$，其中$N(CH_3)_3$和有机聚合物牢固结合形成固定部分，OH^-是可流动的能为其他阴离子所交换的离子。

离子交换树脂根据基质的组成和性质还可分为两大类：一类是疏水性离子交换剂，这类离子交换剂的基质是一种人工合成的与水结合力较小的树脂，常用的一类树脂是苯乙烯和二乙烯基苯的聚合物。树脂型离子交换树脂一般为网状结构的珠状体，其特点是机械强度大、流速快、与水的亲和力较小且容易引起蛋白质变性，故一般常用于分离小分子物质，如无机离子、氨基酸、核苷酸等。另一类是以纤维素、交联纤维素、交联葡聚糖、交联琼脂糖等为基质的亲水性离子交换剂,适合于分离蛋白质等大分子物质。

离子交换色谱法主要用于分离离子或可离解的化合物,凡是在流动相中能够电离的物质,都可以用离子交换色谱法进行分离。该方法广泛应用于无机离子、有机化合物和生物物质(如氨基酸、核酸、蛋白质等)的分离。

8. 亲和色谱法

亲和色谱法(affinity chromatography)是将相互间具有高度特异亲和性的两种物质之一作为固定相,利用与固定相不同程度的亲和性,使成分与杂质分离的色谱法。

在生物体内,许多大分子具有与某些相对应的专一分子可逆结合的特性,如抗原和抗体、酶和底物及辅酶、激素和受体、RNA 和其互补的 DNA 等,都具有这种特性。生物分子之间这种特异的结合能力称为亲和力,根据生物分子间亲和吸附和解离的原理,建立起来的色谱法称为亲和色谱法。亲和色谱中两个进行专一结合的分子互称对方为配基。例如,抗原和抗体,抗原可认为是抗体的配基,反之抗体也可认为是抗原的配基。将一个水溶性配基在不影响其生物学功能的情况下与水不溶性载体结合称为配基的固相化。

亲和色谱的基本过程为:

① 配基固相化。将与纯化对象有专一结合能力的配基连接在水不溶性载体上,制成亲和吸附剂后装柱。

② 亲和吸附。将含有纯化对象的混合物通过亲和柱,纯化对象被吸附在柱上,其他物质流出色谱柱。

③ 解吸附。用某种缓冲液或溶液通过亲和柱,把吸附在亲和柱上的欲纯化物质洗脱出来。

亲和色谱的特点如下:

① 亲和色谱理想载体的特点为:不溶于水;具疏松网状结构,允许大分子自由通过;有一定硬度,最好为均一的珠状;具有大量可供反应的化学基团,能与大量配基共价连接;非特异性吸附能力极低;能抗微生物和酶的侵蚀;有较好的化学稳定性和亲水性。

② 常见载体的特性

琼脂糖凝胶:亲水性强,理化性质稳定(商品名:Sepharose);聚丙烯酰胺凝胶:理化性质稳定,耐有机溶剂及去污剂,抗微生物能力强,适合于配基与提取物亲和力比较弱的物质;

葡聚糖凝胶:有良好的化学及物理性质,孔径小;

纤维素:非特异性吸附严重,廉价易得。

③ 亲和色谱理想配基的特点:第一个特点是蛋白质和配基之间有强的亲和力,

解离常数在 5mmol/L 以上不是理想的配基；相反亲和力太高也是有害的，因为在解离蛋白质-配基复合物时所需的条件就要强烈，这样可能使蛋白质变性。例如，用抗生物素蛋白作配基纯化含生物素的羧化酶时，生物素-抗生物素蛋白复合物的解离常数达 10～15mmol/L，解离时需要 pH1.5、6mol/L 的盐酸胍，在这种条件下羧化酶大多数已经变性。第二个特点是配基具有适当的化学基团，这种基团不参与配基与蛋白质之间的特异结合，但可用于活化和与载体相连接，同时又不影响配基与蛋白质之间的特异性结合。

亲和色谱本质上也是一种特殊的吸附色谱，但它的吸附作用力是生物物质间的特异性相互作用力，或者说是利用某些生物物质之间特异的亲和力进行选择性分离的一种色谱分离技术。

亲和色谱具有其他分离技术所不能比拟的高选择性，操作条件温和，能有效地保护生物大分子高级结构的稳定性，使其保持生物活性，广泛用于酶、基因工程药物、抗体、核酸等生物大分子的纯化。

9. 高效液相色谱法

高效液相色谱法（high performance liquid chromatography，HPLC）是继气相色谱之后，于 20 世纪 70 年代初期发展起来的一种以液体作流动相的新型色谱技术。它是在气相色谱和经典液相色谱的基础上发展而来。高效液相色谱和经典液相色谱没有本质区别，不同点仅仅在于高效液相色谱比经典液相色谱有更高的效率且实现了自动化操作。经典的液相色谱，流动相在常压下输送，所用的固定相柱效低，分析周期长，而高效液相色谱引用了气相色谱的理论，流动相改为高压输送，色谱柱是以特殊的方法用小粒径填料填充而成，从而使柱效大大高于经典液相色谱（每米塔板数可达几万甚至几十万）。此外，HPLC 法的柱后连有高灵敏度的检测器，可对流出物进行连续检测。因此，高效液相色谱具有分析速度快、分离效能高以及自动化程度高等特点，所以人们称它为高压、高速、高效或现代液相色谱法。

高效液相色谱按其分离机制的不同可分为以下几种类型：液-固吸附色谱、化学键合相色谱、离子交换色谱、离子对色谱、凝胶色谱及亲和色谱。目前，反相高效液相色谱（RP-HPLC）应用最为广泛。

高效液相色谱仪主要由高压输液系统、进样系统、色谱柱系统、检测器及数据处理系统等组成。

（1）高压输液系统　高压输液系统由溶剂贮存器、高压泵、梯度洗脱装置和压力表等组成。

① 溶剂贮存器一般由玻璃、不锈钢或氟塑料制成，容量为 1～2L，用来贮存足够数量、符合要求的流动相。高压输液泵是高效液相色谱仪中的关键部件之一，其功能是将溶剂贮存器中的流动相以高压形式连续不断地送入液路系统，使样品在色

谱柱中完成分离过程。由于高效液相色谱仪所用色谱柱径较细、所填固定相粒度很小，因此对流动相的阻力较大，为了使流动相能较快地流过色谱柱，就需要高压泵注入流动相。

② 对泵的要求：输出压力高、流量范围大、流量恒定、无脉动，流量精度和重复性为 0.5% 左右。此外，还应耐腐蚀，密封性好。高压输液泵，按其性质可分为恒压泵和恒流泵两大类。恒流泵是能给出恒定流量的泵，其流量与流动相黏度和柱渗透无关。恒压泵是保持输出压力恒定，而流量随外界阻力变化而变化，如果系统阻力不发生变化，恒压泵就能提供恒定的流量。

③ 梯度洗脱是在分离过程中使两种或两种以上不同极性的溶剂按一定程序连续改变它们之间的比例，从而使流动相的强度、极性、pH 值或离子强度相应地变化，达到提高分离效果、缩短分析时间的目的。梯度洗脱装置分为两类：一类是外梯度装置（又称低压梯度），流动相在常温常压下混合，用高压泵压至柱系统，仅需一台泵。另一类是内梯度装置（又称高压梯度），是将两种溶剂分别用泵增压后，按电器部件设置的程序注入梯度混合室混合，再输至柱系统。梯度洗脱是通过不断地变化流动相的强度，调整混合样品中各组分的容量因子（k 值），使所有谱带以最佳平均 k 值通过色谱柱。它在液相色谱中所起的作用相当于气相色谱中的程序升温，所不同的是，在梯度洗脱中溶质 k 值的变化是通过溶质的极性、pH 值和离子强度来实现的，而不是借改变温度（温度程序）来达到。

(2) 进样系统　进样系统包括进样口、注射器和进样阀等，作用是把分析试样有效地送入色谱柱进行分离。简易液相色谱仪配置六通进样阀，高级液相色谱仪配有自动进样器。六通进样阀具有进样量准确、重复性好的优点，所用微量注射器的针为平头，不同于能穿过隔膜的尖头进样器。自动进样器效率高、重复性好，适合大量样品的分析，节省人力，可实现自动化操作。

(3) 色谱柱系统　色谱柱系统包括色谱柱、恒温器和连接管等部件。色谱柱一般由内部抛光的不锈钢制成。高效液相色谱柱按主要用途分为分析型和制备型。内径小于 2mm 的为细管径柱；内径在 2～5mm 范围的为常规高效液相色谱柱；内径大于 5mm 的为半制备柱或制备柱。通用的分析型色谱柱一般为 10～30cm 长，柱形几乎都是直形，内部充满微粒固定相。柱温一般为室温或接近室温。

(4) 检测器　检测器是液相色谱仪的关键部件之一。对检测器的要求是：灵敏度高，重复性好，线性范围宽，死体积小，以及对温度和流量的变化不敏感等。

液相色谱中有两种类型的检测器：一类是溶质性检测器，它仅对被分离组分的物理或物理化学特性有响应。属于此类检测器的有紫外、荧光、电化学检测器等。另一类是总体检测器，它对试样和洗脱液总的物理和化学性质响应。属于此类检测器有示差折光检测器等。

常用的紫外检测器又可分为固定波长型、可变波长型和二极管阵列检测器

(diode array detector，DAD 或 photo-diode array detector，PDAD)，其中二极管阵列检测器应用最为广泛。二极管阵列检测器的工作原理为：复光透过样品流通池后，被组分选择性吸收，透过光具有了组分的光谱特征。此透过光（复光）经光栅分光，形成组分的吸收光谱，照射到光电二极管阵列装置上，使每个纳米光波的光强变成相应的电信号强度。这种记录方式不需扫描，因此最短能在几个毫秒的瞬间内获得流通池中色谱组分的吸收光谱。

(5) 色谱数据处理系统　色谱数据处理系统使用色谱工作站来记录和处理色谱分析的数据。色谱工作站多采用微型计算机，计算机技术的广泛应用使现代高效液相色谱仪的操作更加快速、便捷、准确、精密和自动化。其主要功能包括自行诊断功能、全部操作参数控制功能、智能化数据处理和谱图处理功能以及进行计算认证的功能等。

(6) HPLC 流动相的选择　一个理想的液相色谱流动相溶剂应具有低黏度、与检测器兼容性好、易于得到纯品和低毒性等特点。选好填料（固定相）后，强溶剂使溶质在填料表面的吸附减少，相应的容量因子 k 降低；而较弱的溶剂使溶质在填料表面吸附增加，相应的容量因子 k 升高。因此，k 值是流动相组成的函数。塔板数 N 一般与流动相的黏度成反比。所以选择流动相时应考虑以下几方面：

① 流动相应不改变填料的任何性质。低交联度的离子交换树脂和排阻色谱填料有时遇到某些有机相会溶胀或收缩，从而改变色谱柱填床的性质。碱性流动相不能用于硅胶柱系统，酸性流动相不能用于氧化铝、氧化镁等吸附剂的柱系统。

② 纯度。色谱柱的寿命与大量流动相通过有关，特别是当溶剂所含杂质在柱上积累时。

③ 流动相必须与检测器匹配。使用 UV 检测器时，所用流动相在检测波长下应无吸收，或吸收很小。当使用示差折光检测器时，应选择折光系数与样品差别较大的溶剂作流动相，以提高灵敏度。

④ 黏度要低 [应小于 $2cP(1cP=10^{-3}Pa \cdot s)$]。高黏度溶剂会影响溶质的扩散与传质，降低柱效，还会使柱压降增加，使分离时间延长。最好选择沸点在 100℃ 以下的流动相。

⑤ 对样品的溶解度要适宜。如果溶解度欠佳，样品会在柱头沉淀，不但影响纯化分离效果，还会缩短柱子的使用寿命。

⑥ 样品易于回收。应选用挥发性溶剂。

在化学键合相色谱法中，溶剂的洗脱能力直接与它的极性相关。在正相色谱中，溶剂的强度随极性的增强而增加；在反相色谱中，溶剂的强度随极性的增强而减弱。正相色谱的流动相通常采用烷烃加适量极性调整剂。反相色谱的流动相通常以水作基础溶剂，再加入一定量的能与水互溶的极性调整剂，如甲醇、乙腈、四氢呋喃等。极性调整剂的性质及其所占比例对溶质的保留值和分离选择性有显著影响。一般情况下，甲醇-水系统已能满足多数样品的分离要求，且流动相黏度小、价格低，是反相色谱最常用的流动相。但初始实验推荐采用乙腈-水系统，因为与甲醇相比，乙腈的溶剂强度较高且黏度较小，并可满足在紫外 185~205nm 处检测的要求，因此综合来看，乙腈-水系统要优于甲醇-水系统。在分离含极性差别较大的多组分样品时，为了使各组分均有合适的 k 值并分离良好，需采用梯度洗脱技术。

六、结晶法

结晶（crystallization）与沉淀（precipitation）本质上都是从溶液中析出固体，形成新相。利用物理方法将溶质从溶液中以规则的形状析出的分离方法称为结晶（如蔗糖、食盐、味精、柠檬酸等）；从溶液中得到无定形的溶质的分离方法则称为沉淀（如淀粉、酶制剂、洗衣粉等）。

结晶的目的在于进一步分离纯化，便于进行化学鉴定及结构测定。海洋植物中大多含有固体化合物，且具有结晶的通性，可以根据其溶解度的不同用结晶法来达到分离精制的目的。一般能结晶的化合物有望得到单纯晶体，纯化合物的结晶有晶学特征，这有利于化合物性质的判断，所以结晶是研究分子结构的重要步骤。一般能结晶的大部分都是比较纯的化合物，但并不一定是单体化合物，有时结晶也可能是混合物。

由于最初析出的结晶多少会带有一些杂质，因此需要通过反复结晶，才能得到纯的单一晶体，此步骤称为复结晶或重结晶。不过，有些物质即使达到很高的纯度，也不能形成结晶，只能以无定形粉末状态存在，比如皂苷类。因此，在利用结晶、重结晶的手段达到纯化目的时，首先要考虑样品的性质。

（1）结晶的条件　需要结晶的溶液往往呈过饱和状态，通常是在加温的情况下使化合物溶解，再过滤除去不溶性杂质，之后再进行浓缩、放冷、析出。最合适的温度为 5~10℃左右，可放置于阴凉处或冰箱中。有效成分在样品中的浓度是影响结晶的一个重要因素。一般来说，浓度越大越容易析出结晶。但是有时溶液太浓黏度大反而不易结晶。而如果浓度适中，逐渐降温，有可能析出纯度较高的结晶。在结晶过程中溶液浓度高则析出结晶的速度快，晶体颗粒也较小，但夹杂的杂质可能多些；有时自溶液中析出结晶的速度太大，超过化合物晶核的形成和分子定向排列的速度，往往只能得到无定形粉末。化合物只有在相对纯净的状态下才能得到结晶。

合适的溶剂是影响结晶的另一个重要条件。有时有效成分的含量即使很高，但溶剂选择不当，也得不到结晶；反而有时有效成分含量不是很高，但由于溶剂选择恰当，也有可能得到结晶。放置时间对形成结晶也是一个需要注意的方面，它可使溶剂自然挥发到适当的浓度而析出结晶。并且结晶过程中应尽量避免挪动结晶器皿，以保证结晶过程不受外界干扰，自然进行。

(2) 结晶溶剂的选择　选择合适的溶剂是形成结晶的关键，最好它能对所需成分的溶解度随温度变化而有显著差别，同时不产生化学反应，即热时溶解、冷时析出。对杂质来说，在该溶剂中应不溶或难溶。也可采用对杂质溶解度大而对欲分离物质不溶或难溶的溶剂，则可用洗涤法除去杂质后再用合适溶剂结晶。

要找到合适的溶剂，一方面可查阅相关资料及参阅同类型化合物的结晶条件来预计有效成分的溶解度和结晶行为。一般游离的生物碱可溶于下列溶剂：苯、乙醚、氯仿、乙酸乙酯和丙酮。而盐类常不溶于苯、乙醚、乙酸乙酯；大多数能溶于乙醇、甲醇、水。苷类可溶于各种醇（如甲醇至戊醇等）、丙酮、乙酸乙酯、氯仿等；难溶于醚、苯。各类型的苷，由于苷元不同，其溶解性差别很大。氨基酸在水中的溶解度很大，可考虑在甲醇或乙醇中结晶。

另一方面也可进行少量探索，参考"相似相溶"的规律加以选择，例如极性的羟基化合物易溶于甲醇、乙醇或水；多羟基化合物在水中比在甲醇中更易溶解；芳香族化合物易溶于苯和乙醚；杂环化合物可溶于醇，难溶于乙醚或石油醚；不易溶于有机溶剂的化合物可用冰醋酸或吡啶。常用的结晶溶剂有甲醇、乙醇、丙酮和乙酸乙酯等。但所选用的溶剂的沸点应低于化合物的熔点，以免受热分解变质。溶剂的沸点还应低于结晶时的温度，以免混入溶剂的结晶。如不能选择适当的单一溶剂，则可选用两种或两种以上溶剂组成的混合溶剂。要求低沸点溶剂对物质的溶解度大、高沸点溶剂对物质的溶解度小，这样在放置时，低沸点的溶剂较易挥发，比例逐渐减少易达到过饱和状态，有利于结晶的形成。选择溶剂的沸点不宜太高，要适中，在60℃左右，沸点太低溶剂损耗大，亦难以控制；太高则不利于浓缩，同时也不易除去溶剂。

重结晶用的溶剂一般可参照结晶的溶剂，但也经常改变，因形成结晶后其溶解度和原来在混杂状态下的不同，有时还需要采用两种不同的溶剂分别重结晶才能得到纯粹的结晶，即先在甲溶剂中重结晶除去杂质后，再用乙溶剂重结晶除去另外的杂质。在结晶或重结晶时要注意化合物是否和溶剂形成加成物或含有结晶溶剂的化合物，有时也利用此性质使本来不易形成结晶的化合物得到结晶。

(3) 制备结晶的方法　结晶的形成过程包括晶核的形成与结晶的增长两个步骤，因此选择适当的溶剂是形成晶核的关键。通常将化合物溶于适当溶剂中，过滤、浓缩至适当体积后，塞紧瓶塞，静置。如果放置一段时间后没有结晶析出，可松动瓶塞，使溶剂自动挥发，有望得到结晶，或加入少量晶种，晶种是诱导晶核形成的有效手段。一般来说，结晶过程具有高度选择性，当加入同种分子时，结晶会立即增长。如果是光学异构体的混合物，可依晶种性质优先析出的是其同种光学异构体。如没有晶种时，可用玻璃棒摩擦玻璃容器内壁，产生微小颗粒代替晶核，以诱导方式使形成结晶。有时可用玻璃棒蘸取过饱和液，在空气中挥发除去部分溶剂后再摩擦玻璃容器内壁。还可以采用少许干冰，降低温度及自然挥发等条件促使晶核形成。

有时甚至加入有机可溶性盐类盐析。如上述条件失败，则应考虑所用物质的纯度不够，可能是由于杂质的影响所致，则需进一步分离纯化，再尝试结晶；或化合物本身就是不能形成晶体的化合物。

结晶时应注意，溶剂不要加热太久；在蒸发母液时，也不要加热过高。一般在减压下进行较好，这样可以避免产物分解所造成的结晶困难。低熔点物质，结晶温度最好低于其熔点温度。一般油状物应该先设法固化成固体以后再进行结晶。

(4) 难结晶和非结晶化合物的处理　化合物不易结晶，其原因一种是由其本身的性质所决定，另一种则很大程度上是由于纯度不够，夹杂了不纯物引起。若是后者就需要进一步分离纯化，若是前者，则可能需要制备结晶性的衍生物或盐，然后用化学方法处理回复到原来的化合物，从而达到分离纯化的目的。

(5) 结晶纯度的判断　结晶的形状很多，常见的有针状、柱状、棱柱状、板状、片状、方晶、粒状、簇状及多边形棱柱状晶体等。结晶形状随结晶的条件不同而异。

每种化合物的结晶都有一定的形状、色泽和熔点，这些可以作为初步鉴定的依据，而非结晶物质则不具备上述物理性质。纯结晶化合物一般有一定的晶形和均匀的色泽，通常在同一种溶剂中结晶形状是一致的。单纯化合物结晶的熔点熔距应在 0.5℃ 左右，但由于晶体结构的原因可允许在 1~2℃ 内。经典方法判断化合物的纯度是比较重结晶前后结晶的形状和熔点，纯化合物重结晶前后的熔点应该一致，如果熔距较长表示化合物不纯。但也有例外，特别是当有些化合物只有分解点，而熔点不明显的情况下，会出现较长的熔距。

另外要注意有些化合物具有双熔点的特性。即在某一温度已全部熔化，继续升高温度时又固化，再在某一更高温度时又熔化或分解。与糖结合的苷类化合物一般具有此性质。最简便的纯度检查方法是薄层色谱法。通常用数种展开溶剂系统呈现为一个斑点（比移值在 0.3~0.7 之间）者，可认为是单纯的化合物。但有时也有例外，如一些在结构上仅仅是取代基有微小差别的化合物，它们的熔距却会比较长。常用的吸附剂如氧化铝、硅胶对一些化合物会产生次级反应，形成复斑，操作不慎也会引起复斑，造成错误的判断，应引起注意。

液体的纯度可通过它的沸点来确定，纯化合物的沸距应在 1℃ 范围内。气相色谱是一种灵敏度高的判断纯度的方法，主要适用于在加热条件下能气化而不分解的物质，如挥发油类。高效液相色谱是近年用于判断成分纯度的一种重要手段，不仅可用于挥发性物质，也可用于非挥发性物质，具有高速、高效、灵敏、微量、准确的优点，已被广泛地用于纯度检测。

七、电泳法

电泳（electrophoresis）是指带电颗粒在电场作用下，向着与其电性相反的电极移动的现象。例如,蛋白质具有两性电离性质,当蛋白质溶液的 pH 值大于蛋白质等电点时,该蛋白质带负电荷,在电场中向正极移动;相反则带正电荷,在电场中向负极移动。只有当蛋白质溶液的 pH 值等于蛋白质的等电点时,净电荷为零,在电场中不向任何一极移动。电泳技术就是利用在电场作用下,待分离样品中各种分子带电性质以及分子本身大小、形状等性质的差异,使带电分子产生不同的迁移速度,从而对样品进行分离、鉴定或提纯的技术。

电泳过程必须在一种支持介质中进行。一般选择凝胶作为支持介质,用于分离分析多肽、蛋白质和核酸等生物大分子。最初使用的凝胶是淀粉凝胶,但目前使用得最多的是琼脂糖凝胶和聚丙烯酰胺凝胶。蛋白质电泳主要使用聚丙烯酰胺凝胶。

聚丙烯酰胺凝胶是由单体丙烯酰胺(acrylamide, Acr)和交联剂 N,N-亚甲基双丙烯酰胺(N,N-methylene-bisacrylamide, Bis)在加速剂 N,N,N,N-四甲基乙二胺(N,N,N,N-tetramethyl ethylenediamine, TEMED)和催化剂过硫酸铵[ammonium persulfate$(NH_4)_2S_2O_8$, APS]或核黄素(riboflavin,即 vitamin B_2,$C_{17}H_{20}O_6N_4$)的作用下聚合交联成三维网状结构的凝胶。以此凝胶为支持介质的电泳称为聚丙烯酰胺凝胶电泳(polyacrylamide gel electrophoresis, PAGE)。

聚丙烯酰胺凝胶属于不带电荷的非离子型多聚物,透明,有弹性,机械性能好,化学性能稳定,与被分离物不起化学反应,而且对 pH 和温度变化比较稳定,电泳时无电渗作用和吸附作用,并且通过调整凝胶浓度,还可以制成不同孔径的凝胶,用于分离不同分子大小的物质。

PAGE 技术样品用量少,灵敏度高,可达 10^{-6} g。其分辨率远远高于一般色谱方法和电泳方法,可以检出 $10^{-12}\sim 10^{-9}$ g 的样品,且重复性好。在常规 PAGE 的基础上,根据蛋白质的电荷、分子量等特性,又相继建立了测定蛋白质(或多肽、核酸)分子量的十二烷基硫酸钠-PAGE(SDS-PAGE)和测定等电点的等电聚焦 PAGE。

根据电泳时所用的缓冲液组成、pH 值和凝胶浓度不同,PAGE 可分为连续电泳和不连续电泳两种。缓冲液组成、pH 值和凝胶孔径均相同的连续 PAGE 系统,一般只用于分离比较简单的样品,因没有浓缩效应,分辨率不如不连续电泳。不连续电泳又称为圆盘电泳,在电泳系统中使用了两种或两种以上不同的缓冲液和凝胶浓度,即存在凝胶层、缓冲液组成、pH 值以及电位梯度的不连续性。电泳时,样品在浓缩胶和分离胶两种不连续的界面处首先浓缩成一窄的起始带,待进入分离胶时,再根据分子大小和电荷效应分离得到窄的分离区带。此法分离效果好,分辨率高。

样品的浓缩效应是由凝胶孔径的不连续性产生的。蛋白质在浓缩胶中受到的阻力小,移动速度快。到达分离胶界面时,由于分离胶的孔径小、阻力大,速度减慢。由于其不连续性,在浓缩胶与分离胶的界面处样品得到浓缩,区带变窄。

电泳缓冲液是 pH8.3 的三羟甲基氨基甲烷-甘氨酸（Tris-Gly），浓缩胶缓冲液为 pH6.8 的 Tris-HCl，分离胶缓冲液为 pH8.8 的 Tris-HCl。电场中如有两种电荷符号相同的离子向同一方向移动，若迁移率不同，两种离子能形成界面，则走在前面的离子称为快离子（先行离子）、走在后面的离子称为慢离子（随后离子）。在这种条件下，缓冲系统中的 HCl 几乎全部解离成 Cl^-，两槽中的 Gly（$pI=6.0$，$pK_a=9.7$）只有很少部分解离成 Gly 的负离子（Gly^-），而酸性蛋白质也可解离出负离子。这些离子在电泳时都向正极移动，Cl^- 速度最快（先导离子），其次为蛋白质负离子（Pr^-），Gly^- 负离子最慢（尾随离子）。由于 Cl^- 很快超过 Pr^-，因此在其后面形成一个电导较低、电位梯度较陡的区域，该区电位梯度最高，这是在电泳过程中形成的电位梯度的不连续性，导致蛋白质和 Gly 离子加快移动，结果使蛋白质在进入分离胶之前，快、慢离子之间浓缩成一薄层，有利于提高电泳的分辨率。

蛋白质离子进入分离胶后，条件有很大变化。由于 pH 升高（电泳进行时常超过 9.0），使 Gly 解离成负离子的效应增加；同时因凝胶的浓度升高，蛋白质的泳动受到影响，迁移率急剧下降。这两项变化使 Gly^- 的移动超过蛋白质，上述的高电压梯度不复存在，蛋白质便在一个较均一的 pH 和电压梯度环境中，按其分子的大小移动。分离胶的孔径有一定大小，对不同分子量的蛋白质来说，通过时受到的阻滞程度不同，即使净电荷相等的颗粒，也会由于这种分子筛效应，把不同大小的蛋白质相互分开。

毛细管电泳是在传统的电泳技术基础上由 Hjerten 发明的，该技术利用小的毛细管代替传统的电泳槽，使得电泳效率提高几十倍。此技术自 20 世纪 80 年代以来发展迅速，成为分离、定性多肽和蛋白质的有力工具。另一个重要的电泳技术是双向电泳技术，该技术是同时分离、分析海洋生物组织内大量蛋白质（蛋白组）的重要技术。总之，电泳技术在海洋天然产物的研究中，既是分离手段，也是分析手段。电泳技术和其他分离手段相互组合，能进行多肽和蛋白质的分离、分析和提取。

八、蒸发与干燥

1. 蒸发

蒸发是使含有不挥发溶质的溶液沸腾汽化并移出蒸汽，从而使溶液中溶质浓度提高的过程。蒸发浓缩的主要目的有两个：一是增加溶质浓度，减少溶液体积，以便进一步分离提纯；二是蒸发得到的溶剂较为纯净，可以再利用或无污染排放。

根据操作压力的不同，蒸发可分为常压蒸发和减压蒸发（真空蒸发）。

（1）常压蒸发　常压蒸发为在常压下加热使溶剂蒸发，最后溶液被浓缩。常压蒸发系统中的冷凝器和蒸发器溶液侧的操作压力为大气压或略高于大气压，此时系统中不凝性气体依靠本身的压力从冷凝器中排出（操作温度为溶剂的正常沸点）。常压蒸发方法简单，但仅适用于浓缩耐热物质及回收溶剂。

(2) 减压蒸发（真空蒸发） 在工业生产中称减压蒸发为真空蒸发。真空蒸发时，冷凝器和蒸发器溶液侧的操作压力低于大气压，此时系统中的不凝性气体必须用真空泵抽出（操作温度低于溶剂的正常沸点）。真空蒸发广泛地应用于生物工业中大部分中间产物和最终产物高温后发生化学或物理变化的热敏性物质。例如，酶被加热到一定的温度会变性失活，所以酶液只能在低温下或者短时间受热的条件下进行浓缩，以保证一定的酶活力。

采用真空蒸发的基本目的是降低溶液的沸点。与常压蒸发相比，它有如下优点：①溶液沸点低，需要较少的加热蒸汽；②溶液沸点低，采用相同的加热蒸汽，蒸发器传热的平均温差大，所需的传热面小；③沸点低，有利于处理热敏性物料，即高温下易分解和变质的物料；④蒸发器的操作温度低，系统的热损失小。

真空蒸发的缺点包括：①溶液温度低，黏度大，沸腾的传热系数小，蒸发器的传热系数小；②蒸发器和冷凝器的内压力低于大气压，完成液和冷凝水需用泵排出；③需用真空泵抽出不凝性气体，以保持一定的真空度，因而耗能多。

真空蒸发的操作压力（真空度）取决于冷凝器中水的冷凝温度和真空泵的能力。冷凝器操作压力的最低极限是冷凝水的饱和蒸气压，所以它取决于冷凝水的温度。真空泵的作用是抽走系统中的不凝性气体，真空泵的能力越大，冷凝器内的操作压力可以接近冷凝水的饱和蒸气压。一般真空蒸发时，冷凝器的压力为 10~20kPa。

2. 干燥

干燥是指利用热能将湿物料中湿分汽化并排除蒸汽，从而得到较干物料的过程。干燥的主要目的：一是产品便于包装、贮存、运输；二是许多生物制品在湿分含量较低的状态下较为稳定，从而使生物制品有较长的保质期。按照热能供给湿物料的方式不同，干燥可分为以下几类：

(1) 导热干燥 热能通过传热壁面（如不锈钢）以传导的方式传给湿物料，让载热体（如空气、水蒸气等）不与湿物料接触，使其中的水分汽化，然后所产生的蒸汽被干燥介质带走或用真空泵抽走的干燥操作过程，称为导热干燥（heat conduction drying）。由于该过程中湿物料与加热介质不直接接触，故又称为间接加热干燥。该法热能利用较高，干燥 1t 水需蒸汽量为 1.4t 左右，但与传热壁面接触的物料在干燥时易局部过热而变质。

(2) 辐射干燥 辐射干燥（radiation drying）即热能以电磁波的形式由辐射器传至湿物料表面后，被物料吸收并转化为热能，而将水分加热汽化，达到干燥的目的。辐射源有电能辐射器（如专供发射红外线的灯泡）和热能辐射器。红外辐射干燥比热传导干燥和对流干燥的生产强度大几十倍，且设备紧凑，干燥时间短，产品干燥均匀而洁净，但能耗大，适用于干燥表面积大而薄的物料。

（3）对流干燥　对流干燥（convection drying）过程中，传热和传质同时发生。热能由干燥介质的主体以对流方式传给固体物料的表面，然后再由物料表面传至固体的内部，而水分却由固体内部向固体表面扩散，最终被汽化后由固体表面扩散至气相介质的主体。传热的推动力是温度差，传质的推动力是水的浓度差或水蒸气的分压差，传热和传质的方向相反但密切相关。干燥介质既是热载体又是湿载体，干燥过程对干燥介质来说是降温增湿的过程。所使用的干燥介质有热空气、烟道气或其他高温气体等。目前工业上以热空气为干燥介质的对流干燥最为普遍。

（4）介电加热干燥　介电加热干燥（dielectric heating drying）是将需要干燥的物料置于高频电场内，利用高频电场的交互作用将湿物料加热，水分汽化，物料被干燥。

电场的频率低于3000MHz时，称为高频加热；频率为3～3900GHz时为超高频加热。工业上微波加热所用的频率为9GHz、15GHz和24.5GHz。微波干燥时，湿物料在高频电场中很快被均匀加热。由于水分的介电常数比固体物料的介电常数要大得多，当干燥到一定程度，物料内部的水分比表面多时，物料内部所吸收的电能或热能比表面多，致使物料内部的温度高于表面温度，温度梯度与水分扩散的浓度梯度方向一致，即传热和传质的方向一致。传热过程将促进物料内部水分的扩散，使干燥时间大大缩短，得到的干燥产品均匀而洁净。而辐射干燥和对流干燥的热能都是从物料表面传至物料内部，水分则是由物料内部扩散到物料的表面，传热和传质的方向相反，物料表面温度比内部高，在干燥过程中，物料表面先变成干燥的固体，形成绝热层，致使传热以及内部水分的汽化和扩散至表面的阻力增加，干燥时间长。因此，对于干燥过程中表面易结壳或皱皮，或内部水分难以去除的物料，采用微波加热干燥效果较好，但该法费用高，使用上也受到一定的限制。此外，由于干燥时物料内部温度较高，因此，这种方法一般不用于热敏性物料的干燥。

生物工业中常用的干燥技术介绍如下。

（1）气流干燥　气流干燥（air drying）即利用热气流将物料在流态状态下进行干燥的过程。将成泥状、粉粒状或块状等的湿物料送入热气流中，与之并流，从而得到分散成粒状的干燥产品。湿物料自螺旋加料器进入干燥管，空气由鼓风机鼓入，经加热器加热后与物料汇合，在干燥管内达到干燥目的。干燥后的物料在旋风除尘器和袋式除尘器中回收，废气经抽风机由排气管排出。

气流干燥是对流干燥的一种。在气流干燥中，除一般使用干燥介质为不饱和热空气外，在高温干燥时也可采用烟道气。为避免物料被污染或氧化，也可采用过热水蒸气。对于含有机溶剂的物料干燥，也可采用氮或溶剂的过热蒸气作干燥介质。气流干燥具有干燥强度大、干燥时间短、热效率高、处理量大、设备结构简单、应用范围广等优点。

由于气流速率较高，粒子可能会出现一定的磨损和粉碎，因此对于要求有一定形状的颗粒的产品不宜采用，对于易于沾壁的、非常黏稠的物料及需干燥至临界湿含量以下的物料也不宜采用。在干燥时会产生毒气的物料，以及所需风量比较大的情况下也不宜采用气流干燥。

(2) 喷雾干燥　喷雾干燥(spray drying)即将溶液、乳浊液、悬浊液或浆料在热风中喷雾成细小的液滴，在液滴下落过程中，水分被蒸发而成为粉末状或颗粒产品。在干燥塔顶部导入热风，同时将料液泵送至塔顶，经过雾化器喷成雾状的液滴。这些液滴群的表面积很大，与高温热风接触后水分迅速蒸发，在极短时间内便成为干燥产品，从干燥塔底部排出。热风与液滴接触后温度显著降低，湿度增加，废气则通过排风机抽出。废气中夹带的微粉用分离装置回收。

物料干燥分为等速阶段和减速阶段两部分进行。等速阶段水分蒸发是在液滴表面发生，蒸发速率由蒸汽通过周围气膜的扩散速率决定，主要的推动力是周围热风和液滴的温度差，温度差越大，蒸发速率越快。水分通过颗粒的扩散速率大于蒸发速率，当扩散速率降低而不能再维持颗粒表面的饱和时，蒸发速率开始减慢，干燥进入减速阶段。此时，颗粒温度开始上升，干燥结束时，物料的温度接近周围空气的温度。

喷雾干燥具有以下几方面优点：①干燥速率快；②干燥过程中液滴温度不高，产品质量较好；③产品具有良好的分散性、流动性和溶解性，纯度高；④生产过程简化，操作控制方便；⑤适宜于连续化大规模生产，干燥产品连续排料，在后处理上可结合冷却器和风力输送，进行连续生产。

喷雾干燥的缺点主要有以下两方面：①当热风温度低于150℃时，热容量系数低，蒸发强度小，干燥塔的体积比较庞大，热量消耗多，一般蒸发1kg水分约需6000kJ热量，相当于消耗2.5～3.5kg的蒸汽；②对废气中回收微粒的分离装置要求较高，在生产粒径小的产品时，废气中夹带有20%左右的微粒，需要选用高效的分离装置，结构比较复杂，费用较高；对于有毒气、臭气物料，则必须采用封闭循环系统的生产流程，将毒气、臭气焚烧，防止大气污染，改善生产环境。

(3) 冷冻干燥　在冷冻干燥(freeze drying)过程中，被干燥的产品首先要在较低温度(−50～−10℃)下进行预冻，然后在真空度为0.1～130Pa的状态下进行升华，使水分直接由冰变成汽而获得干燥，该过程也称为升华干燥。在整个升华阶段，产品必须保持冻结状态，不然就不能得到性状良好的产品。在产品的预冻阶段，还要掌握合适的预冻温度。如果预冻温度太低，不仅增加不必要的能量消耗，而且对于某些产品，会降低冻干后的成活率。

在冻干产品干燥的升华阶段，由于产品升华时需要吸收热量(每1g冰完全升华成水蒸气需要吸收2800J左右的热量)，因此，如果不对产品进行加热或加热不够，产品在升华时将吸收自身的热量而使温度降低，相应的产品蒸气压也会降低，于是引起升华速率降低，整个过程的干燥时间就会延长，生产率就会降低。如果对产品加热过多，产品的升华速率固然会提高，但在抵消了产品升华所吸收的热量之后，多余的热量会使冻结产品本身的温度上升，使其可能出现局部熔化甚至全部熔化，从而引起产品的干缩和起泡现象，导致干燥过程的失败。

冷冻干燥具有以下几方面的特点：①物料处于冷冻状态下干燥，水分以冰的状态直接升华成水蒸气，故物料的结构和分子结构变化极小；②物料在低温真空条件下进行干燥操作，故对热敏感的物料，也能在不丧失其酶活力或生物试样原有性质的条件下长期保存，使得干燥产品十分稳定；③干燥后的物料除去水分后，其原组织的多孔性能不变，若添加水，可在短时间内基本完全恢复干燥前的状态；④干燥后物料的残存水分很低，若防湿包装优良，则可在常温条件下长期储存。

第六章
海洋生物活性物质的制备实例

实例一 青蛤多糖的提取纯化和结构鉴定

一、青蛤多糖的提取工艺优化

1. 原料预处理

将鲜活青蛤清洗干净,暂养过夜。次日去除外壳,取其内脏组织用75%乙醇(终浓度)保存。2天后取出青蛤内脏组织,破碎并匀浆。向匀浆中加入75%乙醇(终浓度)保存4周。每隔5天倒出乙醇溶液,并加入等量75%乙醇,以脱去青蛤匀浆中的脂肪、色素及其他杂质。4周后弃去乙醇浸泡液。将青蛤匀浆液离心(5000r/min,20min),保留沉淀物并置于60℃烘箱中烘干,得青蛤组织粉。

2. 热水浸取

称取青蛤组织粉适量,加入一定体积的蒸馏水,水浴提取。提取液于5000r/min的条件下离心20min,上清液用两层滤纸抽滤,旋转蒸发浓缩至原体积的1/10,置于4℃冰箱中冷藏备用。滤渣在相同条件下进行提取、过滤、减压浓缩。合并浓缩液,加入无水乙醇至体积分数为75%,充分振荡,于4℃冰箱中静置12h,离心(5000r/min,20min),保留沉淀物。将沉淀物置于60℃烘箱中烘干,即为青蛤多糖粗提物。

3. 脱蛋白

将粗提物用10倍的去离子水充分溶解,按物料比5∶1的比例加入Sevag试剂(氯仿∶丁醇=5∶1),剧烈振荡30min,然后静置10min,离心(4000r/min,10min),体系分成三层,保留中间层清液。重复上述操作3次。所得溶液在50℃减压浓缩至适量。浓缩液加9倍体积的无水乙醇（乙醇终浓度为90%），充分振荡，于4℃冰箱中静置12h，离心（5000r/min，20min），保留沉淀物。将沉淀物置于60℃烘箱中烘干，得青蛤粗多糖。

4. 粗多糖提取优化方案设计

（1）单因素实验设计

① 提取温度实验设计：固定提取时间为3h，水料比（mL：g）35，提取次数2次；提取温度设计为55℃、65℃、75℃、85℃、95℃。

② 提取时间实验设计：固定提取温度为75℃，水料比（mL：g）35，提取次数2次；提取时间设计为2h、3h、4h、5h、6h。

③ 水料比实验设计：固定提取温度为75℃，提取时间为3h，提取次数2次；水料比（mL：g）设计为15、25、35、45、55。

④ 提取次数实验设计：固定提取温度为75℃，提取时间为3h，水料比（mL：g）35；提取次数设计为2次、3次、4次。

（2）中心组合（CCD）实验设计

在单因素实验基础上，以青蛤多糖产率为考察指标，以提取温度、提取时间、水料比、提取次数为实验变量，通过实施中心组合（CCD）实验，采用响应面数据处理方法优化青蛤多糖提取工艺参数。

5. 考察指标

实验优化以青蛤多糖产率为考察指标。多糖产率计算公式为：

$$多糖产率(\%) = W_1/W_0 \times 100$$

式中，W_1 为青蛤多糖干重；W_0 为青蛤组织粉干重。

6. 提取工艺优化结果

在单因素研究的基础上，采用二次正交旋转组合实验设计对提取工艺参数进行优化。通过Design Expert 7.0统计软件对实验数据进行处理，得到青蛤多糖提取的最佳工艺条件为：提取温度90℃、提取时间250min、水料比（mL：g）29：1、提取次数2次。在此工艺条件下青蛤多糖的实际产率为15.52%±1.26%，与模型预测结果（15.62%）基本相符。

二、青蛤多糖的分离纯化、理化性质及结构分析

1. 青蛤多糖的DEAE-纤维素与Sephadex G-100凝胶柱色谱

（1）青蛤多糖DEAE-纤维素柱色谱　DEAE-纤维素凝胶处理完毕后，进行湿法

装柱,然后用 0、0.1mol/L、0.5mol/L NaCl 溶液及去离子水依次洗脱,洗脱液流速设为 1.0mL/min。色谱柱平衡 24h 备用。称取 60mg 青蛤粗多糖溶于 3mL 去离子水中,加样于 DEAE-纤维素色谱柱（2.6cm×30cm）中,用不同浓度的 NaCl 溶液依次洗脱,洗脱液流速设为 1.0mL/min,利用自动部分收集器分步收集（10min/管）不同浓度洗脱液对应的流出液。以硫酸-苯酚法检测各管流出液的多糖含量（490nm 处吸光值）。将较大吸光值对应的流出液合并收集,合并液于 50℃条件下进行旋转蒸发浓缩,用自来水和去离子水分别透析 24h,以除去 NaCl 及其他小分子杂质。最后将透析液真空冷冻干燥,获得初步纯化产品。以收集的管数为横坐标、490nm 处的吸光值为纵坐标,绘制 DEAE-纤维素色谱柱洗脱曲线。

（2）青蛤多糖 Sephadex G-100 凝胶柱色谱　经 DEAE-纤维素柱色谱初步纯化的组分采用葡聚糖凝胶柱色谱法进一步纯化。称取经 DEAE-纤维素初步纯化的多糖组分,溶于 5mL 去离子水中,加样于 Sephadex G-100 凝胶色谱柱（2.6cm×60cm）。用去离子水洗脱,洗脱速度为 0.25mL/min,使用自动部分收集器分步收集流出液（5mL/管）。以硫酸-苯酚法检测各管中流出液的多糖含量（490nm 处吸光值）。将较大吸光值对应的流出液合并收集,合并液于 50℃条件下进行旋转蒸发浓缩,用自来水和去离子水分别透析 24h,最后将透析液真空冷冻干燥,得到纯化产品。以收集管数为横坐标、吸光值（490nm）为纵坐标,绘制 Sephadex G-100 凝胶色谱洗脱曲线。

（3）青蛤多糖纯化结果　采用 DEAE-纤维素柱色谱法对青蛤粗多糖（Crude CSPS）进行初步分离,获得三个组分（F1、F2、F3）。采用 Sephadex G-100 凝胶柱色谱进一步分离纯化,获得三个纯化组分（CSPS-1、CSPS-2、CSPS-3）。采用 HPLC 法对 CSPS-1、CSPS-2、CSPS-3 的纯度进行鉴定,结果表明,CSPS-1、CSPS-2、CSPS-3 为均一的多糖组分。

2. 多糖组分基本理化性质分析

（1）总糖含量测定　多糖样品中总糖含量的测定采用苯酚-硫酸法。取 8 支试管,分别加 40μg/mL 葡萄糖标准溶液 0.0mL、0.4mL、0.6mL、0.8mL、1.0mL、1.2mL、1.4mL、1.6mL,用去离子水补至 2.0mL。各管依次加入 6% 苯酚溶液 1.0mL、浓硫酸 5.0mL,使用旋涡混合器混匀,冷却,20min 后采用分光光度计测定 490nm 处吸光值。以试管中葡萄糖质量（μg）为横坐标、吸光值为纵坐标,绘制葡萄糖标准曲线。配制适当浓度的样品溶液,取 2.0mL,按照上述方法测定吸光值,根据葡萄糖标准曲线计算样品中总糖含量。

（2）蛋白质含量测定　多糖样品中蛋白质含量的测定采用考马斯亮蓝法。称取 100mg 考马斯亮蓝 G-250,用 50mL 乙醇（90%）充分溶解,然后加入 100mL 磷酸溶液（85%）,用去离子水定容至 1000mL,用中性滤纸过滤后得到考马斯亮蓝 G-250 工作液;取 6 支洁净试管,分别加 100μg/mL 牛血清白蛋白标准溶液 0.0mL、

0.2mL、0.4mL、0.6mL、0.8mL、1.0mL，用去离子水补至1.0mL。各管加入考马斯亮蓝G-250工作液5.0mL，使用旋涡混合器混匀，10min后于分光光度计595nm处测定吸光值。以试管中牛血清白蛋白质量（μg）为横坐标、吸光值为纵坐标，绘制牛血清白蛋白标准曲线。配制适当浓度的样品溶液，取1.0mL按照上述方法测定吸光值，根据牛血清白蛋白标准曲线计算样品中蛋白质含量。

（3）糖醛酸含量测定　多糖样品中糖醛酸含量的测定采用硫酸-间羟联苯法。分别取60μg/mL的葡萄糖醛酸溶液0.00mL、0.05mL、0.10mL、0.15mL、0.20mL、0.25mL于带塞试管中，用蒸馏水补至0.25mL。在冰浴中预冷后，加入1.5mL四硼酸钠-硫酸溶液（0.0125mol/mL）。振荡混匀，沸水浴中加热5min。冰浴中冷却至室温后，使用微量加液器加注25μL间羟联苯溶液（0.15%，用0.5% NaOH溶液配制）。混匀后在520nm处测定反应液吸光值，以试管中葡萄糖醛酸质量（μg）为横坐标、520nm处吸光值为纵坐标，绘制葡萄糖醛酸标准曲线。配制适当浓度的样品溶液，取0.25mL，按照上述方法测定吸光值，根据葡萄糖醛酸标准曲线，计算样品中葡萄糖醛酸含量。

（4）硫酸基含量测定　多糖样品中硫酸基含量的测定采用氯化钡-明胶比色法。称取明胶1.0g，用200mL去离子水（60～70℃）溶解，冷却，于4℃冰箱中放置12h，得0.5%明胶溶液（A）。称取氯化钡0.5g，用100mL溶液A充分溶解，得0.5%氯化钡明胶溶液（B），在4℃冰箱中保存备用。

取6支洁净试管，分别加100μg/mL硫酸钾标准溶液0.0mL、0.2mL、0.4mL、0.6mL、0.8mL、1.0mL，用去离子水补至1.0mL。各管再分别加入8%三氯乙酸溶液0.7mL、B溶液0.5mL，使用旋涡混合器混匀，冷却，20min后测定反应液360nm处的吸光值。以试管中硫酸钾质量（μg）为横坐标、吸光值为纵坐标，绘制硫酸钾标准曲线。

取多糖样品（约10mg）于带塞试管中，加入1.0mol/L盐酸溶液1.0mL，密封试管，100℃水解6h，冷却，用旋转蒸发仪在40℃蒸干，所得残渣用1.0mL去离子水溶解。取水解液0.2mL于洁净试管中，用去离子水补至1.0mL，再分别加入8%三氯乙酸溶液0.7mL、B溶液0.5mL，使用旋涡混合器混匀，冷却，20min后测定反应液360nm处的吸光值（A_1）。另取一份水解液0.2mL，用去离子水补至1.0mL，再加8%三氯乙酸溶液0.7mL、A溶液0.5mL，混匀，冷却，20min后测定反应液360nm处的吸光值（A_2）。根据硫酸钾标准曲线和两反应体系的吸光值之差（A_1-A_2）计算样品中的硫酸基含量。

（5）多糖理化性质分析结果　采用苯酚-硫酸法、硫酸-间羟联苯法、考马斯亮蓝法、氯化钡-明胶法分别对Crude CSPS、CSPS-1、CSPS-2、CSPS-3中的总糖、糖醛酸、蛋白质、硫酸基含量进行分析。结果表明，Crude CSPS、CSPS-1、CSPS-2、CSPS-3的总糖含量分别为83.81%、98.75%、95.58%、84.71%；Crude

CSPS、CSPS-3 蛋白质含量分别为 3.08%、6.34%，CSPS-1、CSPS-2 均未能检出；糖醛酸含量分别为 1.58%、0.16%、0.96%、2.13%；硫酸基含量分别为 0.92%、1.22%、2.08%、3.58%。

3. 多糖组分结构分析

(1) 单糖组成测定　多糖样品的单糖组成分析采用气相色谱法。

① 多糖样品酸水解。称取多糖样品约 5mg，加入 2mol/L 三氟乙酸（TFA）4mL 封管，120℃水解 2h。水解液于 50℃旋转蒸发至干，加入甲醇约 2mL，再蒸干，如此重复 3 次，最后蒸干备用。

② 糖腈乙酸酯衍生物的制备。水解后的糖样品中加入盐酸羟胺 10mg、肌醇（内标物）5mg、吡啶 0.6mL，封口，90℃水浴中反应 30min 并振荡。反应液冷却至室温，加入 1.0mL 醋酸酐，于 90℃水浴中继续反应 30min，冷却后得糖腈乙酸酯衍生物。反应产物可直接用于气相色谱分析。

③ 衍生物的气相色谱检测。使用 Agilent 6890N 气相色谱仪、5%苯甲基硅氧烷毛细管色谱柱（HP-5，30.0m×320μm×0.25μm）、火焰离子检测器（FID）进行分析。操作条件如下：色谱柱升温程序为 120℃保持 3min，以 3℃/min 速度升温至 210℃，210℃保持 4min。色谱柱流速为 1.0mL/min，进样口温度为 250℃，检测器温度为 280℃，进样体积为 1.0μL。氮气、氢气、空气的流速分别为 25mL/min、30mL/min、400mL/min。

④ 各标准单糖（鼠李糖、岩藻糖、阿拉伯糖、木糖、甘露糖、葡萄糖、半乳糖）在相同条件下进行糖腈乙酸酯衍生化处理，然后以相同条件进行气相色谱分析。

根据色谱图中各色谱峰的出峰时间可求出样品的单糖组成，根据各色谱峰的峰面积可计算出各种单糖的摩尔比，其计算公式为

$$W_x = K(A_x \times W_i)/A_i$$

式中，W_x 为样品中某单糖质量，mg；W_i 为样品中加入内标的质量，mg；A_x 为色谱图中某单糖的峰面积；A_i 为色谱图中内标的峰面积；K 为校正因子。

(2) 纯度及分子量测定　多糖样品的纯度和分子量测定采用分子排阻高效液相色谱法。

① 分子量标准曲线的制作。将已知分子量的标准多糖（分子量分别为 5900Da、11800Da、22800Da、112000Da 的葡聚糖）用流动相配成 1.0mg/mL 的标准溶液，经 0.45μm 滤膜过滤后进行高效液相色谱分析。分析采用 Agilent 1100 series 高效液相色谱仪、TSK-Gel G3000 SW$_{XL}$ 色谱柱、示差检测器（RID）。具体操作条件如下：流动相为含 0.1mol/L Na$_2$SO$_4$ 的 0.01mol/L 磷酸盐缓冲液（pH 6.8）。流动相流速为 0.8mL/min，色谱柱和检测器温度均为 25℃。进样次序按分子量由小到大进行，进样体积为 20μL，记录示差色谱图的保留时间（T_R）。以标准多糖分子量的对数值（lg M_w）

为纵坐标、色谱图上的保留时间（T_R）为横坐标作图，得多糖分子量的标准曲线。

② 样品多糖平均分子量的测定。称取多糖样品配制 1.0mg/mL 溶液，经 0.45μm 滤膜过滤，在相同条件下进行高效液相色谱分析，记录样品色谱图的保留时间（T_R）。根据多糖分子量标准曲线和多糖样品在色谱图上的保留时间可计算出多糖样品的平均分子量。根据多糖样品在色谱图上峰的数目和形状对多糖的纯度进行鉴定。

(3) 紫外光谱分析　称取多糖样品，用去离子水配成 0.5mg/mL 的溶液，采用 SHIMADZU UV-2450 型紫外可见分光光度计进行扫描，扫描波长为 200～400nm。

(4) 红外光谱分析　多糖样品的红外光谱分析采用 KBr 压片法。称取 100～200mg 溴化钾（KBr）粉末，充分干燥，并用压片机压成薄片。称取 1～2mg 经冷冻干燥的多糖样品，与已干燥的 KBr 粉末在研钵中研磨均匀，用压片机压成薄片。用不加多糖样品的 KBr 薄片在傅里叶变换红外光谱仪上进行空白实验调整基线，再将含多糖样品的 KBr 薄片进行红外光谱扫描，扫描范围为 4000～500cm^{-1}。

(5) 高碘酸氧化、Smith 降解及 GC 分析

① 高碘酸钠标准曲线的制作。分别配制 50mL 浓度为 15mmol/L 的 $NaIO_4$、$NaIO_3$ 溶液，取适量以 5:0、4:1、3:2、2:3、1:4、0:5 体积比混合。取不同比例的混合液 0.1mL 稀释至 25mL，用分光光度法测定稀释液在 223nm 处的吸光值。以混合液中的 $NaIO_4$ 浓度（mmol/L）为横坐标、吸光值为纵坐标，制作高碘酸钠浓度标准曲线。

② 高碘酸氧化反应。精确称取多糖样品 20mg，加入 15mmol/L $NaIO_4$ 溶液 40mL，振荡使其溶解。2h 后取多糖溶液 0.1mL 稀释 250 倍至 25mL，以分光光度法测定 223nm 处的吸光值。反应管加塞后用锡纸密封，置于 4℃冰箱中进行暗反应，间歇振荡。24h 间隔取样 0.1mL 稀释至 25mL，以分光光度法测定 223nm 处的吸光值，直至反应液的吸光值基本稳定。根据 $NaIO_4$ 标准曲线计算出每摩尔糖基消耗的 $NaIO_4$ 量。加乙二醇 1.0mL，静置 1h 以还原过量的高碘酸。取反应液 1.0mL，加 50μL 酚酞指示剂，用 0.5mmol/L 的 NaOH 溶液进行滴定，计算甲酸的生成量。向剩余反应液中加入 50mg $NaBH_4$，静置 20h，将生成的多糖醛还原成稳定的多羟基化合物。用 0.1mol/L 的乙酸调 pH 值至 5.5～7.0，以分解过量的 $NaBH_4$。反应液经自来水透析 48h、去离子水透析 24h 后，于 50℃减压蒸干，加入甲醇 2.0mL，再蒸干，重复 3 次获得高碘酸氧化多糖。

③ Smith 降解及 GC 分析。高碘酸氧化多糖用三氟乙酸完全水解并制备糖腈乙酸酯衍生物，采用 GC 进行检测。

(6) 甲基化反应及 GC-MS 分析

① 甲基化反应。取干燥多糖样品 10mg，用 2.0mL 二甲基亚砜（DMSO）溶解，加入干燥 NaOH 粉末（50mg），充入氮气，加盖密封，间歇振荡，室温反应

30min。逐滴加入 1.0mL 碘甲烷，充入氮气，加盖密封，相同条件下继续反应，30min 后加入 0.5mL 水以终止反应。反应液经自来水透析 48h，去离子水透析 24h，真空冷冻干燥获得甲基化样品。相同条件下甲基化三次。最终产品采用红外光谱仪进行检测，3700～3100cm^{-1} 附近若无羟基的特征吸收峰，表明甲基化反应完全。

② 甲基化样品的酸水解及其衍生化。取甲基化多糖 5mg，加入 2.0mL TFA（2mol/L），密闭，于 120℃水解 2h，减压蒸干，加入 2.0mL 甲醇，减压蒸干，如此重复 3 次，最后减压蒸干得甲基化多糖的水解产物。加入 2.0mL 去离子水将水解物溶解，加入 20mg NaBH$_4$ 反应 2h。用 0.1mol/L 的醋酸溶液调节 pH 值至 5.5 左右，减压蒸干后，分别加入 1.0mL 吡啶、1.0mL 醋酸酐，于 100℃反应 1h，获得部分甲基化的糖醇乙酸酯。

③ GC-MS 分析。采用 GC（Varian CP3800 型）-MS（Varian Saturn2200 型）联用仪、DB-5MS 石英毛细管柱（30m×0.25mm×0.25μm）对部分甲基化的糖醇乙酸酯进行 GC-MS 分析。具体条件如下：程序升温，初温 80℃，保持 1min，以 8℃/min 升至 210℃，保持 1min，再以 20℃/min 升至 260℃，保持 1min。氦气作载气，进样口温度 250℃，分流比 1：50，柱流速 1.0mL/min。电子电离源（EI 源）70eV，倍增器电压 350V，灯丝电流 250μA，接口温度 260℃，离子源温度 180℃，质荷比（m/z）扫描范围 30～450，扫描速率 2.5scan/s。

(7) 核磁共振波谱分析

称取 10mg 多糖样品，用重水（D$_2$O）反复置换两次，于 Bruker DRX-500 型核磁共振波谱仪上进行 ^{1}H-NMR 检测，操作频率 500MHz，30℃测定 1h；称取 30mg 多糖样品，溶于 0.5mL 重水，于 Bruker AV-400 型核磁共振波谱仪上进行 ^{13}C-NMR 检测，操作频率 125MHz，30℃测定 8h。

(8) 多糖组分结构分析结果

GC 分析表明，Crude CSPS 由鼠李糖、岩藻糖、葡萄糖、半乳糖组成，摩尔分数分别为：10.88%、12.45%、42.78%、33.89%；CSPS-1 由木糖、葡萄糖组成，摩尔分数分别为：4.92%、95.08%。CSPS-2 由葡萄糖组成。CSPS-3 由鼠李糖、岩藻糖、甘露糖、葡萄糖、半乳糖组成，其摩尔分数分别为：11.48%、17.15%、12.44%、21.57%、37.36%。

HPLC 分析结果表明，CSPS-1、CSPS-2、CSPS-3 的平均分子量分别为 68.6kDa、80.6kDa、100.6kDa。采用 FT-IR、NMR、高碘酸氧化、Smith 降解、甲基化反应、GC-MS 对 CSPS-1、CSPS-2、CSPS-3 结构进行分析。FT-IR 分析表明，CSPS-1、CSPS-2、CSPS-3 具有多糖的特征吸收，存在 α 型构型；NMR 进一步证实，CSPS-1、CSPS-2、CSPS-3 均为 α 型吡喃糖。高碘酸氧化、Smith 降解、甲基化反应、GC-MS 分析表明，CSPS-1 主链由 (1→4)-葡萄糖构成，支链为 (1→6)-葡萄糖。CSPS-2 主链由 (1→3)-葡萄糖、(1→4)-葡萄糖构成，支链为 (1→2)-葡萄糖、(1→6)-

葡萄糖。CSPS-3 主链为 (1→3)-葡萄糖、(1→3)-半乳糖，支链为 (1→6)-葡萄糖。

实例二　贻贝多糖的工业化制备工艺

干品贻贝（淡菜）作为一种中药材，具有补肾壮阳、益精养血、消瘿散结等药用功能，在《本草纲目》《本草拾遗》《中华本草》等多种药物学著作中均有记载。近年的研究结果表明，贻贝可对心血管系统、泌尿系统、生殖系统等产生影响，具有改善微循环、延缓衰老的功能。贻贝多糖作为贻贝的重要功效成分，有抗动脉粥样硬化、降血脂、抗肿瘤、抗衰老等作用。研究发现，来源于厚壳贻贝的多糖 MP-A (Mussel polysaccharide A) 是一种 α-葡聚糖，具有抗炎和预防非酒精性脂肪肝的作用。

贻贝多糖的提取工艺目前都在实验室小试阶段，通常以鲜贻贝肉为出发材料，通过热水浸提、有机试剂脱脂和脱蛋白质、离子交换和凝胶色谱分离等步骤得到多糖样品。该工艺存在收率低、使用有毒试剂、环境污染、不适合规模化制备等问题。为解决上述问题，本例对常规的提取工艺进行了改进，建立了贻贝多糖的工业化制备工艺，并进行了厚壳贻贝多糖的中试制备。

一、贻贝多糖提取工艺优化

1. 原料筛选

对不同加工方式（煮贻贝干、鲜贻贝干）、不同预处理方式（粉碎、不粉碎）的贻贝原料及不同部位（肉、内脏、足）的贻贝原料分别进行多糖提取，比较多糖得率并测定样品中多糖、蛋白质和脂肪含量。贻贝粉碎使用粉碎机和20目筛网。多糖提取采用水提醇沉法：将1kg 原料与 6L 水混匀后以沸水提取 3h；用纱布滤去肉渣后，滤液调 pH 至 8.0，加入 0.2% 碱性蛋白酶 2709，50℃水解 2h，80℃变性 15min，以 0.45μm 滤膜过滤；向滤液中加入 3 倍体积的乙醇沉淀多糖，室温静置 2h 后弃去上清液，再用 95% 乙醇洗沉淀 2 次，400 目筛网过滤，收集沉淀，50℃烘干，称重。测定样品中多糖、蛋白质和脂肪含量。

2. 浸提条件优化

参照上述多糖提取方法，在不同浸提温度（70~110℃）、料液比（1:4~1:8）、浸提时间（1~5h）、浸提次数（1~3 次）条件下分别进行多糖提取，比较多糖收率。

第六章 海洋生物活性物质的制备实例

3. 蛋白酶筛选

在多糖提取液上清液中分别加入质量浓度为 0.2% 的纯水、中性蛋白酶、碱性蛋白酶、碱性蛋白酶 2709、胰酶、风味蛋白酶、复合蛋白酶，反应温度参照各产品说明书，酶解时间 2h。参照以上 1. 中的多糖提取方法提取酶解液中的多糖，干燥后称重并测定样品中多糖和蛋白质含量。以纯水对照组的多糖回收率为 100%、蛋白质去除率为 0，计算各组多糖回收率和蛋白质去除率。

4. 乙醇沉淀

取等量经碱性蛋白酶 2709 处理的多糖提取液上清液，分别加入 0.5 倍、1.0 倍、1.5 倍、2.0 倍、2.5 倍、3.0 倍体积的 95% 乙醇，边搅拌边缓慢加入。室温静置 2h 后倾去上清液，用 95% 的乙醇洗沉淀 2 次，以 400 目筛网过滤，收集沉淀，50℃烘干，称重，测定多糖和蛋白质含量。

5. 提取工艺优化结果

（1）原料筛选结果　为便于工业化生产，本研究仅考察了鲜贻贝干和煮贻贝干两种干品中多糖的收率和品质。结果表明，鲜贻贝干粉的多糖得率比煮贻贝干粉高 1.74%，但得到的多糖产品中多糖含量略低于煮贻贝干粉，且蛋白质和脂肪等杂质均高于煮贻贝干粉。考虑到鲜贻贝干的价格是煮贻贝干价格的 2～3 倍，因此选择煮贻贝干为贻贝多糖提取原料。

与煮贻贝干直接提取相比，将原料粉碎至 20 目时，多糖得率由不足 5% 提高至 12.33%。两种原料制得的多糖样品相仿，而进一步提高粉碎程度会使后续除渣和过滤非常困难。综合考虑，用 20 目筛网粉碎比较适合工业化生产。

规模化生产对原料的综合利用和精细加工有更高的要求，本研究考察了贻贝不同部位中多糖的含量，为规模化生产中的原料加工提供依据。将煮贻贝干去除足丝后分解为肉、内脏和足三部分，分别粉碎后进行多糖提取。经测定，不同部位的多糖得率及制备得到的多糖样品无明显差别，后续不需要对贻贝进行部位分解，可整体粉碎后使用。

（2）浸提条件优化结果　分别考察了浸提温度、料液比、浸提时间、浸提次数对贻贝多糖得率的影响。结果显示，最佳浸提条件为浸提温度 100℃、料液比 1∶6、浸提时间 3h、浸提次数 1 次。

（3）蛋白酶筛选结果　常用的除蛋白方法有蛋白酶法、Sevag 法、三氯乙烷法、三氯乙酸-正丁醇法、鞣酸法、絮凝剂吸附法等。蛋白酶法不使用有机试剂，不引入过多盐离子，不使用强酸、强碱，条件温和，非常适用于多糖的规模化生产。

在所选的 6 种蛋白酶中，除风味蛋白酶外，其他 5 种均能有效除去蛋白质。其中，以胰酶的蛋白质去除率最高，为91.30%，但胰酶处理后多糖回收率最低，只有19.61%。综合考虑多糖回收率和蛋白质去除率，最终选用东华强盛生产的碱性蛋白酶2709，其多糖回收率为82.35%、蛋白质去除率为88.24%。

（4）乙醇用量筛选结果　乙醇用量是提取液体积的1.5~3倍时多糖得率基本一致，且样品中蛋白质含量均保持在较低水平。因此选择1.5倍体积乙醇作为沉淀条件。

二、中试制备贻贝多糖及鉴定

1. 中试制备工艺

贻贝多糖的中试制备在山东临沭的山东福瑞达生物科技有限公司进行，原料为煮厚壳贻贝干，工艺流程如图6-1所示，具体步骤如下：①将1t贻贝干用粉碎机粉碎，投入10t提取罐，加入6t纯水，打开搅拌；②夹层通蒸汽加热至100℃并保温3h；③保温结束，夹层通冷凝水降温至60℃，用滤布过滤除去肉渣；④滤液用NaOH调pH至8.0并使温度保持在50℃，加入0.2%碱性蛋白酶，搅拌均匀，50℃保温2h；⑤保温结束，升温至80℃并保温15min；⑥用板框过滤除去不溶物，以硅藻土为助滤剂；⑦将滤液导入沉淀罐，搅拌状态下缓慢加入1.5倍体积乙醇沉淀多糖；⑧用过滤、洗涤、干燥三合一设备进行多糖沉淀的洗涤、过滤和干燥，干燥温度50℃。制得的贻贝多糖进行称重和检验。

图6-1　贻贝多糖中试制备工艺流程

2. 含量测定

采用硫酸-苯酚法测定总糖，以D-葡萄糖作为对照品。用Bradford法测定蛋白质含量。以索氏提取法测定脂肪含量。根据《中国药典》2020年版四部通则0841测定炽灼残渣，根据《中国药典》2020年版四部通则0821第二法测定重金属含量。

3. 高效液相色谱

采用高效液相色谱法，用凝胶柱检测多糖样品的纯度并测定其分子量。色谱柱：

TSK-gel GMPWXL；检测器：RID-20AT 示差检测器；柱温：35℃；流动相：0.05mol/L 硝酸钠（含 0.05%叠氮化钠）；流速 0.6mL/min；上样量：20μL；示差检测器温度：40℃。使用系列右旋糖酐标准品（DXT180、DXT55K、DXT102K、DXT300K、DXT530K、DXT1185K、DXT2990K）的液相图谱和 GPC 软件拟合得到分子量校正曲线。根据校正曲线和贻贝多糖液相图谱计算贻贝多糖分子量。

4. 红外光谱分析

采用 KBr 压片法进行测定。取干燥的贻贝多糖 MP-A 2mg，与 KBr 充分研磨后压片，在 400~4 000cm^{-1} 范围内进行扫描。

5. 中试制备贻贝多糖的含量、分子量及其红外光谱分析结果

用 10 t 提取罐对煮厚壳贻贝干粉进行多糖提取，共进行三批次实验，每批次 1t 原料。制备得到的厚壳贻贝多糖为白色粉末，多糖平均得率为 14.1%。

厚壳贻贝多糖样品用高效液相色谱分析，保留时间 11.985min 处有一对称峰，峰面积占比 89.42%，该组分为贻贝多糖的主要成分，命名为 MP-A。用 GPC 软件对右旋糖酐系列标准品的液相图谱进行拟合，得到分子量校正曲线，回归方程为：$y(\log M_W) = -0.008716938x^3 + 0.3990682x^2 - 6.723456x + 44.17999$，$R^2 = 0.9992$。根据分子量校正曲线计算，MP-A 的重均分子量为 1268.15kDa。

贻贝多糖 MP-A 的红外光谱图如图 6-2 所示。红外光谱分析显示：在 3391cm^{-1} 范围内存在宽而强的吸收峰，为 O—H 的伸缩振动峰；在 2928cm^{-1} 处的吸收峰为糖环上次甲基和亚甲基中的 C—H 伸缩振动，表明样品分子结构中含有亚甲基和次甲基；在 1154cm^{-1}、1081cm^{-1}、1021cm^{-1} 处的吸收峰为糖环 C—O—H、C—O—C 的特征骨架振动；在 1417cm^{-1}、1368cm^{-1}、1238cm^{-1} 处为吡喃糖环 O—H 的面内变形振动吸收，577cm^{-1} 处为 O—H 的面外变形振动吸收；848cm^{-1} 处的吸收表明

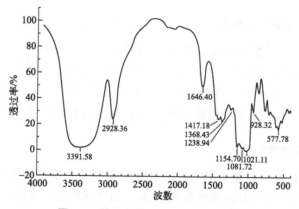

图 6-2 贻贝多糖 MP-A 红外光谱图

糖环为 α-构型；928cm^{-1} 处的吸收表明糖环为 D-构型；1646cm^{-1} 处的吸收为多糖类物质常见的微量水分缔合羟基造成。由此推测，贻贝多糖 MP-A 为 α-D-吡喃型葡聚糖。

实例三　海洋来源琼胶酶的分离纯化

琼胶（agar）广泛存在于江蓠、石花菜等红藻细胞壁中，是世界上用途最大的三大海藻胶之一。琼胶由琼脂糖和硫琼胶组成，其中琼脂糖是主要成分，它是由 (1→3)-O-β-D-半乳糖和 (1→4)-O-3,6-内醚-α-L-半乳糖交替组成的线形链状分子，在凝胶状态下呈类似 DNA 分子的双螺旋结构；而硫琼胶则由长短不一的半乳糖残基多糖链构成。

琼胶在科研及工业应用中常作为微生物或细胞培养基的载体，广泛应用于组织、病毒培养及癌症研究等领域。琼胶酶是特异性降解琼胶的酶系，主要来源于海洋微生物、藻类的附生微生物以及一些海洋软体动物的寄生微生物，它可用于降解海藻制备单细胞或原生质体，也可用来酶解多种海藻多糖制备琼胶寡糖。琼胶寡糖具有抗敏、抗炎、抗肿瘤等生理活性，使其在食品、化妆品、医药等工业领域具有重要的应用价值。作为琼胶的降解酶，琼胶酶引起了国内外学者的关注。然而，目前微生物产琼胶酶能力普遍较低，加之酶学性质不稳定等原因，限制了琼胶酶的开发应用。本例利用 *Vibrio* sp. ZC-1 发酵制备琼胶酶，并对其进行分离纯化，为琼胶酶的生产和应用打基础。

一、琼胶酶分离纯化的方法

1. *Vibrio* sp. ZC-1 粗酶液的制备

将 *Vibrio* sp. ZC-1 在 2216E 平板上划线活化，30℃培养 24h。用接种环挑取单菌落接入 2216E 液体培养基中过夜培养，按 1.5%（体积分数）接种量转接至发酵培养基，在 30℃、200r/min 条件下培养 24h，取发酵液 10000r/min 离心 15min，取上清液采用 3,5-二硝基水杨酸法（DNS 法）测定琼胶酶活力。

2. D-半乳糖标准曲线绘制

以 D-半乳糖标准品配制不同浓度的 D-半乳糖溶液，准确移取 1mL 于 40℃下反应 15min 后加入 1.5mL DNS 煮沸显色 5min，用冷水冷却至室温，于 540nm 下测定吸光值（即 OD_{540}），绘制 D-半乳糖标准曲线。

3. 琼胶酶活力测定

参照 Kirimura 等和马芮萍等的方法,采用 DNS(3,5-二硝基水杨酸)法测定琼胶酶活力。取 0.1mL 酶液于试管中,加入 0.9mL 0.2%琼胶底物,于 40℃下水浴反应 15min 后,加入 1.5mL DNS 并煮沸 5min 显色。以加入灭活酶液作为空白组,在相同条件下反应,测定 OD_{540},根据 D-半乳糖标准曲线,以式(6-1)计算还原糖含量。

酶活力单位定义为:1min 催化底物产生 1μmol 还原糖所需的酶量作为一个酶活力单位(U)。

$$还原糖含量 = \frac{(\Delta A - b) \times 1000 \times n/180}{aVt} \tag{6-1}$$

式中,ΔA 为实验组和空白组 OD_{540} 的差值;b 为截距;n 为酶液的稀释倍数;t 为酶反应时间;a 为标准曲线的斜率;V 为样品的反应体积。

4. 琼胶酶比活力测定

以牛血清白蛋白(BSA)标准品配制不同浓度的 BSA 溶液,加入 5mL 考马斯亮蓝 G250,室温下静置 5min 后测定 OD_{595},绘制蛋白质含量标准曲线。

加入 0.9mL 蒸馏水、0.1mL 酶液和 5mL 考马斯亮蓝 G250 试剂于试管中,充分混匀后静置 5min 测定 OD_{595},根据标准曲线计算待测酶液的蛋白质含量,计算比活力(酶活力/蛋白质含量)。

比活力定义为:每毫升酶蛋白所具有的酶活力单位数,单位为 U/mg。

5. 琼胶酶的分离纯化

粗酶液经中空纤维柱浓缩后进行硫酸铵分级沉降。用适量 pH7.0 Tris-HCl 缓冲液溶解沉淀,透析 48h 后收集酶液,接着用超滤离心管浓缩,并经 0.45μm 滤膜过滤。用 DEAE-阴离子交换柱分离(流速 1mL/min,NaCl 洗脱梯度为 0~60%),收集洗脱液测定酶活,通过 SDS-PAGE 检测纯度。

二、琼胶酶分离纯化的结果

1. 琼胶酶粗酶液的 SDS-PAGE 电泳分析

采用 *Vibrio* sp. ZC-1 发酵制备琼胶酶,发酵液离心去除菌体后,对粗酶液进行中空纤维柱浓缩和硫酸铵沉淀处理后进行 SDS-PAGE 电泳分析,可以看出粗酶液的分子质量主要分布在 45~116kDa(图 6-3)。

2. DEAE-阴离子交换色谱分离

将经过硫酸铵沉淀和透析后的酶液用 DEAE-阴离子交换柱分离纯化,收集洗脱液测定琼胶酶活力,其中第 18 号、19 号、20 号管酶活力较高,分别为 0.395U/mL、0.913U/mL 和 1.322U/mL。SDS-PAGE 电泳分析结果表明,经过 DEAE-阴离子交换色谱分离后得到的琼胶酶 AgaZC-1 已达到电泳纯,其分子质量约为 45kDa(图 6-4)。

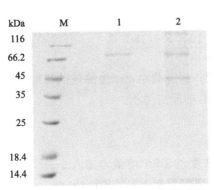
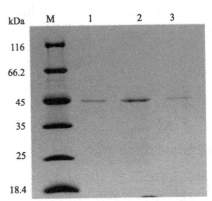

图 6-3 粗酶液的 SDS-PAGE 电泳分析　　图 6-4 不同收集管的 SDS-PAGE 电泳分析

3. 纯度分析

分别测定粗酶液以及各分离步骤中酶液的活力与蛋白质含量,计算比活力和纯度,结果如表 6-1 所示。从中可以看出,经过硫酸铵沉淀、DEAE-阴离子交换色谱分离纯化后的琼胶酶 AgaZC-1 比活力为 114.613U/mg,纯度较纯化前提高了 18.156 倍。

表 6-1　琼胶酶的分离纯化及纯度分析

步骤	总体积/mL	蛋白质/(mg/mL)	蛋白质量/mg	酶活力/(U/mL)	总活力/U	比活力/(U/mg)	纯化倍数
粗酶液制备	250	0.360	90	2.154	538.5	5.983	1
硫酸铵沉淀	8	0.143	1.144	1.177	9.416	8.231	1.376
DEAE-阴离子交换色谱分离	12	0.106	1.272	12.149	145.788	114.613	19.156

第六章 海洋生物活性物质的制备实例

实例四　龙须菜抗氧化肽的分离纯化

以蛋白酶水解蛋白质制备具有生物活性的肽段已成为近些年主要方法之一。但通过酶解法获得的多肽组分成分十分复杂，需要经过一定的分离纯化手段才能得到具有特定生物活性的肽段。随着对抗氧化肽研究的不断加深，目前已经出现了各种分离纯化的技术，常根据待分离物质的分子量、极性和疏水性等不同的性质进行分离。超滤、凝胶色谱、离子交换色谱、反相高效液相色谱是当前常用的分离纯化方法。分子量大小和氨基酸组成也在一定程度上决定了抗氧化肽的活性，因此还需对抗氧化肽进行结构分析，常用技术有 ESI-MS、LC-MS/MS、MALDI-TOF-MS、EDM 等。

本例以最佳酶解条件下制备出的龙须菜蛋白酶解产物为原料，使用 Sephadex G-25 凝胶过滤色谱和反相高效液相色谱技术进行两次分离富集，获得高抗氧化活性的多肽组分，利用 LC-MS/MS 对其进行一级结构的分析，探究龙须菜抗氧化肽的分子量和氨基酸序列。

一、抗氧化肽分离纯化的方法

1. 凝胶色谱分离

龙须菜酶解产物冷冻干燥后，溶于超纯水中，配制成 5mg/mL 的溶液，以 0.22μm 滤膜进行过滤，洗脱液用紫外检测仪持续监测（波长 214nm），计算机软件自动制图。经过多次对不同色谱条件下的检测图谱进行观测，得到最佳色谱柱上样量为 4mL。使用超纯水作为洗脱液，超声脱气，以 0.5mL/min 的流速在室温下收集各洗脱峰。凝胶柱使用完毕后，用超纯水反复平衡色谱柱，使基线保持平稳状态。各洗脱组分经旋蒸浓缩后冷冻干燥 2 天。以 ABTS·清除率、FRAP（铁离子还原/抗氧化能力法）值为活性评价指标选择高抗氧化组分。

2. 反相高效液相色谱（RP-HPLC）分析

收集凝胶色谱层析后的高活性酶解产物，配制浓度为 20mg/mL 的溶液，以 0.22μm 滤膜对溶液进行过滤，利用 RP-HPLC 进一步分离纯化。使用 Athena C_{18}-WP100A（4.6mm×250mm，5μm）的色谱柱，在 220nm 波长下使用液相色谱仪持续监测，计算机软件自动制图。RP-HPLC 使用的流动相 A 为超纯水［含 0.1%三氟乙酸（TFA）］，流动相 B 为乙腈（含 0.1%TFA）。以 10mL/min 的流速在室温下收集各洗脱峰。各洗脱组分经旋蒸浓缩后冷冻干燥 2 天。以 ABTS·清除率、DPPH·清除率和 FRAP 值为活性评价指标选择高抗氧化活性组分。梯度洗脱程序如下：0～5min，B 100％；5～25min，B 100％～50％；25～30min，B 50％～0％。

3. 质谱鉴定

使用 LC-MS/MS 技术进行高抗氧化活性组分的氨基酸序列分析和分子量分析。将肽溶液脱盐并重新溶解，将 3μL 样品以 300nL/min 的流速注入到 Acclaim PepMap C_{18} 柱（75μm×25cm）中。以 0.1％甲酸水溶液（流动相 A）和 0.1％甲酸（流动相 B）作为流动相进行梯度洗脱，洗脱程序为 0～1min，5％～8％ B；1～17min，8％～35％ B；17～19min，35％～50％ B；19～20min，50％～100％ B；20～30min，100％ B。经过液相洗脱后分离的肽段在 Q Exactive™ Plus 质谱仪中自动采集数据。串联质谱图由 PEAKS Studio 版本 X+处理。PEAKS DB 对 uniprot_Gracilariopsis NCBI_Cyprininae 数据库进行搜库，假设没有使用任何消化酶。

二、抗氧化肽分离纯化的结果

1. 龙须菜酶解产物的分离纯化

使用 Sephadex G-25 凝胶色谱柱，根据分子量大小的差异，从龙须菜酶解产物中分离出多肽。如图 6-5(a) 所示，龙须菜酶解产物被洗脱为 A、B、C、D 四个洗脱峰。收集每个部分并冷冻干燥以获得抗氧化活性（2.0mg/mL）。其中 C 组分对 ABTS·的清除率和 FRAP 值最强，分别为 74.95％和 163.08μg/mL[图 6-5(b)]。

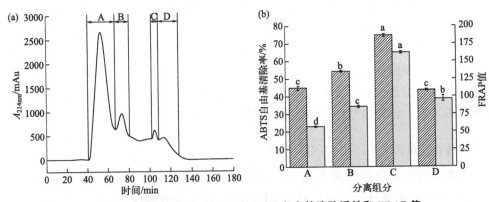

图 6-5　凝胶分离不同多肽级分的 ABTS 自由基清除活性和 FRAP 值

组分 C 进一步被 RP-HPLC 纯化为具有更高抗氧化活性的肽。如图 6-6(a) 所示，洗脱出 3 个峰组分，分别记为 C1、C2、C3。测定其抗氧化活性如图 6-3(b) 所示。在 2.0mg/mL 时，C2 对 DPPH・和 ABTS・的清除率以及 FRAP 值最高，分别为 90.96%、80.95% 和 190.17μg/mL。将 C2 收集、浓缩、冻干即得龙须菜蛋白抗氧化肽，进一步鉴定其氨基酸序列和分子量。

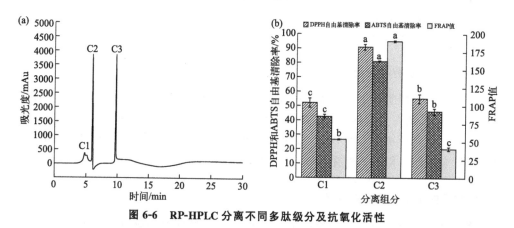

图 6-6　RP-HPLC 分离不同多肽级分及抗氧化活性

2. 纯化组分 C2 的结构鉴定

为鉴定龙须菜酶解产物的氨基酸组成和序列，使用 Q Exactive Plus 质谱仪进行液相色谱串联质谱（LC-MS/MS）分析纯化组分 C2 的氨基酸序列和分子质量。利用 PEAKS Studio X+ 软件检索和分析本研究获得的质谱数据。根据 Uniprot 数据库中的龙须菜蛋白源（http://www.uniprot.org/），BIOPEP-UWM 数据库（http://www.uwm.edu.pl/biochemia/index.php/pl/biopep）以及平均局部置信度（ALC,%），探明龙须菜蛋白源抗氧化肽的氨基酸序列为 Leu-Ser-Pro-Gly-Glu-Leu（LSPGEL），Val-Tyr-Phe-Asp-Arg（VYFDR），Pro-Gly-Pro-Thr-Tyr（PGPTY），其分子量分别为 614.68Da、698.76Da、533.57Da。LSPGEL、VYFDR 和 PGPTY 分别来源于 UniProtKB-A0A0C5DLK6（A0A0C5DLK6_GRALE）(18—23)，UniProtKB-A0A0C5DCU6（A0A0C5DCU6_GRALE）(162—166) 和 UniProtKB-A0A0C5DGC3（A0A0C5DGC3_GRALE)(70—74)。

实例五　烟曲霉 HX-1 菌株抗菌化合物的分离与鉴定

共生微生物由于长期的共同进化，与宿主建立了稳定的互惠共生关系，并且往往与特殊的代谢途径相关联，可能产生对自身和宿主都有重要影响的次生代谢物。花蚬共生真菌 HX-1 是一株对水生致病菌哈维氏弧菌具有显著拮抗活性的菌株。本例通过抗菌活性追踪分离方法，从菌株 HX-1 的发酵产物中分离得到 1 个活性化合物，并对其结构进行了鉴定。

一、抗菌化合物分离纯化的方法

1. 活性提取物的发酵与制备

将制备好的烟曲霉 HX-1 菌株种子培养液按 2%（体积分数）的比例分别加入装有 200mL 真菌 5 号培养基的 500mL 摇瓶中，共 96 瓶。在 28℃、160r/min 下孵育 7 天后，每瓶分别加入 200mL 乙酸乙酯并超声处理 1h，共提取 3 次。提取物在减压下组合浓缩，得到活性提取物（35.2g）。

2. 活性物质的抗菌活性追踪分离

将活性提取物与适量的硅胶粉混合，加入减压硅胶柱（6cm×60cm），预装 10 倍硅胶粉（200~300 目）进行真空分离。依次以石油醚-二氯甲烷（100∶0，50∶50，0∶100）（体积比）、二氯甲烷-甲醇（100∶1，75∶1，50∶1，25∶1，10∶1，5∶1，1∶1）（体积比）梯度洗脱为洗脱液，500mL 洗脱液为一个组分，用旋转蒸发器减压浓缩，共得到 10 个组分。测定各组分的抗菌活性，其中组分 6(50∶1) 具有显著的抗菌活性（抑菌圈直径为 16.73mm）。

然后，用 Sephadex LH-20 柱色谱分离组分 6，以 1∶1（体积比）的二氯甲烷-甲醇为洗脱液，流速为 10mL/h，用硅胶薄层色谱对洗脱液进行分析，并将相同组分组合得到亚组分。用高效液相色谱法对具有抑菌活性的 6-2 亚组分进行了分析。由亚组分 6-2(甲醇∶水=7∶3，1.5mL/min) 制备化合物 1（t_R=16.6min，18.4mg）。

3. 抗菌活性测定

用牛津杯法测定样品对哈维氏弧菌的抗菌活性。将 20mL BP 培养基倒入直径 90mm 的培养皿中，室温放置 30min。在培养基中加入 $1×10^6$/mL 的哈维氏弧菌悬液 100μL，均匀涂抹。然后，将外径约 8mm 的牛津杯放入培养基中，用移液器将 200μL 的样品（10mg/mL）加入杯中，在 37℃培养 24h，取抑菌圈直径的平均值作为测试样品的抗菌活性（mm）。

二、抗菌化合物的结构鉴定

活性提取物根据抗哈维氏弧菌活性追踪分离的方法，先后经硅胶柱色谱、Sephadex LH-20 柱色谱和半制备高效液相色谱技术分离纯化得到一个纯的化合物。

根据波谱特征（^{1}H-NMR、^{13}C-NMR），确定该活性物质为杀锥曲菌素（Trypacidin）。

杀锥曲菌素：白色粉末。^{1}H-NMR（500MHz，CDCl$_3$）：6.43（1H，s，H-5），2.49（3H，s，H-6a），5.82（1H，s，H-7），7.16（1H，d，$J=2.2$，H-2'），6.60（1H，s，H-4'），4.00（3H，s，4-OCH$_3$），3.73（6H，s，6'-OCH$_3$ 和 5'-OCH$_3$）。^{13}C-NMR（125MHz，CDCl$_3$）：84.1（C-2），190.6（C-3），108.4（C-3a），158.4（C-4），105.5（C-5），152.3（C-6），23.3（C-6a），105.6（C-7），174.4（C-7a），138.4（C-1'），137.2（C-2'），185.7（C-3'），104.0（C-4'），169.6（C-5'），163.6（C-6'），56.2（4-OCH$_3$），52.9（6'-OCH$_3$），56.8（5'-OCH$_3$）。上述数据与文献报道的一致，故鉴定该化合物为杀锥曲菌素（图6-7）。

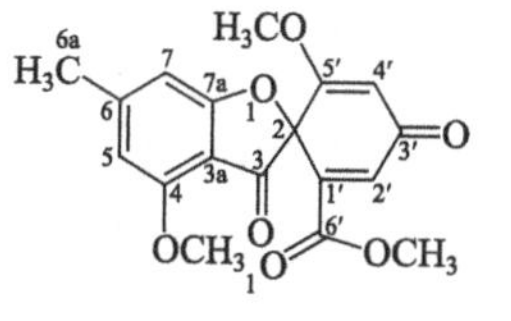

图 6-7 Trypacidin 的结构式

实例六　海洋链霉菌 IMB3-202 产生的吲哚咔唑生物碱的分离与鉴定

链霉菌 *Streptomyces* sp. IMB3-202 是从中国大连黄海黑石礁海湾（38°49'N，121°34'E）深度约40m 的海洋沉积物中分离获得的。利用 AntiSMASH4.0 对菌株基因组进行生物信息学分析，发现其基因组中存在一条与吲哚咔唑类化合物生物合成基因相似的基因簇，提示该菌株具有产生吲哚咔唑化合物的潜能。通过对其发酵培养基和发酵条件进行优化，确定了其最佳培养条件。

本例采用多种色谱方法对其发酵产物进行系统分离纯化，从中分离纯化得到4个吲哚咔唑类化合物（1~4）。利用 UV、IR、MS、1D NMR 和 2D NMR 等波谱方法进行结构鉴定，其结构分别确定为星形孢菌素（1）、3'-O-去甲基星形孢菌素（2）、Holyrine A（3）和 K252c（4）。

一、吲哚咔唑生物碱分离纯化的方法

1. 活性提取物的发酵与制备

根据培养基选择和优化的结果，选用 7A 培养基（海盐浓度为 3%，淀粉浓度为 10g/L）对菌株 IMB3-202 进行大量发酵和分离纯化。将活化的 IMB3-202 菌种接种于含 100mL 7A 培养基的 500mL 三角瓶中（初始 pH 为 7.0，接种量为 8%，装液量为 20%），在 28℃、200r/min 条件下振摇培养 120h，获得发酵培养物，共 30L。将发酵培养物离心得到菌丝体与上清液两部分，上清液经 XAD7HP 大孔树脂柱色谱（5L），依次用水、50% 丙酮、100% 丙酮洗脱，收集 50% 丙酮和 100% 丙酮洗脱

馏分，减压浓缩得到相应的提取物浸膏；菌丝体经丙酮超声提取3次，合并提取液，减压浓缩得到菌丝体提取物，水相用乙酸乙酯和正丁醇分别进行萃取，减压浓缩后得到相应的提取物。抗菌活性检测表明，50%、100%丙酮洗脱馏分，菌丝体提取物，乙酸乙酯和正丁醇萃取物均具有抗菌活性。

2. 分离纯化

根据TLC板以及活性结果，将菌丝体提取物、50%丙酮部分和100%丙酮部分、乙酸乙酯和正丁醇萃取部分合并，经过MCI树脂除盐后得到活性组分浸膏共32.2g。将该浸膏上硅胶柱层析（600g），使用二氯甲烷-甲醇（100∶1，50∶1，20∶1，9∶1，4∶1，2∶1，0∶100）（体积比）进行梯度洗脱。经TLC板和活性检测，合并相似馏分得到7个组分（$F_1 \sim F_7$）。组分F_3（600mg）经Sephadex LH-20柱色谱，以二氯甲烷-甲醇（1∶1）洗脱，得到3个混合组分（$F_{3-1} \sim F_{3-3}$）。组分F_{3-1}（200mg）经HPLC制备[25%乙腈（含0.1%甲酸）溶液为流动相，流速5mL/min]纯化得到化合物1(100mg)。组分F_{3-2}(50mg)经HPLC半制备[30%乙腈（含0.1%甲酸）溶液为流动相，流速5mL/min]纯化得到化合物3(3mg)。F_{3-3}（26mg）经HPLC制备[40%乙腈（含0.1%甲酸）溶液为流动相，流速5mL/min]纯化得到化合物4（2mg）。组分F_4（500mg）经Sephadex LH-20柱色谱，二氯甲烷-甲醇（1∶1）洗脱，得到4个混合组分（$F_{4-1} \sim F_{4-4}$）；组分F_{4-3}经HPLC制备[23%乙腈（含0.1%甲酸）溶液为流动相，流速5mL/min]纯化得到化合物2（2mg）。

二、吲哚咔唑生物碱的结构鉴定

化合物1（星形孢菌素，Staurosporine）：淡黄色粉末状；UV（MeOH，HPLC）λ_{max} 244nm、292nm、334nm、354nm、371nm；^{1}H-NMR（MeOH-d_4，600 MHz）、^{13}C-NMR(MeOH-d_4，150MHz) 见表6-2。ESIMS m/z：467[M＋H]$^+$，933[2M＋H]$^+$。以上数据与文献报道的星形孢菌素数据一致。

表6-2 化合物1~4的NMR数据

No.	1		2		3		4	
	δ_H mult. [J in (Hz)]	δ_C	δ_H mult. [J in (Hz)]	δ_C	δ_H mult. [J in (Hz)]	δ_C	δ_H mult. [J in (Hz)]	δ_C
1	7.19,d(7.8)	109.2	7.47,d(7.8)	109.9	7.73,brd(7.8)	109.7	8.02,brd(7.2)	111.3
2	7.40,t(7.8)	126.4	7.49,d(7.8)	126.6	7.50,td(7.8,1.2)	126.8	7.43,brt(7.8,1.2)	126.1
3	7.24,t(7.8)	120.6	7.29,d(7.8)	120.8	7.30,td(7.8,1.2)	121.2	7.24,td(7.8,1.2)	129.9
4	9.21,d(7.8)	127.1	9.24,d(8.4)	127.1	9.42,brd(7.8)	127.2	9.19,d(7.8)	127.8

续表

No.	1 δ_H, mult. [J in (Hz)]	1 δ_C	2 δ_H, mult. [J in (Hz)]	2 δ_C	3 δ_H, mult. [J in (Hz)]	3 δ_C	4 δ_H, mult. [J in (Hz)]	4 δ_C
4a		124.4		124.5		124.3		125.2
4b		116.6		117.1		119.6		115.6
4c		120.0		119.9		119.0		118.9
5		175.2		175.4		175.6		174.4
7	4.77, d(17.4) 4.56, d(17.4)	46.9	5.01, s	47.3	5.01, s	47.7	5.01, s	45.3
7a		133.8		134.4		136.1		132.9
7b		115.6		115.9		116.7		114.1
7c		125.8		126.0		123.6		125.0
8	7.82, d(7.8)	122.5	7.97, d(7.8)	122.2	8.01, brd(7.8)	122.0	7.62, brd(8.4)	122.8
9	7.33, d(7.8)	121.7	7.35, t(7.8)	121.6	7.32, brt(7.8)	121.2	7.32, td(8.4, 1.2)	121.2
10	7.48, d(7.8)	126.2	7.51, t(7.8)	125.9	7.48, brt(7.8)	126.4	7.48, td(8.4, 1.2)	125.9
11	7.94, d(7.8)	114.1	7.99, d(7.8)	115.5	7.69, brd(7.8)	112.5	7.68, brd(8.4)	111.9
11a		139.8		141.0		141.0		139.2
12a		127.8		126.0		129.4		127.9
12b		131.6		131.5		125.9		125.4
13a		137.8		138.2		140.3		139.1
1′	2.45, s	29.0	2.45, s	30.0	1.67, d(6.6)	14.4		
2′		93.9		95.7	4.70, q(6.6)	78.8		
3′	4.14, s	82.0	4.69, m	71.8	4.10, brs	69.0		
4′	3.71, m	60.0	3.60, brs	56.0	4.05, brd(8.0)	47.7		
5′	2.99, m 2.19, m	29.5	2.80, m 2.25, m	28.6	2.69, ddd (10.8, 8.0, 12.0) 2.06, brd(12.0)	33.3		
6′	6.45, dd(2.4, 8.4)	82.4	6.80, brs	82.3	6.66, dd(10.8, 1.2)	76.9		
3′-OCH₃	2.46, s	54.9						
4′-NCH₃	2.40, s	32.1	2.35, s	32.0				

注：* 化合物 1～3 的 NMR 数据在 CD_3OD 中测定，化合物 4 的 NMR 数据在 DMSO-d_6 中测定。

化合物 2（3′-*O*-去甲基星形孢菌素）：淡黄色粉末状；UV(MeOH，HPLC) λ_{max}

241nm、289nm、334nm、363nm；^{1}H-NMR（MeOH-d_4，600MHz）、^{13}C-NMR（MeOH-d_4，150MHz）见表6-2。ESIMS m/z：453[M+H]$^+$。以上数据与文献报道的3'-O-去甲基星形孢菌素（3'-O-demethylstaurosporine）数据一致。

化合物3（Holyrine A）：淡黄色粉末状；UV（MeOH，HPLC）λ_{max} 240nm、288nm、333nm、360nm；^{1}H-NMR（MeOH-d_4，600MHz）、^{13}C-NMR（MeOH-d_4，150MHz）见表6-2。ESIMS m/z：441[M+H]$^+$。以上数据与文献报道的Holyrine A数据一致。

化合物4（K252c）：淡黄色粉末状；UV（MeOH，HPLC）λ_{max} 240nm、288nm、333nm、360nm；^{1}H-NMR（DMSO-d_6，600MHz）、^{13}C-NMR（DMSO-d_6，150MHz）见表6-2。ESIMS m/z：312[M+H]$^+$，623[2M+H]$^+$。以上数据与文献报道的K252c数据一致。

化合物1~4的结构如图6-8所示。

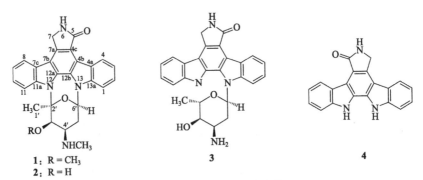

图6-8 化合物1~4的结构

实例七　大孔吸附树脂富集纯化海洋褐藻多酚

本例采用大孔吸附树脂从褐藻腔昆布（*Ecklonia cava*）的粗褐藻多酚提取物（CPhE）中提纯褐藻多酚。筛选了四种树脂（HP-20、SP-850、XAD-7HP和XAD-2）纯化褐藻多酚，其中HP-20树脂的吸附和解吸能力最高。在静态吸附试验中，HP-20的吸附量随着温度（25~45℃）的升高而增加。动态实验的最佳条件为：上样液中总褐藻多酚含量（TPhC）1.5mg PGE/mL，处理量4 BV（树脂床体积），流速1mL/min，温度45℃，解吸溶剂40%乙醇溶液。纯化后粗褐藻多酚提取物（CPhE）的总褐藻多酚含量（452mg PGE/g）和砷（180μg/g）分别升高和降低至905mg PGE/g和48μg/g。CPhE中褐藻多酚的回收率为92%。

第六章 海洋生物活性物质的制备实例

一、褐藻多酚分离纯化的方法

1. 粗褐藻多酚提取物（CPhE）的制备

腔昆布（E. cava）采集于韩国济州岛海岸。在提取前，反复用水清洗去除盐、沙和附生植物。然后用70%乙醇溶液（蒸馏水，体积分数）在70℃下提取16h，CPhE溶液过滤后喷雾干燥。将CPhE溶液过滤后，在进口温度185℃、出口温度85℃、进料速度3mL/min的条件下，使用Büchi B-290型微型喷雾干燥机进行粉碎。

2. 吸附剂

为了确定从CPhE中富集和纯化褐藻多酚的合适吸附剂，我们测试了四种大孔吸附树脂（Diaion HP-20、Sepabeads SP-850、Amberlite XAD-7HP和XAD-2）。吸附实验前，所有树脂在25℃摇床（180r/min）中用蒸馏水洗涤12h。

3. 总褐藻多酚含量的测定

总褐藻多酚含量（TPhC）采用福林酚（Folin-Ciocalteu）法测定。样品溶解于27.5%丙酮（蒸馏水，体积分数）中。将样品溶液（0.5mL）加入6.5mL蒸馏水和0.5mL Folin-Ciocalteu试剂中。3min后，加入20g/100mL碳酸钠1mL和蒸馏水1.5mL。样品溶液混悬5s，室温下避光孵育60min。在765nm处读取样品溶液吸光度。采用间苯三酚制作标准曲线。TPhC表示为每克样品的间苯三酚当量（mg PGE/g）。

4. 静态吸附和解吸实验

采用大孔吸附树脂纯化褐藻多酚的静态吸附和解吸试验方法如下：将称重后的树脂取10g放入有盖的三角瓶中，每个烧瓶中加入溶于200mL蒸馏水的1.50g CPhE。CPhE溶液初始TPhC为3.39mg PGE/mL。将烧瓶密封好，用摇瓶培养箱（180r/min）在25℃下振摇12h，达到吸附平衡。树脂吸附后，用蒸馏水洗涤3次。将200mL 95%乙醇溶液加入到含有树脂的烧瓶中进行解吸。在25℃下摇瓶（180r/min）12h以达到解吸平衡。吸附和解吸后，对溶液进行过滤，并对TPhC进行分析。树脂的吸附能力Q_e(mg PGE/g)，按式（6-2）计算：

$$Q_e = \frac{(c_0 - c_e)V_i}{W} \tag{6-2}$$

式中，Q_e为吸附平衡时的吸附量，mg PGE/g 干树脂；c_0和c_e分别为溶液中褐藻多酚的初始浓度和平衡浓度，$mg\ PGE/mL$；V_i 为初始样品溶液的体积，mL；W 为树脂的质量，g。

根据下式计算解吸量（mg PGE/g）和解吸率（%）：

$$Q_d = \frac{c_d V_d}{W} \tag{6-3}$$

$$D(\%) = c_d \times \frac{c_d V_d}{(c_0 - c_e) V_i} \tag{6-4}$$

式中，Q_d 为吸附平衡后的解吸量，mg PGE/g 干树脂；c_d 为解吸溶液中褐藻多酚的浓度，mg PGE/mL；V_d 为解吸液体积，mL；W 为树脂的质量，g；D 为解吸率；C_0、C_e 和 V_i 含义同式（6-2）。

5. 静态吸附等温线

20mL 不同初始 TPhC（0.095mg PGE/mL、0.185mg PGE/mL、0.375mg PGE/mL、0.755mg PGE/mL、1.51mg PGE/mL 和 3.02mg PGE/mL）的样品溶液和 1g HP-20 树脂，分别在 25℃、35℃、45℃的摇床（180r/min）中振摇 12h，进行 HP-20 树脂纯化褐藻多酚的吸附等温线测定。吸附后，测量样品的 TPhC，并评估其对朗缪尔（Langmuir）和弗罗因德利希（Freundlich）方程的适合度。Langmuir 模型可以用下面的数学公式来描述：

$$Q_e = \frac{q_m c_e}{K + c_e} \tag{6-5}$$

式中，Q_e 为吸附容量，mg PGE/g；K 为朗缪尔常数，mg PGE/g；q_m 是经验常数；c_e 为溶液中溶质的平衡浓度，mg PGE/mL。

Freundlich 模型可以用以下数学公式表示：

$$Q_e = K c_e^{1/n} \tag{6-6}$$

式中，K 为表征吸附量的 Freundlich 常数；$1/n$ 为依赖于温度和吸附体系的经验常数。

6. 动态吸附与解吸实验

HP-20 树脂的动态吸附和解吸性能采用玻璃柱（25mm×400mm）在 45℃的培养箱中进行评价。树脂床体积（BV）为 60mL，填充树脂床长度为 27cm。初步试验取 1g CPhE 与 300mL 蒸馏水混合。然后将样品溶液（1.5mg PGE/mL）以 1BV/h 的流速装在 30g 树脂玻璃柱上。吸附后，在 1BV/h 的流速下，通过比较不同浓度乙醇（20%、40%和 60%）对褐藻多酚解吸的影响，研究其解吸效果。各乙醇浓度的洗脱体积保持在 1.6BV 不变。采用优化后的条件，在 HP-20 玻璃柱中富集褐藻多酚。在吸附过程中，4.53g CPhE 与 1360mL 蒸馏水混合。然后将样品溶液（1.5mg

PGE/mL）以流速为 4BV/h 上样于玻璃柱中 30g 树脂上，用 600mL 40% 乙醇溶液以流速为 4BV/h 洗脱。在吸附和解吸过程中，通过自动分馏收集器以 4mL 的间隔收集等分。

7. HPLC 分析 Dieckol

采用高效液相色谱法对褐藻多酚产品的指示化合物 Dieckol 进行了定量分析。TC-C_{18} 色谱柱（4.6mm×250mm，粒径 5μm）检测 Dieckol。以流动相（A：10% 甲醇，B：甲醇）梯度洗脱 60min，B 洗脱 40min（至甲醇浓度 85%），A 洗脱最后 20min，进样量为 10μL，流速为 0.8mL/min。柱箱温度固定在 25℃，检测波长为 230nm。采用光电二极管阵列检测器，在相同的分析条件和紫外光谱下，通过 Dieckol 标准品的比较，对其进行鉴定和定量。

二、褐藻多酚分离纯化的结果

1. 纯化褐藻多酚用大孔吸附树脂的筛选

大孔吸附树脂具有机械强度高、功能基团多样、多孔性强、使用寿命长等特点，已被应用于从食品和植物提取物中纯化生物活性化合物和植物化学物质。大多数树脂可以吸附有机成分，因为它们是疏水的和弱极性的。利用大孔吸附树脂提纯和富集陆生植物多酚类物质已得到广泛研究。然而，对海洋植物多酚褐藻多酚的吸附和解吸性能尚未进行研究。在此，为了富集和纯化褐藻多酚，对四种大孔吸附树脂（HP-20、SP-850、XAD-7HP 和 XAD-2）的吸附和解吸能力进行了筛选。

HP-20（57.8mg PGE/g）和 XAD-7HP（54.7mg PGE/g）的吸附量高于 SP-850（38.6mg PGE/g）和 XAD-2（20.1mg PGE/g）。所有树脂的解吸能力与吸附能力相近或略低于吸附能力。树脂的吸附和解吸特性与其化学结构、粒径、孔隙率、孔半径以及表面积有关。HP-20 和 XAD-7HP 具有较好的吸附能力，比吸附能力最低的 XAD-2 具有更大的表面积和孔径。另一方面，SP-850 虽然具有最大的表面积，但没有表现出更强的吸附能力，因其很小的孔径限制了对褐藻多酚的吸附。其中，HP-20 对褐藻多酚的吸附和解吸能力最强，被选为进一步研究的对象。

2. HP-20 树脂的静态吸附和解吸动力学

为了更好地了解 HP-20 树脂对褐藻多酚的纯化作用，在 25℃下进行了静态吸附和解吸实验。在动力学吸附实验中，HP-20 树脂的吸附量在前 2h 快速增加，6h 后达到平衡，同时在 30min 内完成了对褐藻多酚的解吸。HP-20 树脂对褐藻多酚的动力学吸附和解吸性能与其他陆生植物多酚类化合物在大孔吸附树脂中的吸附和解吸趋势相似。

3. HP-20 树脂吸附等温线

在 25℃、35℃ 和 45℃ 下构建静态吸附等温线。初始 TPhC 分别为 0.042mg PGE/mL、0.084mg PGE/mL、0.169mg PGE/mL、0.339mg PGE/mL、0.679mg PGE/mL 和 1.359mg PGE/mL。从 25℃ 到 45℃，HP-20 的吸附量随着温度的升高而增加。

平衡数据提供了在给定温度下吸附剂和吸附剂之间亲和力的信息。为了选择合适的模型来描述 HP-20 的吸附特性，采用了 Langmuir 和 Freundlich 方程。这些方程用于揭示适合度并描述溶质如何与树脂相互作用。Langmuir 等温线是最著名和最常用的溶质吸附等温线。Freundlich 模型是一个经验方程，用于非理想吸附系统的物理和化学吸附研究。从 25℃ 到 45℃，两个模型的相关系数（R^2）随温度的升高而增大。在相同温度下，HP-20 树脂对褐藻多酚的吸附性能更符合 Langmuir 模型而不是 Freundlich 模型。

4. HP-20 树脂的动态吸附与解吸

批量实验中静态吸附和解吸的结果可用于预测树脂在动态系统中的行为。为了优化动态吸附和解吸过程，必须评估进料流量和溶质比例。因此，我们在静态实验的基础上设计了 HP-20 的动态吸附和解吸工艺。在 1BV/h 的流速下，HP-20 在 6h 内完成了对褐藻多酚的动态吸附。吸附后，使用不同浓度（20%、40%、60%）（体积分数）的乙醇溶液进行动态解吸。溶剂浓度是大孔吸附树脂吸附物连续解吸的最重要因素之一。在 40% 乙醇溶液中，HP-20 树脂中大部分的褐藻多酚被洗脱。

4BV/h 流速下褐藻多酚在 HP-20 上的动态吸附和解吸曲线表明，TPhC 在前 100min 迅速增加，并在 250min 接近饱和。在动态吸附试验中，由于流量的影响，TPhC 比静态吸附试验更快达到平衡。使用 40% 乙醇溶液时，褐藻多酚的解吸在 40min 内完成，与静态测试中使用 95% 乙醇溶液解吸的趋势相似。在本实验中，CPhE 中褐藻多酚的回收率为 92%（质量分数）。

根据实验结果，HP-20 纯化褐藻多酚的最佳工艺参数为：吸附，上样液 TPhC 1.5mg PGE/mL，处理量 4BV，流速 1mL/min，温度 45℃；解吸，40% 乙醇溶液，处理量 4BV，流速 1mL/min。

5. TPhC、Dieckol 和砷含量的变化

为了比较 HP-20 处理前后样品的 TPhC、Dieckol 和砷的含量，制备了最终的褐藻多酚产品（FPhP）。纯化后，FPhP 中的 TPhC 达到 905mg PGE/g，比 CPhE 中的 452mg PGE/g 高 2 倍。CPhE 和 FPhP 中的 Dieckol 含量分别为 51.8mg/g 和

85.6mg/g，总体增加了 1.65 倍。此外，由于褐藻多酚的螯合活性，褐藻的砷浓度高于绿藻和红藻，这被认为是褐藻产品的主要安全问题。高砷含量可能导致严重健康问题，包括角化过度、黄疸、血管疾病和癌症。根据联合国粮食及农业组织/世界卫生组织食品添加剂联合专家委员会（FAO/WHO JECFA），砷的可接受日摄入量（ADI）为 70kg 体重的人 150μg。1g CPhE 含有 180μg 的砷，这远远超过了 FAO/WHO JECFA 规定的砷的 ADI。经 HP-20 树脂纯化后，FPhP 的砷含量为 48μg/g。这表明，利用 HP-20 树脂提纯褐藻多酚不仅可以制备出高纯度的褐藻多酚，而且可以有效地去除砷。

参考文献

[1] 卢晓强,胡飞龙,徐海根,等.我国海洋生物多样性现状、问题与对策.世界环境,2016(S1):19-21.

[2] 孙艳宾,张慧婧,景大为,等.超临界CO_2萃取技术在海洋生物活性物质的应用研究进展.食品工业,2019,40(1):286-290.

[3] 朱统汉,马颖娜,王文玲,等.非曲霉(青霉)属海洋真菌新天然产物(1951—2014).中国海洋药物,2015,34(4):56-108.

[4] 田新朋,张偲,李文均.海洋放线菌研究进展.微生物学报,2011,51(2):161-169.

[5] 张婕好,胡雪丰,李高参,等.海洋源壳聚糖与海藻酸盐在生物医药领域的应用.生物医学工程学杂志,2019,36(1):164-171.

[6] 胡晓璐,刘淑集,吴成业.鱼精蛋白的提取纯化及应用研究进展.福建水产,2011,33(2):84-88.

[7] 羌玺,王立军,牛建峰,等.海藻来源藻胆蛋白研究进展.食品工业科技,2022,43(16):442-451.

[8] 陈东东,程建祥,周晓,等.中国海鸟多样性及其保护.生物学通报,2018,53(3):3-9.

[9] 韩珮,张春椿,熊耀康.珍珠粉临床应用的最新研究进展.中医学报,2011,26(7):835-837.

[10] 吴雅清,姜宏瑛,刘接卿,等.星虫动物的化学成分及药理作用研究进展.中国海洋药物,2015,34(5):86-92.

[11] 郭雷,阎斌伦,王淑军,等.我国已获批准的海洋保健食品现状分析及其开发前景.食品与发酵工业,2010,36(1):109-112.

[12] 郭瑞霞,李力更,王于方,等.天然药物化学史话:天然产物化学研究的魅力.中草药,2019,46(14):2019-2033.

[13] 王思明,王于方,李勇,等.天然药物化学史话:来自海洋的药物.中草药,2016,47(10):1629-1642.

[14] 郭瑞霞,李力更,王磊,等.天然药物化学史话:河豚毒素.中草药,2014,45(9):1330-1335.

[15] 黄小平,江志坚,张景平.全球海草的中文命名.海洋学报,2018,40(4):127-133.

[16] 李新正.浅谈我国海洋生物多样性现状及其保护//生物多样性保护与区域可持续发展——第四届全国生物多样性保护与持续利用研讨会论文集.中国科学院生物多样性委员会,2000:8-14.

[17] 赵雨茜,熊何健,苏永昌,等.抗疲劳功效的天然海洋活性物质研究进展.食品安全质量检测学报,2019,10(1):158-164.

[18] 李斯文,顾觉奋.抗HIV抑制剂cyanovirin-N的研究进展.中国新药杂志,2011,20(23):2326-2339.

[19] 田家怡,石东里,李建庆,等.黄河三角洲外来入侵物种米草对海涂浮游植物的影响.山东科学,2008,21(4):13-18.

[20] 张晓霜,王妙妙,辛萌,等.褐藻多糖抗病毒作用研究进展.中国海洋药物,2016,35(2):87-94.

[21] 潘敏翔,马天翔,郭丽,等.海藻活性物质研究概况及抗辐射研究进展.解放军药学学报,2010,26(2):165-169.

[22] 王祥敏,李明,骆祝华,等.海洋真菌及其生物活性物质多样性研究.海洋湖沼通报,2007(3):69-74.

[23] 张善文,黄洪波,桂春,等.海洋药物及其研发进展.中国海洋药物,2018,37(3):77-92.

[24] 孙继鹏,易瑞灶,吴皓,等.海洋药物的研发现状及发展思路.海洋开发与管理,2013(3):7-13.

[25] 金伟华,王晓蕙,陈华.海洋药物的临床应用及研究进展.中国新药杂志,2004,13(12):1262-1265.

[26] 刘杰,杨康利,程江峰,等.海洋细菌抗肿瘤活性物质及作用机理研究进展.海洋湖沼通报,2016(2):99-104.

[27] 潘汉博,林妙满,龚一富,等.海洋天然产物对抗阿尔茨海默症的研究进展.中国海洋药物,2019,38(2):73-82.

[28] 曾洪洋,韩章润,杨玫婷,等.海洋糖类药物研究进展.中国海洋药物,2013,32(2):67-75.

[29] 丁擎晓,韩华,王春波.海洋生物中抗氧化活性成分的研究进展.中国海洋药物,2003,22(1):45-50.

[30] 叶蕾,王佳佳,叶盛旺,等.海洋生物提取物对免疫调节作用的研究进展.浙江海洋大学学报(自然科学版),2018,37(2):172-177.

[31] 石焱芳,温扬敏,罗彩林.海洋生物抗疲劳活性物质研究进展.亚太传统医药,2009,5(7):134-136.

[32] 蔡路昀,车琳玉,吕艳芳,等.海洋生物活性物质主要功能特性的研究进展.食品工业科技,2017(7):376-384.

[33] 赵慧,肖正,陈紫红,等.海洋生物活性物质降血脂作用研究进展.农产品加工,2017(1):92-96.

[34] 温扬敏,高如承,罗彩林.海洋生物活性物质降血糖作用研究进展.时珍国医国药,2009,20(11):2850-2851.
[35] 鲁文玉,于文静,孙德群.海洋生物活性肽在药物研发中的应用进展.有机化学,2017,37(7):1681-1700.
[36] 于雯雯,张虎,张建明,等.海洋生物多样性研究进展.水产养殖,2018,39(10):4-8.
[37] 王友绍.海洋生态系统多样性研究.科技与社会,2011,26(2):184-189.
[38] 赵成英,刘海珊,朱伟明.海洋曲霉来源的新天然产物.微生物学报,2016,56(3):331-362.
[39] 王聪,雷福厚,谭学才,等.海洋拟诺卡菌来源的天然产物.中国抗生素杂志,2019,44(7):1-7.
[40] 吴丽娟,赵峡,王伟.海洋硫酸多糖抗病毒作用机制和构效关系.中国海洋药物,2016,35(4):87-92.
[41] 蔡超靖,丁彦博,单越琦,等.海洋放线菌——药物开发的新兴资源.国外医药抗生素分册,2012,33(1):22-29.
[42] 李艳青,陆园园,邢莹莹,等.海洋动物来源活性物质的研究新进展.药学进展,2015,39(12):905-914.
[43] 陈得科,龙丽娟,陈忻,等.海洋动物活性物质工业化制备技术研究进展.湖北农业科学,2012,51(9):1729-1732.
[44] 汤海峰,易杨华,张淑瑜,等.海星皂苷的研究进展.中国海洋药物,2004,23(6):48-57.
[45] 冉雪梦,郭新华,王世欣,等.海麒舒肝治疗宫颈人乳头瘤病毒感染的疗效及安全性观察.中国海洋药物,2015,34(4):26-30.
[46] 陈梦,陈建真,葛宇清,等.海马化学成分及药理活性研究进展.中草药,2017,48(19):4089-4099.
[47] 黄建设,张偲,龙丽娟.海龙科药用鱼类化学成分和药理活性的研究进展.中草药,2002,33(3):282-285.
[48] 韦豪华,张红玲,李兴太.海参化学成分及生物活性研究进展.食品安全质量检测学报,2017,8(6):2054-2061.
[49] 刘旭朝,孙稚颖,周凤琴.海参的化学成分及药理作用研究进展.辽宁中医药大学学报,2016,18(4):64-68.
[50] 那万秋,李建华,陈科,等.复方海蛇胶囊治疗老年阿尔茨海默病的研究.中国海洋药物,2012,31(1):42-45.
[51] 朱伟明,王俊锋.海洋真菌生物活性物质研究之管见.菌物学报,2011,30(2):218-228.
[52] 郭跃伟.海洋天然产物和海洋药物研究的历史、现状与未来.自然杂志,2009,31(1):27-32.
[53] 尚卓,王斌贵.海洋真菌来源的抗菌活性物质研究方法与进展.生命科学,2012,24(9):997-1011.
[54] 王冕,郝晓萌,李娇,等.海洋链霉菌 IMB3-202 产生的吲哚咔唑生物碱.中国医药生物技术,2018,13(2):137-144.
[55] 刘飞,袁超,张林军,等.贻贝多糖的工业化制备工艺研究.中国海洋药物,2020,39(4):37-42.
[56] 谢喜,珍林娟,谢勇,等.海洋来源琼胶酶的分离纯化及酶学性质研究.中国生物工程杂志,2017,37(1):46-52.
[57] Gerwick W H, Fenner A M. Drug discovery from marine microbes. Microb Ecol, 2013, 65(4):800-806.
[58] He W, Zhang Z, Ma D. A scalable total synthesis of the antitumor agents Et-743 and lurbinectedin. Angew Chem Int Ed Engl. 2019, 58(12):3972-3975.
[59] Jafari H, Lista A, Siekapen M M, et al. Fish collagen: extraction, characterization, and applications for biomaterials engineering. Polymers (Basel), 2020, 12(10):2230.
[60] Xiong Z Q, Wang J F, Hao Y Y, et al. Recent advances in the discovery and development of marine microbial natural products. Mar Drugs, 2013, 11(3):700-717.
[61] Bugni T S, Ireland C M. Marine-derived fungi: a chemically and biologically diverse group of microorganisms. Nat Prod Rep, 2004, 21(1):143-163.
[62] Ma H G, Liu Q, Zhu G L, et al. Marine natural products sourced from marine-derived *Penicillium* fungi. J Asian Nat Prod Res, 2016, 18(1):92-115.
[63] Rateb M E, Ebel R. Secondary metabolites of fungi from marine habitats. Nat Prod Rep, 2011, 28(2):290-344.
[64] Choudhary A, Naughton L M, Montánchez I, et al. Current status and future prospects of marine natural products (MNPs) as antimicrobials. Mar Drugs, 2017, 15(9):272.
[65] Cheung R C, Ng T B, Wong J H, et al. Marine natural products with anti-inflammatory activity. Appl Microbiol Biotechnol, 2016, 100(4):1645-1666.
[66] Jones E B G, Suetrong S, Sakayaroj J, et al. Classification of marine Ascomycota, Basidiomycota, Blastocladiomycota and

Chytridiomycota. Fungal Diversity, 2015, 73:1-72.

[67] Guo L, Zhang F, Wang X, et al. Antibacterial activity and action mechanism of questin from marine *Aspergillus flavipes* HN4-13 against aquatic pathogen *Vibrio harveyi*. 3 Biotech, 2019, 9:14.

[68] Guo L, Wang C. Optimized production and isolation of antibacterial agent from marine *Aspergillus flavipes* against *Vibrio harveyi*. 3 Biotech, 2017, 7:383.

[69] Kollár P, Rajchard J, Balounová Z, et al. Marine natural products: bryostatins in preclinical and clinical studies. Pharm Biol, 2014, 52(2):237-242.

[70] Zhang H, Zou J, Yan X, et al. Marine-derived macrolides 1990—2020: an overview of chemical and biological diversity. Mar Drugs, 2021, 19(4):180.

[71] Mammari N, Salles E, Beaussart A, et al. Squalamine and its aminosterol derivatives: overview of biological effects and mechanisms of action of compounds with multiple therapeutic applications. Microorganisms, 2022, 10(6):1205.

[72] Espiña B, Rubiolo J A. Marine toxins and the cytoskeleton: pectenotoxins, unusual macrolides that disrupt actin. FEBS J, 2008, 275(24):6082-6088.

[73] Newman D J, Cragg G M. Marine-sourced anti-cancer and cancer pain control agents in clinical and late preclinical development. Mar Drugs, 2014, 12(1):255-278.

[74] Cheung R C, Wong J H, Pan W L, et al. Antifungal and antiviral products of marine organisms. Appl Microbiol Biotechnol, 2014, 98(8):3475-3494.

[75] Chen X, Fu X, Huang L, et al. Agar oligosaccharides: a review of preparation, structures, bioactivities and application. Carbohydr Polym, 2021, 265:118076.

[76] Gao G, Wang Y, Hua H, et al. Marine antitumor peptide Dolastatin 10: biological activity, structural modification and synthetic chemistry. Mar Drugs, 2021, 19(7):363.

[77] Hassan H M, Boonlarppradab C, Fenical W. Actinoquinolines A and B, anti-inflammatory quinoline alkaloids from a marine-derived *Streptomyces* sp., strain CNP975. J Antibiot (Tokyo), 2016, 69(7):511-514.

[78] Karpiński T M. Marine macrolides with antibacterial and/or antifungal activity. Mar Drugs, 2019, 17(4):241.

[79] Han N, Li J, Li X. Natural marine products: anti-colorectal cancer in vitro and in vivo. Mar Drugs, 2022, 20(6):349.

[80] Rajan D K, Mohan K, Zhang S, et al. Dieckol: a brown algal phlorotannin with biological potential. Biomed Pharmacother, 2021, 142:111988.

[81] Zheng H, Zhao Y, Guo L. A bioactive substance derived from brown seaweeds: Phlorotannins. Mar Drugs, 2022, 20(12):742.

[82] Mateos R, Pérez-Correa J R, Domínguez H. Bioactive properties of marine phenolics. Mar Drugs, 2020, 18(10):501.

[83] Kim H K, Vasileva E A, Mishchenko N P, et al. Multifaceted clinical effects of echinochrome. Mar Drugs, 2021, 19(8):412.

[84] Haque N, Parveen S, Tang T, et al. Marine natural products in clinical use. Mar Drugs, 2022, 20(8):528.

[85] Li D. Natural deep eutectic solvents in phytonutrient extraction and other applications. Front Plant Sci, 2022, 13:1004332.

[86] Nair A, Ahirwar A, Singh S, et al. Astaxanthin as a king of ketocarotenoids: structure, synthesis, accumulation, bioavailability and antioxidant properties. Mar Drugs, 2023, 21(3):176.

[87] Kim J, Yoon M, Yang H, et al. Enrichment and purification of marine polyphenol phlorotannins using macroporous adsorption resins. Food Chem, 2014, 162:135-142.

[88] 蒋长兴. 青蛤多糖分离鉴定、硫酸酯化及其生物活性研究. 南京:南京农业大学,2011.

[89] 刘晶. 龙须菜抗氧化肽的制备、分离纯化及结构鉴定. 上海:上海海洋大学,2021.

[90] 李八方.海洋生物活性物质[M].青岛:中国海洋大学出版社,2007.
[91] 蔡福龙,邵宗泽.海洋生物活性物质——潜力与开发.北京:化学工业出版社,2014.
[92] 王长海,刘兆普.海洋生化工程原理.北京:化学工业出版社,2011.
[93] 庄军莲,张荣灿.海洋药物产业发展现状与前景研究.广州:广东经济出版社,2018.
[94] 王长云,邵长伦.海洋药物学.北京:科学出版社,2011.
[95] 易杨华.海洋药物导论.上海:上海科学技术出版社,2004.
[96] 易杨华,焦炳华.现代海洋药物学.北京:科学出版社,2006.